湛庐文化
Cheers Publishing
a mindstyle business
与 思 想 有 关

Is the Internet Changing the Way You Think

人类思维如何与互联网共同进化

[美] 约翰·布罗克曼
(JOHN BROCKMAN) ◎ 编著
付晓光 ◎ 译

The Net's Impact on Our Minds and Future

浙江人民出版社
ZHEJIANG PEOPLE'S PUBLISHING HOUSE

“对话最伟大的头脑”这套书，相信一定能令处于喧嚣互联网领域，四处寻找风口、争辩什么上下半场的人们，静下心来，聆听伟大头脑的思想脉络；相信也一定能令身在互联网江湖，满世界追逐独角兽、执念于什么颠覆还是创新的人们，慢下脚步，认真端详萦绕在伟大头脑心中的大问题。

伟大头脑的伟大之处，绝不在于他们拥有“金手指”，可以指点未来；而在于他们时时将思想的触角，延伸到意识的深海，他们发问，不停地发问，在众声喧哗间点亮“大问题”“大思考”的火炬。

段永朝
财讯传媒集团首席战略官

建筑学家威廉·J.米切尔曾有一个比喻：人不过是猿猴的1.0版。现在，经由各种比特的武装，人类终于将自己升级到猿猴2.0版。他们将如何处理自己的原子之身呢？这是今日顶尖思想者不得不回答的“大问题”。

胡　泳
博士，北京大学新闻与传播学院教授

“对话最伟大的头脑”这套书中，每一本都是一个思想的热核反应堆，在它们建构的浩瀚星空中，百位大师或近或远、如同星宿般璀璨。每一位读者都将拥有属于自己的星际穿越，你会发现思考机器的100种未来定数，而奇点理论不过是星空中小小的一颗。

吴甘沙
驭势科技（北京）有限公司联合创始人兼CEO

一个人的格局和视野取决于他思考什么样的问题，而他未来的思考，很大程度上取决于他现在的阅读。这本书会让你相信，生活的苟且之外，的确有一群伟大的头脑，在充满诗意的远方运转。

周　涛
电子科技大学教授、互联网科学中心主任

在这个科技日益发达的多维化社会中，我们依旧面临着非常多的“大问题”：虚拟现实技术会让真实的人际关系变得冷漠吗？虚拟与真实会错乱吗？技术奇点会很快降临吗？我们周围的癌症患者越来越多，这与基因有关吗？诸如此类的问题，或许根本就没有一个明确的答案。

作为美国著名的文化推动者和出版人，约翰·布罗克曼邀请了世界上各个领域的科学精英和思想家，通过在线沙龙的方式展开圆桌讨论，而这套“对话最伟大的头脑·大问题系列”正是活动参与者的观点呈现，让我们有机会一窥“最强大脑”的独特视角，从而得到一些思想上的启迪。

苟利军
中国科学院国家天文台研究员，中国科学院大学教授
“第十一届文津奖”获奖图书《星际穿越》译者

雾霾天，反正出不去，正好待在家里读书思考。全球化失败、爱欲丧失、基因组失稳、互联网崩溃、非法药物激增……看起来好像比雾霾还厉害。未来并非如我所愿一片光明，看看大师们有什么深刻思考和破解之道，也许会让我们活得更放松一些。

李天天
丁香园创始人

与最伟大的头脑对话，虽然不一定让你自己也伟大起来，但一定是让人摆脱平庸的最好方式之一。

刘　兵
清华大学社会科学学院教授

以科学精神为内核，无尽跨界，Edge就是这样一个精英网络沙龙。每年，Edge会提出一个年度问题，沙龙成员依次作答，最终结集出版。不要指望在这套书里读到“ABC”，也不要指望获得完整的阐释。数百位一流精英在这里直接回答“大问题”，论证很少，锐度却很高，带来碰撞和启发。剩下的，靠你自己。

王　烁
财新传媒主编，BetterRead公号创始人

术业有专攻，是指用以谋生的职业，越专业越好，因为竞争激烈，不专业没有优势。但很多人误以为理解世界和社会，也是越专业越好，这就错了。世界虽只有一个，但认识世界的角度多多益善。学科的边界都是人造的藩篱，能了解各行业精英的视角，从多个角度玩味这个世界，综合各种信息来做决策，这不显然比死守一个角度更有益也有趣吗？

兰小欢
复旦大学经济学助理教授

如果每位大思想家都是一道珍馐，那么这套书毫无疑问就是至尊佛跳墙了。很多名字都是让我敬仰的当代思想大师，物理学家丽莎·兰道尔、心理学家史蒂芬·平克、哲学家丹尼尔·丹尼特，他们都曾给我无数智慧的启发。

如果你不只对琐碎的生活有兴趣，还曾有那么一个瞬间，思考过全人类的问题，思考过有关世界未来的命运，那么这套书无疑是最好的礼物。一篇文章就是一片视野，让你站到群山之巅。

郝景芳
2016年雨果奖获得者，《北京折叠》作者

布罗克曼是我们这个时代的“智慧催化剂”。

斯图尔特·布兰德
《全球概览》创始人

总 序

1981 年，我成立了一个名为“现实俱乐部”(Reality Club)的组织，试图把那些探讨后工业时代话题的人们聚集在一起。1997 年，“现实俱乐部”上线，更名为 Edge。

在 Edge 中呈现出来的观点都是经过推敲的，它们代表着诸多领域的前沿，比如进化生物学、遗传学、计算机科学、神经学、心理学、宇宙学和物理学等。从这些参与者的观点中，涌现出一种新的自然哲学：一系列理解物理系统的新方法，以及质疑我们很多基本假设的新思维。

对每一本年度合集，我和 Edge 的忠实拥趸，包括斯图尔特·布兰德(Stewart Brand)、凯文·凯利(Kevin Kelly)和乔治·戴森(George Dyson)，都会聚在一起策划“Edge 年度问题”——常常是午夜征问。

提出一个问题并不容易。正像我的朋友，也是我曾经的合作者，已故的艺术家和哲学家詹姆斯·李·拜尔斯(James Lee Byars)曾经说的那样：“我能回答一个问题，但我能足够聪明地提出这个问题吗？”我们寻找那些引发不可预知答案的问题——那些激发人们去思考意想不到之事的问题。

现实俱乐部

1981—1996 年，现实俱乐部是一些知识分子间的非正式聚会，通常在中国餐馆、艺术家阁楼、投资银行、舞厅、博物馆、客厅，或在其他什么地方。俱乐部座右铭的灵感就源于拜尔斯，他曾经说过：“要抵达世界知识的边界，就要寻找最复杂、最聪明的头脑，把他们关在同一个房间里，让他们互相讨论各自不解的问题。”

1969 年，我刚出版了第一本书，拜尔斯就找到了我。我们俩同在艺术领域，一起分享有关语言、词汇、智慧以及“斯坦们”（爱因斯坦、格特鲁德·斯坦因、维特根斯坦和弗兰肯斯坦）的乐趣。1971 年，我们的对话录《吉米与约翰尼》（*Jimmie and Johnny*）由拜尔斯创办的“世界问题中心”（The World Question Center）发表。

1997 年，拜尔斯去世后，关于他的世界问题中心，我写了下面的文字：

> 詹姆斯·李·拜尔斯启发了我成立现实俱乐部（以及 Edge）的想法。他认为，如果你想获得社会知识的核心价值，去哈佛大学的怀德纳图书馆里读上 600 万本书，是十分愚蠢的做法。（在他极为简约的房间里，他通常只在一个盒子中放 4 本书，读过后再换一批）。于是，他创办了世界问题中心。在这里，他计划邀请 100 位最聪明的人聚于一室，让他们互相讨论各自不解的问题。
>
> 理论上讲，一个预期的结果是他们将获得所有思想的总和。但是，在设想与执行之间总有许多陷阱。拜尔斯确定了他的 100 位最聪明的人，依次给他们打电话，并询问有什么问题是他们自问不解的。结果，其中 70 个人挂了他的电话。

那还是发生在 1971 年的事。事实上，新技术就等于新观念，在当下，电子邮件、互联网、移动设备和社交网络让拜尔斯的宏大设计得到了真正执行。虽然地点变成了线上，这些驱动热门观点的反复争论，却让现实俱乐部的精神得到了延续。

正如拜尔斯所说：“要做成非凡的事情，你必须找到非凡的人物。”每一个 Edge 年度问题的中心都是卓越的人物和伟大的头脑——科学家、艺术家、哲学家、技术专家和企业家，他们都是当今各自领域的执牛耳者。我在 1991 年发表的《第三种文化的兴起》（*The Emerging Third Culture*）一文和 1995 年出版的《第三种文化：洞察世界的新途径》（*The Third Culture: Beyond the Scientific Revolution*）一书中，都写到了“第三种文化”，而上述那些人，他们正是第三种文化的代表。

第三种文化

经验世界中的那些科学家和思想家，通过他们的工作和著作构筑起了第三种文化。在渲染我们生活的更深层意义以及重新定义“我们是谁、我们是什么”等方面，他们正在取代传统的知识分子。

第三种文化是一把巨大的“伞”，它可以把计算机专家、行动者、思想家和作家都聚于伞下。在围绕互联网和网络兴起的传播革命中，他们产生了巨大的影响。

Edge 是网络中一个动态的文本，它展示着行动中的第三种文化，以这种方式连接了一大群人。Edge 是一场对话。

这里有一套新的隐喻来描述我们自己、我们的心灵、整个宇宙以及我们知道的所有事物。这些拥有新观念的知识分子、科学家，还有那些著书立说的人，正是他们推动了我们的时代。

这些年来，Edge 已经形成了一个选择合作者的简单标准。我们寻找的是这样一些人：他们能用自己的创造性工作，来扩展关于“我们是谁、我们是什么”的看法。其中，一些人是畅销书作家，或在大众文化方面名满天下，而大多数人不是。我们鼓励探索文化前沿，鼓励研究那些还没有被普遍揭示的真理。我们对“聪明地思考”颇有兴趣，但对标准化“智慧”意兴阑珊。在传播理论中，信息并非被定义为“数据”或“输入”，信息是“产生差异的差异”（a difference that makes a difference）。这才是我们期望中合作者要达到的水平。

Edge 鼓励那些能够在艺术、文学和科学中撷取文化素材，并以各自独有的方式将这些素材融于一体的人。我们处在一个大规模生产的文化环境当中，很多人都把自己束缚在二手的观念、思想与意见之中，甚至一些公认的文化权威也是如此。Edge 由一些与众不同的人组成，他们会创造属于自己的真实，不接受虚假的或盗用的真实。Edge 的社区由实干家而不是那些谈论和分析实干家的人组成。

Edge与17世纪早期的无形学院（Invisible College）十分相似。无形学院是英国皇家学会的前身，其成员包括物理学家罗伯特·玻意耳（Robert Boyle）、数学家约翰·沃利斯（John Wallis）、博物学家罗伯特·胡克（Robert Hooke）等。这个学会的主旨就是通过实验调查获得知识。另一个灵感来自伯明翰月光社（The Lunar Society of Birmingham），一个新工业时代文化领袖的非正式俱乐部，詹姆斯·瓦特（James Watt）和本杰明·富兰克林（Benjamin Franklin）都是其成员。总之，Edge提供的是一次智识上的探险。

用小说家伊恩·麦克尤恩（Ian McEwan）的话来说："Edge心态开放、自由散漫，并且博识有趣。它是一份好奇之中不加修饰的乐趣，是这个或生动或单调的世界的集体表达，它是一场持续的、令人兴奋的讨论。"

约翰·布罗克曼

丹尼尔·希利斯（W. Daniel Hillis）

物理学家、计算机科学家，
著有《通灵芯片》（*The Pattern on the Stone*）。

似乎很多人，包括非常聪明和受过良好教育的人都困惑于互联网和万维网之间的区别。没有人比汤姆·沃尔夫于世纪之交出版的《情挑》（*Hooking Up*）更能清楚地证明这一点的了：

> 我讨厌成为把这一消息公之于众的人，但事实就是，万维网和互联网其实是一回事。它加速了信息的获取和传播，在一定程度上消除了我们出门取信件、逛书店，或者打电话给股票经纪人、和朋友闲谈的麻烦。这是互联网唯一能做的。剩余的都是含混不清的数字杂音。

人们把网络与它早期所能提供的服务之间的概念相混淆，是一个自然产生的错误。大部分早期的电力用户认为他们购买的是电子照明服务。电力最初的应用是如此令人耳目一新，以至于它蒙蔽了人们的双眼，使人们无法看到其更大的可作为空间。一些梦想家期冀电力能够改变世界，但你也不难想象一个19世纪脾气怪异的老头子会站出来泼冷水："电是一种可以照亮屋子的简便工具。这是它能做并且唯一能做的事情。剩下的都是含混不清的电子杂音。"

尽管沃尔夫将之平凡化了，但万维网依旧是加速信息收集和传播的优质渠道，这是一次不小的变革。然而互联网不仅仅是万维网，我想谈一些它以不太明显的方式对我们产生的影响。谈及互联网，我所指的是它激活了包括所有网站在内的全球互联的电脑系统。我希望更多地聚焦于它超越人际传播的应用。从长远来看，这类互联网应用将会对我们是谁、我们如何思考产生最大的影响。

今天，大多数人认识到自己仅会在和计算机屏幕互动时才使用互联网。他们很少认识到自己打电话、看电视、坐飞机时也在使用互联网。一些经常坐飞机的人可能近期已经看到了部分事实，例如，航班会因盐湖城的路由器故障而停飞。这对大部分人而言只是又一个难以理解的麻烦。大部分人在很久之前就已经放弃尝试理解技术系统是如何工作的了，这是互联网改变我们思维的方式之一。

需要在此说明的是，我并不是在抱怨技术上的无知。在一个由互联网连接的世界中，了解系统到底是如何运作的几乎是不可能的。你的电话信号可能今天通过虚拟线路传递，明天就会通过互联网传递。你所乘飞机的线路可能是由计算机，也可能是人类，或者两者共同选择的（这个可能性最大）。你不必问，因为你得到的任何答案都有可能是错的。

不久后，没有人类会知道答案。越来越多的决定将依赖于多个通信系统的互动，并且这些系统会经常进行自我调适，改进工作方式。这是互联网带来的真正影响：通过允许自适应的复杂系统相互协作，互联网改变了我们做决定的方式。能够做决定的越来越不是某个人，而是紧密联系、自我适应的人机系统。

想要了解互联网是如何支持这种相互交织的复杂系统运行的，你就要懂得它如何改变了计算机编程的本质。在 20 世纪，程序员可以用精确定义的规则在有限世界里实行绝对控制，他们可以准确地告诉计算机要做什么。但在今天，编程通常要在不了解它们如何运作的前提下，连接多个由他人设计的复杂系统。但实际上，倚重其他系统的运行规则被认为是一种糟糕的编程手段，因为它们也很可能会改变。

举一个简单的例子，一个程序需要知道当前的时间，在没有联网的情况下，计算机开机后会要求操作员输入时间，然后它通过监控内部时钟来计算时间。程序员经常不得不编写自己的程序来实现此目的，但在任何情况下他都确切知道这个程序是如何运作的。一旦计算机通过互联网彼此连接之后，它通过互联网向另一台计算机进行询问就更为合理，所以一个叫作“网络时间协议”（NTP）的东西被发明了出来。大部分程序员都知道这个协议的存在，但是很少有人会深入了解它。取而代之的是，他们应用一套向操作系统进行询问的库存程序，它将在需要时自动引用网络时间协议。

解释网络时间协议的工作方式——如何更正不同系统的延迟以及如何利用一个部分覆盖的网络连接来寻找时间，要费很多笔墨。简而言之，它很复杂。而且，很可能我解释的是协议的第三版，而你的操作系统已经在使用第四版。即便你是个程序员，也没有必要花费功夫去了解它是如何工作的。

现在试想，某个程序正在指挥运货的卡车去商店送货。它不仅需要知道当天的时间，还需要知道货车在整个物流中所处的位置、街道的地图、仓库的坐标、当下的交通状况以及商店的存货清单。幸运的是，这个程序能够通过互联网连接到其他计算机上追踪所有的信息变化。它还可以给其他公司的计算机系统提供服务，如追踪包裹位置、支付司机薪酬、安排货车保养等。这些系统都需要其他系统提供信息，而不需要知道这些信息是如何计算的。这些通信系统正被不断改进和拓展，随着时间而进化。

现在将这幅图景放大 100 万倍，除了卡车物流之外，再加上所有的飞机、煤气管道、医院、商店、炼油厂、矿井和发电厂，更不用说销售员、广告商、媒体发布商、保险公司、管理人员、财务人员和股票交易员了。你会慢慢开始感受到这个每天做了如此多决定的、彼此勾连的系统，它会进化，我们与它的关系与我们和生态系统的关系近似，即我们与它彼此依存，而非完全掌控着它。

我们将理性写入了机械之中，并委托它们替我们做决定——也因此创造出了一个超越我们理解范畴的世界。当下的这个世纪起始于一种不确定性。正如我们担心机器将如何应对向新世纪过渡的状况一样，现在的我们正面临一场因银行系统错误地估算了风险而导致的金融危机、一场关于全球变暖的辩论。专家们争论更多的不是数据本身，而是计算机从数据中预测到了什么。我们的命运不仅彼此相连，还与我们创造的技术联系在了一起。如果启蒙运动的主题是“独立”，那么我们这个时代的主题就是相互依靠。现在，人类与机械已彼此连接。欢迎来到一个人机缠绕的时代的黎明。

Is the Internet
Changing the Way You Think?

目 录

Is The Internet Changing The Way You Think?

Edge 年度问题：互联网改变了你的思维方式吗?

提出一个好问题的艺术在于，在个人的和抽象的水平之间找到一个平衡，问一个可能会有很多种答案的问题，或者至少问一个你不知道答案的问题。一个好的问题应该能够鼓励并包容那些基于现有经验、却又大于任何经验本身的回答。我请 Edge 的作者思考“互联网”，但这包括且又不限于万维网（Web）及互联网（Internet）上的一个应用（搜索引擎、浏览器等网络应用）。早在 1996 年，富有远见的计算机科学家丹尼尔·希利斯就指出：“很多人认为万维网就是互联网，这是欠考虑的。万维网只是旧媒体被整合进了新媒介。”他在推荐序中详述了这一观点。

2010 年，我获得了伦敦蛇形画廊馆长汉斯·奥布瑞斯特（Hans Ulrich Obrist）以及现实俱乐部的早期成员、艺术家艾普罗·高尼克（April Gornik）的支持，并希望借此拓展Edge的对话，或者说，将它带回20世纪80年代末90年代初的状态。在那时的俱乐部聚会上，高尼克谈的是混沌理论对其工作产生的影响，本华·曼德博（Benoit Mandelbrot）随后出现并谈起了分形理论。每一位纽约的艺术家都想参加。之后发生的事非常有趣，现实俱乐部改名Edge上线运营后，所有的科学家都用电子邮件联络，所有的艺术家则拒用。因此，Edge也出人意料地随之变成了一个科学场所，而我自己的学术背景则是视觉和表演艺术（从1965年开始，乔纳斯·麦凯斯［Jonas Mekas］雇用我来管理电影制作人的影片储藏室）。奥布瑞斯特和高尼克也将几个艺术家带入了我们的年度自由讨论中。

他们的反应各不相同，却十分有趣。如高尼克与埃里克·菲施尔的《用复制品代替真实体验》、玛丽娜·阿布拉莫维奇的《我对时间的感知》、斯丹法诺·博埃里的《网络如风》、特伦斯·柯的《全新的感知形式》、马修·里奇的《这儿缺了什么》、布莱恩·伊诺的《我注意到的事情》、詹姆斯·克罗克的《艺术创作走向乡村》、Raqs媒体小组的《没人能躲过这场震撼世界的风暴》以及乔纳·梅卡斯的《思想非我所长——我是个诗人》。

一个新的发明出现了——一种呼唤新的思考方式的、集体意识的代码。外化的集体思想是我们共享的思想。我们的集体意识与互联网之间有着永无止境的共振。这并不是关于计算机，也不是关于对人类而言这意味着什么——实际上，它在这一点上挑战着我们过去所珍视的一些平庸的假设。它关乎的是思考。在这本书里，将近150位Edge的特邀作者——科学家、艺术家、创新思想家，将会探索：新的互联网时代思考的意义是什么。

对互联网是否改变了人类思维的问题，正确的答案是“现在回答还太早”。这不是因为我们无法看到一些明显的影响，而是因为深层变革要待新的文化形态决定技术能做什么之后才会显现。

——克莱·舍基（Clay Shirky），《无形学院》

TO THE QUESTION “HOW IS THE INTERNET CHANGING THE WAY YOU THINK?” THE RIGHT ANSWER IS “TOO SOON TO TELL” THIS ISN’T BECAUSE WE CAN’T YET SEE SOME OF THE OBVIOUS EFFECTS BUT BECAUSE THE DEEP CHANGES WILL BE MANIFESTED ONLY WHEN NEW CULTURAL NORMS SHAPE WHAT THE TECHNOLOGY MAKES POSSIBLE.

01

THE INVISIBLE COLLEGE

无形学院

Clay Shirky
克莱·舍基
社会网络学家，著有《人人时代》《认知盈余》。

在发达国家，大多数公民使用互联网的时间并不算长，但我们已看到一些其颇具代表性的优点，比如大幅提升信息获取和规模合作的能力，以及一些代表性的缺点，比如思想的碎片化和干扰的持续化。通过比较登录“维基百科”和色情网站哪个更好，我们就能衡量互联网的相对价值。

我们不幸地生活在表达能力最大规模增长的时代，这在人类历史上前所未有，之所以不幸是因为盈余总是比稀缺更危险。稀缺意味着有价值的东西更有价值，在概念上易于整合；盈余则意味着过去有价值的东西风光不再，会让人很不安。

用最近一次出版技术的大规模扩散做类比，在1500年，你只要会读写就可以谋生。读写技能在随后一个世纪的扩散，使读写变成了人们的必备技能（非职业化）。在读写能力变得至关重要的同时，抄写员丢掉了工作。

同样的事也正发生在传媒业。在20世纪，拥有将某些东西公开发行的设备或机构——不管是报社还是电视台都会使你成为大人物。但是在今天，传媒业公开传播的职能正变得非职业化。视频网站不得不提防8岁的小孩向全球发布视频。面向全球观众的传播能力是新时代人的基本媒介素养——这个能力在过去很有价值，而现在它如此普及以至于你没法用这个能力赚钱。

职业媒体让位于20亿业余爱好者的集体参与，这种转变意味着公共思想的平均质量已经崩塌。当任何人在任何时间可以说任何事情时，这就不可避免了。如果网民涌入的唯一后果是，现行的高品质内容生产模式被破坏，那么我们就处在了另一个黑暗时代的起点上。

所以，我们需要力保那不是唯一的后果。

对互联网是否改变了人类思维的问题，正确的答案是“现在回答还太早”。这不是因为我们无法看到一些明显的影响，而是因为深层变革要待新的文化形态决定技术能做什么之后才会显现。

回到前文所做的类比，印刷业是一个必要而不充分的科技革命变量。无形学院的成员是一群推动了17世纪中期化学革命的自然科学家们，他们强烈批判其科学前辈——几个世纪以来只取得了一点点进展的炼金术士。与炼金术士不同，无形学院用几十年的时间将化学牢牢地植根于科学，使其成为科技史上最重要的转变之一。但在17世纪，化学家和炼金术士的设备和知识背景相同，无形学院和炼金术士的区别在哪儿？

他们有共享文化。炼金术士的问题不是他们渴求黄金，而是信息闭塞。炼金术士是反启蒙主义者，只用手写的方式记录他们的工作，除了自己的弟子几乎不给任何人看。与之相反，无形学院的成员则分享他们的工作成果。他们描述、争论方法和结论，从成功和失败中获得经验、教训，并受益于彼此的研究成果。

用先锋剧作家理查德·福尔曼（Richard Foreman）的说法，化学家是“煎饼人”。他们摒弃了炼金术士点石成金的精神深度，这种持续性的不正视现实的维度使人们知难而退，不能善始善终。尽管在我们所学的科学史中他们都是些孤傲的天才，但科学研究一直是网络化的协同工作。在其中，我们可以看到今天种种科学发现的历史先驱。无形学院不仅利用了纸媒的属性，还创造了一种用纸媒支持科学的透明性和争论性的文化。我们有同样的机会。

我们从 arXiv.org①获知，20 世纪的传播模式不足以应对今天可达到的共享程度。我们从维基百科获知，后期的同行评议可以创造惊人的共享文化。我们从搜索梅森素数（Mersenne primes）②获知，数学各分支的探索现在最好以小组为单位推进。我们从 Linux 的开源代码效应获知，松散的团体能以前所未有的规模和时间长度合作。我们从美国航空航天局的“点击者”（Clickworker）③项目获知，业余爱好者群体有时能够取代专家。我们从在线患者数据共享平台 Patients-LikeMe 获知，病人的参与加速了医学发展等。

公开系统的参与主体是受益者，如学者、政治家、记者、医生等，他们会抱怨公共思想的丰裕颠覆了旧秩序，但这些抱怨就像吊唁者的痛哭。他们反抗的变革已成为历史，真正的行动在别处。

互联网对人类思维的主要影响只在其塑造的思想文化环境中显现，而不取决于个人行为。无形学院的成员没能看到今天科学思想的全面兴盛，我们也无法看到人类将如何使用这一廉价、即时、全球性的共享媒介（意味着“来自人人，人人分享”）。但是，我们是最早设定这一媒介工作模式的人。我们的命运不太重要，但我们设定的标准很重要。

考虑到我们今天所掌握的，互联网只能被看作

① arXiv.org 是全球最大的预印本系统，由美国国家科学基金会和美国能源部资助，目前有数学、物理学和计算机科学等领域可以开放式获取的论文 50 多万篇。——译者注

② “梅森素数”以 17 世纪法国的数学家马林·梅森的名字命名。素数是指在大于 1 的整数中只能被 1 或其自身整除的数。素数有无穷多个，但目前却只发现极少量的素数能被表示成 2p−1（p 为素数）的形式，这就是梅森素数。——译者注

③ “点击者”项目是美国航空航天局主持的一个项目，要求志愿者标记和分类火星照片上可能存在的火山口。在项目的临时网页上贴出图像，志愿者可以使用 Java 虚拟机在图像上标记火山口的位置和大小。——译者注

“无形高中”，只有那么一点点教育材料，与由自我陶醉和社会妄想组成的大海相比简直不值一提。然而，我们可以将其作为“无形学院”来运用，发挥其真正的思想价值和变革公民素质的作用。达成目标不仅需要技术，还需要我们采用共享模式，并将之应用到发布信息已成为新型素养的世界中。

扫码获取“湛庐阅读”APP，
搜索“人类思维”，观看本文
作者的TED演讲视频。

注：本文作者克莱·舍基的《认知盈余》已由湛庐文化策划，中国人民大学出版社出版;《人人时代》已由湛庐文化策划，浙江人民出版社出版。

02

THE BOOKLESS LIBRARY

无书的图书馆

尼古拉斯·卡尔（Nicholas G.Carr）

数字思想家，著有《浅薄：互联网如何毒化了我们的大脑》。

从上一年度新学年开始，成立于内战时期的马萨诸塞州精英预科学校库欣学院宣布，学校开始清空图书馆里的书籍。为了替代曾经堆叠在书架上的上千册藏书，学校正在安装配有高清显示屏的最新型电脑供学生们搜索和阅读，同时配备的还有“可以在全球范围内进行实时数据更新和新闻获取的显示器”。校长詹姆斯·特雷西（James Tracy）骄傲地宣布：“库欣学院这间没有存书的图书馆将会成为21世纪所有学校的典范。”

尽管这则消息在新闻界像转瞬即逝的Twitter消息一样，并没有什么吸引力，但对我而言却具有文化里程碑式的意义。放在20年前，没有存书的图书馆是不可思议的，而在今天，这类消息几乎算是老生常谈了。过去几年，我参观了不少图书馆，每次都能看见越来越多的人开始注视电脑屏幕，而不再用手翻阅书籍。看起来，图书馆的基本功能已经从提供纸质书转变为提供互联网服务了。我们有理由相信，这种发展趋势在未来只会加快步伐。

“在看书的时候，我只看到了一种过时的科技。”特雷西对《波士顿环球报》的记者说。他的说法得到了支持，一名16岁的女学生对这种变化很坦然：“当你听到‘图书馆’这个词的时候会想到书，但实际上真正读书的学生很少。”

让库欣学院这样的教育机构如此轻易地放弃存书的，是这样一种假设前提：一本书里的文字无论是印在纸上，或是以像素点的形式显示在屏幕上，并没有区别，反正还是那些文字。“如果我透过窗户看到我的学生坐在树下看书，对我来说，他们是拿着纸质书还是Kindle根本不重要。”特雷西的言论代表了大多数人的观点——换言之，媒介并不重要。

但特雷西错了。事实上，媒介很重要，而且对阅读会产生很大影响。不管是PC、iPhone还是Kindle，电子阅读体验和纸质书有很大不同。书籍使我们集中精力阅读，把我们从充满干扰的生活中隔离出来；而电子书却恰恰相反，它注定会使人们的注意力分散。电子书非但不能屏蔽周围环境的干扰，反而无形中会使干扰加剧。

科学证明，大脑可以轻而易举地适应环境。这种适应性出现在一个较深的生物学层面中，即存在于我们的神经细胞或神经元连接中。人类在思考过程中所需的科技，包括我们用来获取、储存和分享信息的媒介都是我们智力环境中的关键元素，因为它们影响着大脑思维模式的形成。这不仅在实验室中得到了证实，甚至粗略地浏览一下知识史就能获得佐证。可能对于特雷西来说，学生是看书籍还是看电子书无关紧要，但对学生的思维来说，却是至关重要的。

自从15年前第一次接触互联网以来，我的阅读和思考习惯就发生了显著的改变。现在我大部分的资料搜索和阅读工作是在线完成的，结果是我的思维也随之发生了变化。尽管我能越来越熟练地使用迅速变化的互联网，但是注意力越来越难以集中。就像2008年我在《大西洋月刊》中提到的：“互联网似乎正在夺走我深入思考的能力，我的大脑希望以互联网发布信息的方式接收信息：抓住那些屏幕上迅速流动的主题词。”要知道，思维的深度与注意力的集中度是紧密相连的，这样便不难得出结论：随着人类逐渐适应互联网的思考环境，我们的想法也会变得很肤浅。

有多少不同的人，就有多少不同的思维。因此我希望关于互联网对我们的影响，包括这次的Edge问题，人们能够有各种不同的观点。有些人会发现电脑上复杂的互动工具恰恰符合自己的思维方式，而其他人会认为电脑给自己更深层、更冷静的思考能力带来了灾难性的影响。当然，大多数人处于这两个极端境遇之间，他们一边感谢互联网扩大了自己的视野，一边又担心着互联网对个体思维和集体文化的长期影响。

就我个人而言，我的经验告诉我：我们失去的东西绝不会比我们从互联网那里得到的少。我替库欣学院的孩子们感到遗憾。

03

NET GAIN
网络收益

理查德·道金斯（Richard Dawkins）

牛津大学教授，英国皇家学会院士，进化生物学家，著有《自私的基因》《道金斯传》。

如果40年前的Edge问题是：“你认为，在接下来的40年里什么会彻底变革你的思维方式？”我立刻会想到1966年9月刊登在《科学美国人》上的关于MAC计划的一篇文章。这可跟苹果公司的Mac毫无关系，这项计划可比它早多了。MAC计划是由麻省理工学院及其合作企业领衔的，关于计算机科技方面的前沿研究。MAC计划的成员是一群由马文·明斯基（Marvin Minsky）带领的人工智能研究者，但这并不是令我联想到MAC计划的原因。作为一个当时能接触到所有大型计算机的人来说，真正令我兴奋的是，现在看起来司空见惯而当时却相当惊人的事实：多达30人可在麻省理工校园内甚至是在各自的家中同时登录同一台计算机，同时使用这台计算机互相联络和沟通。这在当时是一件奇怪的事情，尽管他们彼此可能相隔数英里，但论文的合著者们可以同时用一台计算机工作，在计算机上建立共享数据库。理论上来讲，他们甚至可以在地球的两端进行这些操作。

在今天，对此表示惊异会让人感到可笑，很难想象这在当时是多么具有前瞻性。假如我们在40年前能够想象得出2010年时的后蒂姆·伯纳斯-李[1]时代，那将多么令人震惊。任何人，只要拥有一台手提电脑和无线网络，就可以欣赏全世界缤纷多彩的景色。从葡萄牙的海滩到符拉迪沃斯托

[1] 蒂姆·伯纳斯-李（Tim Berners-Lee）是万维网的发明者。——译者注

克的象棋比赛，谷歌地球使我们仿佛坐在魔毯上一样，可以飞越大陆领略无限风光。你可以顺便到一个虚拟镇子的虚拟酒吧聊一会儿，这个镇子的地理位置并不重要，它实际上甚至可能并不存在。

“对牛弹琴”这个词算是高估了在线聊天室内的对话，但互联网的硬件和软件启发了我：在维基百科中，互联网和万维网都被简洁地定义为“一个通过互联网获取互相链接的、超文本组成的系统”。互联网本身就是天才的作品，是人类最伟大的成就之一。互联网最具特色之处在于，它不是仅由单个的天才，如蒂姆·伯纳斯-李、斯蒂夫·沃兹尼亚克（Steve Wozniak）或阿兰·凯（Alan Kay）所创造，也不是由自上而下的公司，如索尼或 IBM 领导的，而是由遍布世界各地的、大量无名机构组成的联盟所构建。这就是 MAC 计划最初所预想的、超乎想象的巨大规模。它没有一个巨型中心计算机控制着很多人造卫星，在 MAC 计划里，它是一个由不同尺寸、速度和制造商所制造的、电脑连接成的分布式网络——这个网络没有任何人设计或者组装，但是它以生物固有的，或者更确切地说是以原生态的方式在自然而然地生长。

当然互联网也有弊端，但瑕不掩瑜。我已经指出了很多在线聊天室中存在令人遗憾的谈话内容。网络上的暴力、粗鲁倾向是人性使然，某天我们可以讨论它的社会性根源——匿名性。当你在线上伪装成“天线宝宝”时，你做梦都想不到的侮辱和骚扰性语言会随着你敲击键盘不请自来。

互联网中的另一个常见问题是，如何从错误信息中辨别出真实的信息。搜索引擎试图让我们将互联网视为一部巨大的百科全书，但却忽略了一个事实：传统百科全书的编纂过程非常严格，其条目都是由精心挑选的专家审定。说到这儿，我总是惊讶于维基百科能做得这么好。我曾经通过搜索一些我真正了解的东西（可能在这方面，我能为传统百科全书编写提供意见）来审视维基百科，在进化论和自然选择的知识方面，维基百科所做的修正工作让我印象十分深刻，我开始参考一些我并没有一手知识的领域的词条，这也是我引用了维基百科上关于“互联网”的定义的原因。毫无疑问，仍有一些错误悄悄混进甚至是恶意嵌入其中。所幸的是，这些还未被校正机制更正的错误只是少数。尽管如此，维基百科的理念很好（即便仅在某些领域，例如科学），冲击了我过去对互联网的悲观态度。我试图将它看作万维网乐观主义的一个隐喻。

我们可以继续对此保持乐观的态度，但互联网上的垃圾远比纸质书多，可能是由于纸质书的成本更高（唉，虽然纸质书也有很多垃圾）。但是互联网的高速传播和普及程度的确应该让我们保持警惕。假如某个报告看上去让人难以置信（或者让人信服到无以复加的地步），那你需要迅速查阅更多资料进行核实。“城市恐怖传说”和其他病毒“模因”（meme）会在不同的网站上清晰地列出。当我们收到令人不安的计算机病毒警告时（多数来自微软或诺顿公司），我们不会将其直接拉到通讯录黑名单中，而是去搜索警告中的关键词，结果往往会发现它们的历史及地理位置均能够被准确地追踪到。

也许互联网最大的缺点是，网上冲浪会让人上瘾而且会浪费大量时间。它使我们养成像蝴蝶那样从一个话题飞到另一个话题的习惯，而无法专注地做一件事情。但我想在此放弃负面评价，不再唱反调，而以一些推断性的，也许更为正面的观察作为结论。互联网给人类带来的全世界范围内的统一不期而至（科幻小说迷也许会将其理解为让人兴奋的新生命体胚胎），这与多细胞动物神经系统的演化过程相似。许多心理学家可能会从中联想到个体性格的发展，这一过程就像婴儿分裂、分散的性格会随着其成长而逐渐变得统一。

我想起了弗雷德·霍伊尔（Fred Hoyle）的科幻小说《黑云压境》（*The Black Cloud*）。“黑云”是一个能够进行星际旅行的智慧生命，它的“神经系统”类似于互联网，速度快过人类懒散的神经脉冲几个数量级。问题是，在何种意义上，“黑云”会被视为独立的个体而不是一个社会？答案是：足够快的相互连接会模糊掉这两者的区别。假如我们可以通过直接、高速的大脑间的信息传输来读懂每一个人的想法，人类社会就会实际上变成一个个体。类似的东西可能最终会将构成互联网的不同单位合而为一。

这个关于未来的推测使我想起文章的开头。我们来看一下，未来的 40 年会发生什么。摩尔定律可能会持续起作用，且足以产生一些令人震惊的魔力（比如允许我们微不足道的想象力偷窥未来一眼）。人类从公共的外部记忆系统中获取信息的速度将会明显变快，而对自己大脑中记忆功能的依赖将会变少。而现阶段，我们仍然需要生物大脑来作为参照物和联想物，但更复杂的软件和更快的硬件将逐步取代生物大脑的记忆功能。

虚拟现实的高清晰度色彩还原技术将持续改进，最终人们将难以辨别真实世界与虚拟世界的差异。许多普通人会深深着迷于大型团队游戏，如《第二生命》（*Second Life*），这些人对于虚拟机室内的事情几乎一无所知。我们不能对此轻视。对世界上的大多数人来说，“第一生命”的现实生活几乎没什么吸引力。就算对那些更幸运的人而言，进入虚拟世界也比懒散地坐在沙发上看真人秀节目更刺激。对研究者而言，《第二生命》以及其他虚拟的团队游戏将成为社会学、实验心理学的研究室，而虚拟世界的规则尚未确定。整个经济体、生态圈，也许包括人物性格都将只存在于虚拟空间之中。

最后，虚拟空间可能还有些政治含义。那些实行种族隔离制度的国家试图通过电视禁令来镇压反对者，但最终还是被迫放弃了。试图禁止互联网会比这更困难。神权政体或者心存恶意的政府最终会发现，它们的歪理邪说很难迷惑公民。总的来说，互联网带给受压迫者的好处大于压迫者的说法尚存争议，当前其在世界各地的情况也不尽相同。[1]

我们希望更快、更普及、更便宜的互联网能够成为更多民众表达心意的平台。

注：本文作者理查德·道金斯的《道金斯传》已由湛庐文化策划，北京联合出版公司出版。

[1] 详细观点可以参见 2009 年 11-12 月期《前景》杂志（*Prospect*）中叶甫根尼·莫洛佐夫与克莱·舍基的对话内容。

04

LET US CALCULATE

让我们算笔账

弗兰克·维尔切克（Frank Wilczek）

2004 年诺贝尔物理学奖获得者，麻省理工学院物理系赫尔曼·费什巴赫讲席教授，著有《存在之轻：质量、以太和力的统一性》（*The Lightness of Being: Mass, Ether, and the Unification of Forces*）。

我想向编著者致歉，因为“互联网改变了你的思维方式吗？”对我来说是一个很难给出有趣回答的问题。实际上，我只把互联网当成一个工具，它并没有深刻地改变我的思维方式——至少目前看来是这样。所以我决定大胆地延伸一下这个问题，把它改成“互联网和它的衍生品是如何影响像我这样的人思考的？”

> 如果有争议的话，两位哲学家像两位会计师之间一样不需要争辩。因为他们只要拿起手中的笔，找块石头坐下来，（如果他们愿意的话，有亲友愿意见证更好）互相说一句：“让我们来算算这笔账吧！”
>
> ——莱布尼茨

但是，显然莱布尼茨说得不对，没有争论的哲学家不能称为哲学家。比如关于自由意志的问题，做再多计算也很难解决这个问题。如果我们用“实体物质的雕塑家”来代替上文中的“哲学家”，就是对现今我们所面对的机会和未知挑战最为准确的描述。这个机会大约在 80 年前就已经粗具雏形，那正是量子论方程式已经成熟的时候。

> 一大部分物理以及全部化学所需的数学理论的潜在物理法则已经全部被发现，现在难点仅在于，如何具体应用这些原理来处理那些太复杂以至于无法解决的方程式。
>
> ——P.A.M.迪拉克

在迪拉克于1929年进行这番论述之后，物理学界发生了很多大事。物理学家找到了解决原子核的核心问题的新方程式。高能加速器向我们展示了一个全新的世界，许多意料之外的现象以及大自然的美丽和对称给予了我们很多启示。有了这种新的更深入的认识，我们才知道星星如何运转以及那个简单的外星火球是怎么进化为我们生存的这个宇宙的。然而迪拉克大胆地提出：尽管科学的进步和发展为我们过去无法处理的、更小的物体以及更极端的条件提供了可靠的方程式，但并没有改变普通物质在普通条件下的游戏规则。恰恰相反，量子理论的大踏步前进更加坚定了我们对它的信心。

可是就连迪拉克也没能预见，“太复杂以至于无法解决”的限制是可以被挑战的，这将他在1929年的哲学反思变成了一场战争的号角。通过现今的芯片和架构，我们可以开始解决化学和材料科学的方程式。通过精心配置成千上万的芯片的力量、连接互联网及其后续产品，我们能建造出具备前所未有的灵活性和能量的虚拟实验室。我们摆脱了之前那种通过挖掘稀有原料、精炼、煅烧和漫无目的地尝试新组合的方式，现在我们可以用更轻松也更系统化的方法探索新的有用的材料，我们所要做的只是将被编码定义的众多可能性注入全世界彼此相连的计算机网络中。

这个世界性的网络能探索出什么？比较切合实际的可能性包括：无需能量传输的高温超导体、悬浮的超级列车、不受自身散热条件限制的电脑、使我们摆脱碳排放限制的高效太阳能电池、可制造从地球到太空的升降机的超强材料。

尽管我们目前可以预见的这些前景令人兴奋，但这和我们想象不到的新发现相比却相差甚远。除了科技目的，我们同样追求对物理现实潜能的全面考察。1964年，理查德·费曼（Richard Feynman）提出了具有挑战性的观点：“现在，我们还不能确定薛定谔方程是否适用于青蛙、指挥家，以及道德等领域，也不能确定一些像上帝一样凌驾于人类之上的东西是否仍被需要。所以，我们大可对两方面都抱有希望。”

今天的我们能看到多远的未来？可以确信的是，薛定谔方程并非对青蛙和指挥家都适用（至少好的那些方面不适用）。实际上，利用最快的芯片、强大的网络和巧妙的算法，物理学家们最近才探索出了量子色动力学的方程式。这似乎是个微不足道的开始，但其实量子色动力学比量子化学要复杂得多，这是一次鼓舞人心的人类实力呈现。我们已经可以很好地开发出一些可追踪的方程，用以指导微电子学、激光科技和磁共振成像方面的材料基础革新。但是，所有这些计算机技术方面的大胆尝试，虽然令人印象深刻，但也不过是小试牛刀。要想实现人工智能的关键性一步，仍需要更强大的计算能力以及人类特有的独创性。

幸运的是，这两个成就都近在眼前。SETI@home 项目让全世界的人们都可以利用电脑的闲暇时间筛选太空无线电波，以推进人类对外星智慧的搜索工作。运行大型强子对撞机项目的欧洲核子研究中心是早期万维网的诞生之地。万维网比网格计算（GRID）更先进，它可支持数千台远端计算机及其使用者互相分享数据、动态发布任务，使之能像同一个大脑一样运作。只有这样，我们才能处理大型强子对撞机带来的信息爆炸，而这样的项目也将会接踵而至。

让计算机通过纯计算来下国际象棋的项目始于 1958 年，随后，所设计电脑程序的下棋技能迅速提升，并于 1978 年打败了国际象棋大师，1988 年击败了最高段位的棋手，1997 年摘得世界冠军。后来，这一技术在向大型并行计算机发展的过程中起到了至关重要的作用。这些带有特定目的的发明是连接几十台或者上百台普通电脑的迷你互联网（实际上是迷你的网格计算机系统）。在今天，建立起一个类似 SETI@home 的程序或者类似网格客户端的网络，是一个可以轻松打败最高配置的单机电脑的可行性计划。这种网络一旦被创造出来，我们只需简单地挖掘和利用不断扩大的资源库，就可使现有系统平稳地发展到难以想象的规模。

在更难的计算量子现实的游戏中，在硅的帮助下，我们基本上可成为一个实力稍差的大师级选手。我们知道比赛规则，也下了几步好棋，但是经常用计算来取代推算也使我们错失了许多焕发灵感的可能性，并且在计算上花费了太多时间。为了改进，我们需要把这个建造世界性网格的梦变为可操作的现实。为了压缩空间，我们需要找到更好的方法去分配那些不需要密集交流的子任务，找到更好的方式去利用潜在公式的地理属性，找到更优化的建构客观洞察力的方式。在我看来，这些问题还没有得到足够的重视。许多经历过良好训练、拥有天分的人一致认为，尽管晦涩难懂，但开发新的方程式比利用现有的方程式开发新的应用更划算。

人们往往都更喜欢争夺名次，享受鹿死谁手的快感。如果我们能提供一些具有里程碑式意义的奖项，来激励人们从事这种虽然辛苦但是很有前景的工作，对于这群沉迷其中的人来说，将是最好的回报。例如，我们可以为计算出与真实的水沸点相同的虚拟水技术设立一项大奖。

05

THE WAKING DREAM

白日梦

凯文·凯利（Kevin Kelly）

《连线》（*Wired*）杂志创始主编，著有《失控》《必然》。

我们都知道，技术的应用改变了人类大脑的工作方式。“读”和“写”是改变人类大脑处理信息方式的认知工具。心理学家用磁共振成像之类的神经成像技术将文盲与非文盲的大脑进行了对比，结果发现了很多不同之处——不仅仅是在阅读方面。

研究员亚历山大·卡斯特罗-卡尔达斯（Alexandre Castro-Caldas）发现，文盲与非文盲的脑半球处理方式是不一样的。非文盲胼胝体的一个关键部分更厚，而且“成年之后才掌握读写能力的人，比在正常年龄拥有读写能力的人的枕叶处理速度更慢”。心理学家费吉·奥斯特罗斯基-索利斯（Feggy Ostrosky-Solís）、米格尔·加西亚（Miguel Arellano García）和玛莎·佩雷（Martha Pérez）对文盲和非文盲进行了一系列认知测试，在测量了他们的脑电波后得出结论：“读写技巧的获得已经从整体上改变了他们控制认知行为的脑组织……不仅仅是语言方面，还包括视觉接受、逻辑推理、记忆策略和形式运算思维方面。”

如果文字能够改变我们的思考方式，那么试想，网络文化和我们每天要面对的电子屏幕又将如何改变我们的思维？在屏幕前长大的第一代人已经成年，虽然我们还没有针对互联网对人类产生的普遍影响进行全面的科学研究，但是我有一些基于自身行为的感受。

当我做减法或者乘法运算的时候，我不会试着去记住中间的数字。很早以前我就学会了将它们写下来。借助于纸和笔，我在算术方面变得更“聪明”了。相似地，我现在不再试着去记住答案，甚至包括答案的来源。我已经学会了从互联网上来搜索它们。因为互联网是我新的“纸”和“笔”，它会让我在真实性上更“聪明”。

但是我的知识变得更加脆弱了。因为我所找到的每一条被认可的知识，都会轻易地受到挑战。所有的事实都有它的反例。互联网的超链接突显了这些反例，使之和事实本身一样受人关注。有些反例是很愚蠢的，有些则处于两可之间，而有些则是成立的。你不能依靠专家去分辨它们，因为每一个专家都会面临着另外一个“反专家”。无处不在的反例侵蚀着我学习到的每一样东西。

我对所有事物的确定性都降低了。我只能创造属于自己的确定性，而非借鉴某种权威——不仅是我所关心的事物，而且是任何我所接触到的事物，甚至涉及那些我不可能有直接经验的领域。这就意味着，从整体上看，我越来越多地假设我所知道的是错误的。我们可能认为这种说法对于科学而言是完美的，但它同时也意味着我更容易因为错误的原因而改变想法。总之，“接受不确定性”就是我的思维方式发生的改变之一。

“不确定性”在一定程度上是流动的。我认为我的思维已经变得更为“液态”。它没有过去那么固定，就像书上的文字，甚至流动得更厉害了，就像维基百科上的词条。我的观点会更频繁地变化着，我的兴趣会更快地起起落落。我对单独的一个真相兴趣颇浓，而对相互缠绕的众多真相更感兴趣。我认为主观性在从众多的数据中提炼出事物客观性的过程中起到了很重要的作用。科学是不完美的，我们只能随着它缓慢的发展来了解万事万物了。

当我连接到多维的网络世界中时，我觉得自己被网络化了，我在试着从不可信的线索中寻找可信的东西。当我试着从半真实、谎言以及其他散落的信息流中寻找真实的时候（现在创造知识是我们的工作，而不是权威性的工作），我发现自己被流动的思维方式（如情景、临时的信念等）和 Mushup、Twitter、搜索引擎一类流动的媒体吸引了。在这些由各种想法编织而成的“湿滑”的网上冲浪，感觉就像是一场白日梦。

我们并不知道梦能有什么作用，只知道它满足了我们最低层次的需求。当我在网上冲浪、从一个网页跳转到另外一个网页时，那些观察者就会看到一场白日梦：我在人群中看到一个赤脚男人在吃泥土，又依次看到一个正在唱歌的男孩的脸开始融化，圣诞老人烧掉了一棵圣诞树，我感受到自己在倾斜的世界顶端的泥房子里飘浮着，神圣的凯尔特结自己解开了，一个男人告诉我做高纯度玻璃的配方，之后我看到自己回到了高中时代骑着自行车……这些还只是今天早晨刚刚开始的几分钟里我的梦境。跟随那些毫无方向的链接路径，我们进入了恍惚状态。这可能是对时间的严重浪费，也有可能像梦一样，能够让我们获得收获。也许我们正在以电视、广播和报纸无法做到的方式深入了解我们的集体潜意识；也许点击鼠标就能让所有人做同样的梦，不管我们点击的内容是什么。

被我们称为互联网的白日梦，模糊了我的严肃思考和娱乐思考之间的界限。或者简单来说，我不能确定上网是在工作还是在娱乐。对一些人而言，这两个领域的界限瓦解则代表了互联网的全部缺陷：它挥霍价值高昂的时间，孕育出的都是琐事。正相反，我倒认为合理地浪费时间是进行创造的必要前提。更重要的是，我认为严肃思考和娱乐思考的融合是互联网最伟大的贡献。

实际上，人们过分高估了互联网对我们注意力的分散作用。我发现，可以控制我受到过度教育的大脑的信息越来越少。而且不仅是我，每个人都觉得他们屈从于快速、微小的碎片化信息的诱惑。为了回应不间断的信息碎片的攻击，互联网文化一直忙于将大的作品拆分成小部分出售。音乐专辑被肢解，以单曲形式出售；电影变成了预告片，甚至更小的视频短片（我发现很多预告片比电影本身更好看）；报纸则变成了 Twitter 式的帖子；科研论文也以片段的形式在谷歌上出现。我愉快地在这碎片的海洋中遨游。

当我到网上去寻找这些精彩的碎片，或者说在这个白日梦上冲浪时，我发现自己的思维方式有了改变。我的思维更加活跃，但缺乏深刻的思考。我的思考仅依靠我的无知来滋养，而不是毫无目的的沉思或者调查问题。我想到该做某件事情时，就必须马上去做。

我开始看、寻找、提问、质疑，并处理数据、做笔记、放书签，以及为自己做一些东西。我不会等，也不必等。我有了想法就去做，而不是先思考一番。对一些人来说，这正是互联网的弊端——使人缺少沉思。另外一些人觉得，这不过是简单而愚蠢的、消磨时间的工作，是像仓鼠转动轮子一样无聊的行为。

我问自己：这是在和什么相比？是被动接受的电视，强势的报纸，还是坐在家里无所事事地拿脑子里的旧东西自娱自乐？我发现自己在活动之后会更有创造性。博客和维基百科的出现是同一种动力的表达——先行动（写），再思考（过滤）。在我看来，此刻在网上冲浪的数百万网民并不是用愚蠢的链接在浪费时间，而是他们参与到了一种比 50 年前同样多的人们更有创造力的思考方式中。

这种思考方式的确鼓励碎片化的信息，但是令人惊奇的是，与此同时它也允许我们把注意力集中在前所未有的复杂的大规模项目中。这些新的创造性项目包含更多的数据，需要人们更长久地关注，并且伴随着互联网的扩张它们将变得更加成功。这种趋势起初并不明显，因为一种常见的短视行为将互联网等同于了文字。

第一个相似之处在于，互联网是屏幕上的文字：谷歌网页、论文、博客。但这种粗浅的认知忽略了互联网巨大的组成部分：屏幕上的动态图像。人们（而且不仅是孩子们，我也包含在内）变得不再首先看书和文字。如果人们有问题，他们首先会去 Youtube 搜索。为了找乐子，我们会上网玩大型游戏或者看电影，包括纪录片。新的视觉媒体正飞速向网络化发展。这才是互联网的焦点所在，而不仅仅是文字。正是由于在线粉丝的增加，以及点击播放、随意进退等其他网络技术的发展，导演们开始创作类似《火线》（*The Wire*）和《迷失》（*Lost*）之类长达 100 多个小时的电视剧。

这些史诗般的电视剧有多个相互交织的剧情线，多名主角，以及令人难以置信的角色深度，而且主角们需要持续的注意力。这远远超过了普通 90 分钟长度的电影所需要的，这让同狄更斯一样的小说家都感到震惊。（如他仍在世，他将会说："你的意思是说他们可以照着导演说的去做，然后要做得更多？那得多少年之后呢？"）我永远都难以相信自己会喜欢如此复杂的故事，或者愿意花很多时间去关注它。我的注意力更集中了。它的深度、复杂性和对游戏的需求在某种形式上可以和这些马拉松电影，或者其他伟大的著作相媲美。

互联网改变我的关注方向和思想的最重要方式是，它已经变成了一个整体。看起来我是在用无数的毫秒阅读一系列 Twitter 消息，用无数的微秒在网上冲浪和在网站频道之间闲逛，用无数的分钟浏览一段又一段文字。但在现实中我每天共花 10 小时关注互联网。我每隔几分钟就要回到网上，日复一日，倾注了所有的注意力。而你也一样。

我们正与这个大家伙建立深刻的持续对话。它是由数百万个松散链接构成的，光这个事实本身也正在让我们分神。网站的制作人、在线评论员，以及那些不情愿把电影放在网上的明星，他们不相信自己的产品只是全球秀这个大图景上的几个像素，可实际上确实如此。现在网络将它们整合为了一个整体:20 亿块屏幕接入的多媒体。所有这些链接，包括所有的电子书、网页、帖子、电影、游戏、视频等，就像一本巨大的全球书，或一部全球电影，而我们只是刚刚学会了如何去阅读它。我们知道这个大家伙的存在，并且每日与之交流。这种生活改变了我的思考方式。

06

TO DREAM THE WAKING DREAM IN NEW WAYS

白日梦的新花样

理查德·沃尔曼（Richard Saul Wurman）

TED 大会创始人，建筑师，著有《33：理解变革和理解中的变革》（*33: Understanding Change and the Change in Understanding*）。

最初时，我用棍子在沙中画圆。
铅笔出现了，它教会我如何去思考。
圆珠笔出现了，它改变了我的思考方式。
我不断学会的新词汇改变了我所能想到的一切。

电话仿佛让我置身远方。
我的第一部夏普手机使我的记忆有了延伸。
电视继续以爆炸式的速度提升着我的理解力。
每种形态的媒介都赋予你的思维以全新的方式去做白日梦。
露易斯·科恩在发黄的纸张上用炭笔设计建筑。
他画了一张又一张的草图，却总是不满意。这些影响了他的设计。
富兰克·盖瑞梦到了潦草的笔迹和碎裂的纸片，
它们神奇地变为了现实。
你所能想到的一切形式都发生了变化。
互联网正是沿着形式的创新和理解的飞跃而迈出的巨大一步。
这是美好的一步。

07

TWEET ME NICE

推我点好消息

伊恩·戈尔德（Ian Gold）、**乔尔·戈尔德**（Joel Gold）

神经科学家，加拿大迈吉尔大学哲学和精神病学研究主席。
精神病学家，纽约大学兰贡医疗中心精神病学临床副教授。

互联网带来的社会变化，改变了我们俩对疯狂的认识。而奇怪的是，我们想法的改变却始于对网友这种关系的反思。你 Facebook 中朋友的数量，就像你的汽车型号一样，代表着一定的社会地位。对有些人来说，拥有数百个虚拟朋友并不罕见，这似乎意味着，在我们的社交生活中，互联网比酒柜和药片更加重要。

在 Facebook 和 Twitter 出现之前，时间严重制约着友情。即使是传统的圣诞贺卡，现在估计也已是陈列于人类学博物馆中的化石了——任何一位全职工作者都不会盖上 754 次章，再填写 754 个地址。无论一个人的社交圈有多大，技术的进步让他超越了时间的束缚，使圣诞贺卡重新活跃起来。具有讽刺意味的是，电子社交网站已使圣诞贺卡变得多余。你的朋友在平时就可以获取大量关于你的信息——你对逻辑实证主义或是 Lady Gaga 的态度，因而他在圣诞节时就不再需要你陈述这一年的状况。

毫无疑问，拥有更多的朋友是件好事，友谊是生活中最好的馈赠。正如亚里士多德所说：“尽管拥有其他美好的事物，如果没有朋友，人们也不会选择生存下去。”当然，真实的朋友才是最好的，因此如何看待 Facebook 上的朋友就成了一个问题。一个有抑郁倾向的年轻女子第一次来见我时，为我形象地呈现了这个想法。据她所说，导致她消沉的原因之一便是，她没有朋友。她坐在沙发上孤独地诉说，而在诉说期间她仍然在发 Twitter 消息。也许她仅仅是想简单地告诉 Twitter 上的朋友们她正在一个精神科医生的办公室；也许她想告诉 Twitter 上的朋友们她正跟精神科医生讲到她没有真正的朋友；也许与她所抗议的正好相反，她正从虚拟社区中收获友谊。然而，面对真实与虚拟之间的强烈对比，Facebook 或 Twitter 上的朋友们很难说得上是亚里士多德所说的朋友。

当然，人不应该交往太多这样的朋友。很多接到圣诞贺卡的人也算不上亚里士多德所说的朋友。朋友圈和社交圈有着明显的区别，社交圈是一个更大的范畴，也许包括你寄圣诞贺卡的人、楼下的同事，或者你在酒吧或葬礼上见到的人。的确，互联网正在构建混合性的社交团体，其中包括真正的朋友和朋友的朋友，我们对这些人只比陌生人稍微熟悉一点儿。除此之外，我们中还有一些人在与虚拟空间、聊天室、《第二人生》游戏里的陌生人进行交流和互动。

然而与友谊不同，延伸的社交团体并不完全是件好事。出现在我们生命中的人能够给我们带来巨大的喜悦，但同时伴随的也有深深的苦痛，这已是众所周知的事情。虐待狂老板可能会毁掉你的生活，而其他情感可能又会使你重燃希望，相处长久的配偶也可能转眼变为“劈腿的混蛋”。范围更大的社交圈是把双刃剑，它提供了更多让人们悲痛和欣喜的机会。一个包括半生不熟的人和完全陌生的人的混合社交团体，也许是通向真正危险的大门。

在人类进化的历史中，似乎充满了喜忧参半的社交生活。社交生活扩展最大的一次变化是在人类出现以前。从非灵长类动物向灵长类动物的转变是伴随着人类社会团体的一次扩展发生的，很多科学家都认为，正是这种与众不同的社交生活所带来的压力，直接造成了灵长类动物的大脑进化。更大的社交团体意味着更多合作和互惠的机会，同时也引发了新的威胁。比如，相比于单独狩猎，社交团体的共同狩猎虽然让每个成员都得到了更多的食物，但同时他们也需要去处理那些只“拿”不“给”的搭便车者。在更大的社交团体中，客观的物理环境更易管理，但欺骗和剥削却作为新的危险出现。由于合作和竞争都是必需的，那些拥有更强大的思维能力的大脑将在两者上均占优势。人类智力的进化可能最初正是由他人的善和恶所驱动的。

支持这一观点的最好证据是，物种的大脑尺寸（更准确地说，是新皮层的相对容量）和物种所生活的社交团体规模之间呈正相关关系，即大脑尺寸越大，社交团体的规模也越大。通过灵长类动物的大脑尺寸来绘制社交团体的规模，这种方法可以用在人类身上。进化论人类学家罗宾·邓巴（Robin Dunbar）计算了人类大脑皮层的容量，从而推断出人最多只能与150人的社交团体维持正常关系，相当于一个村落的规模，这在人类进化史中占据了相当长的时间，并且在原始社会形态中仍然能够发现村落规模的踪迹。

如何检验这些假设呢？在非人类灵长类动物社交团体中，相互梳理毛发的行为构建了成员之间的关系。除了发型学校和寄宿制生活之外，这一行为对人类没有任何借鉴意义。但是，圣诞贺卡能够更加有效地说明问题。在社交团体中，收到的圣诞贺卡的数量是成员之间关系的一个小标志。在一个极具独创性的实验中，邓巴要求被试记录他们寄出的圣诞贺卡的数量。根据各自的记录结果，贺卡收件人的数量在125 ~ 154之间，与我们的大脑所能处理的150人的规模差不多。这表明，在人类百万年的历史中，我们的大脑所面对的，就是150人左右的社交团体所呈现的机会或威胁。互联网已将人类的村庄变成都市，这可能是自原始部落的篝火会以来，人类进化史中最大的变化。

最后，我们来谈谈疯狂的问题。几十年来，精神病学家就知道都市——实际上任何规模的城市都一样，产生了许多精神病患者。特别是精神分裂症，单纯的生理精神疾病的病例随着城市规模的扩大而变得越来越多，甚至当城市规模和村落规模差不多时也是如此。这并不是因为精神疾病在城市更普遍，也不是说人们患精神病后更倾向于迁居到大城市。在我们日益增长的社交团体中——包括真正的朋友和附近的陌生人，我们可以说精神疾病患者在虚拟城市的数量也在上升，或者Facebook和Twitter使我们与亚里士多德所称的朋友拉近了距离，这些朋友可以扮演精神疾病预防者的角色吗？无论互联网对我们的内在生活造成了什么影响，但在改变我们与他人交织的生活方面有一点可以肯定，互联网会超出我们原本的想象，成为思维的潜在塑造者。

08

THE DAZED STAET

头晕目眩

理查德·福尔曼（Richard Foreman）

剧作家兼导演，“本体论—歇斯底里剧场”创始人。

互联网改变了我的思维方式吗？我所以为的和其他人每天都用的“思维”究竟是什么？大概在“思维”的构成问题上没有一致的定论。互联网的出现使人类收集信息的速度更快，范围更广了，但我绝不认为“收集信息”就是思考。对我来说，思考就是把收集到的信息整合在一处，之后灵感便会闪现，最终形成系统性的观念。

当然，闪现的想法总是有根源的，也可能是有条件的，更可能源于我过去的种种经历。尽管互联网将我们淹没在了各种各样的事实和联系中，但我只将那些提取思想的地方称为思维空间。

从某种层面上来说，互联网只是扩大了思维可以引起共鸣的场所，所以人们达成共识的方式也会变得不同。我相信互联网会改变人的生活方式，但不会改变人的灵魂。不断扩张、不断提速的互联网代表了一种不断变化的冲浪式生活（就像如果你把家搬到加州的沙滩社区，生活也同样会改变）。若你能在信息流中保持平衡，那你将变得越来越敏捷。你在网页的超链接之间跳跃，必然会重塑你的思维环境。

不管你以前身在何处，曾经是谁，互联网不会促使你充满激情地去挖掘无穷无尽的资源，而会让你处于一种眩晕状态，感到一切都在你的指尖。你通过它来拥抱世界，当然，你所拥抱的只是它默认和塑造的世界，而非我们目前还难以想象出的世界。

就算我每天花大量时间上网（我就是一个这样堕落而慵懒的煎饼人），我还是会经常提醒自己：曾经有个希腊哲学家一生中都在躲避晚宴。如果我们能逃离让人分心的互联网，无视它的联结性和对知识的拓展，那将真的是一种颠覆性的社会现象。

互联网向我们展示的“整体世界”与知善恶树给夏娃的苹果是一样的。呃，现在人们都不再相信这种古老的传说了吧？但我猜还有些人信。

互联网给聪明人喂养抗压药，给笨蛋以镇静剂，盘桓在这座梦幻岛（现在是真的了）上空的唯一希望是，沸腾的牛奶气泡会最终凝固，一个前所未有的图案将随之显现——从那些原以为是指向某些特定方向，而实则是去往一些无人知晓的地方（生活时常如此）的行动中显现。

这听起来像神秘主义者对新的黑暗时代的鼓吹。好吧，现在我们已经吃了禁果。祝更年轻的孩子们好运吧！你们可能会看到一个新的天堂或者地狱。

09

WHAT'S MISSING HERE?

这儿缺了什么？

马修·里奇（Matthew Ritchie）

艺术家。

我们假设互联网诞生于欧洲核子研究组织（CERN）。互联网这个无限巨大的文件库里挤满了疯子、推销员、游说政客和色情小说家的故事，却又小得可以像约翰·梅斯菲尔德的《喜悦之盒》（*Box of Delights*）一样可以轻松放进口袋。如果欧洲核子研究组织真的对此负责，那么它对世界造成的威胁将远比其制造黑洞的威胁大得多。

然而，需要反思的是我在使用互联网，还是互联网在使用我？这是一种新型的文化生态，还是精神生态？那么谁又是这生态系统中真正的捕食者，谁又是猎物呢？难道是我吗？

我曾经渴望创造一个界面来模拟我与真实世界的互动，现在才意识到我所需要的界面正是真实世界，但互联网可否将这份真实还给我呢？

互联网是一座档案馆吗？每天我可以在互联网上学到新奇的理念，同时我也会了解到许多陈旧想法和错误观念。我看到过很多显而易见的假话，这种持续编造谎言的能力却被认为是自由的象征。它们包裹着怀疑论固有的否定和拒绝态度开始登上舞台。我们需要一个可以信任的导航系统。在不久的将来，20 世纪的专家和解释者将被 21 世纪的创造向导们取代。

它是一个开放的系统吗？为了维持互联网和其系统的运转，到底消耗了地球的哪些资源？为了思考、玩耍以及自恋，我们的文化又被消磨了多少？这些问题几乎不可能在互联网上找到答案。世界上最大的 7 家公司垄断了所有的路由器和电缆生产，每个人都交了“过路费”。

它是自由的吗？老人、穷人和未受教育者被拒之门外，其他人却被困其中。研究显示，大量的用户被禁锢在保守和集中的学习模式中，他们利用互联网寻找相似之物——即便是新鲜事物，也只是已知事物的翻版而已。作为分享性的平台，若只迎合遵守其规则的人，那么它就是十分失败的。我们要想寻找数字技术的光芒，我们的好奇心却逐渐消失殆尽。我们正耗尽自己的精力。

它只是一种交流工具吗？人们不再热衷于煲电话粥，而是摇身一变成了受困于与活动议程和偏见进行虚拟交流的隐士。一旦网络连接断开，回到眼前真实的世界，他们便会开始诅咒，旅行对他们而言不过就是进入一个充斥着修道院钟声和昆虫叫声的世界。但是拔掉电源插头后，也只是将我们还原到一个有相同系统设计和命令的等待区而已。

它是一个新的空间吗？如果这是真的，那么我立刻就会被吸引到这个隐含着却不可避免要被创造的空间——反互联网。如果这是一个新的空间，上网时我们究竟占据了多少空间呢？我们在这儿到底又丢失了什么？我们丢失了意义、人际接触、时间以及空间。关于其规模和内容，我们需要一次全方位的重新思考。

和你们一样，我每天都会在互联网上进行所谓的“合作”。因为在这个尚不完备的空间里，有些东西正在被构建，而有些东西也在进行自我建设。也许我们所知的互联网仅仅只是个预兆，就像尤利西斯回归肮脏、错杂和跛脚的状态一样，只有在我们充分准备好时，互联网才会完全地展现在我们面前。也许，不久的将来，互联网的面貌就会完全呈现，并帮助我们将真实的社会生态带回到生活中，一切阴谋都将被揭开，假象将被打碎，禁锢也将被扯下，我们真正期待的承诺将被提出，一切都在等待着实现与释放。现在我已经做好了准备。

10

THE INTERNET AND THE LOSS OF TRANQUILITY

互联网与宁静的失落

诺加·阿里卡（Noga Arikha）

思想史家，巴黎艺术学院批判性研究教授，著有《激情与情绪：幽默的历史》（*Passions and Tempers: A History of the Humours*）。

我还记得在大学一年级的时候，我们会用心爱的打字机敲打文章。后来，有了第一台电脑、第一个电子邮箱账户，我平缓地进入了一个新的电子世界，这过程自然得让人觉得有些奇怪。互联网时代是逐渐到来的。我们看到它如同一个生来拥有大脑的孩子一般在成长着，又如同变化多端的动物，性情飘忽不定。一旦这个数字网覆盖了全世界，并被当作新纪元开端的标志物，关于它未来发展趋向的预测和分析就接踵而至。这个“生物”还在长出新的躯干，Edge本身也是在这一背景下诞生的。在这次研究中，适用于研究和传播的工具进步了。与此同时，人们在许多领域也有了新思考，包括思想与机器的互动、教育的未来、互联网对文本和书写的影响，以及信息过滤、检索信息、学习和记忆等相关问题。

而后，这个“生物”开始自我发展，并成为世界的常规组成部分。我们已不再对此感到惊讶，也不会再做更多的元分析。我们依赖互联网，我们中的一些人沉迷于这种了不起的工具。这个多元的媒介如10年前预测的那样，聚集了所有的聊天工具、知识、娱乐项目和电子商务。就像许多人一样，即使身边有无数书籍，我依旧选择飞快地敲击着键盘，在电脑屏幕前花费大量时间，以至于我无法确切地说清楚互联网究竟怎样影响了我。互联网已逐渐变得像电话一样普通。人类总是非常擅长于适应我们所创造的技术，互联网则是最容易被适应的，也是最通人性的，比如，它使我们疏远了与过去生活有关的一切事物。

我在两种立场间徘徊：有时我充满感激地依赖这项伟大发明，有时则惶恐于这种依赖究竟意味着什么。花在某个地方的时间过长，在家中生活所需太容易获取，会让我们移步于现实世界的需求几近消失。社交网站的快速建立改变了人与人之间的关系，三维空间被简化成了扁平的屏幕。互联网快速可及，只需轻轻一点，你便可以得到生活所需的一切。但是慢节奏的生活去哪里了呢？还有那些宁静、孤独和安谧呢？那个在我孩提时代所认为的理所当然的世界，那个在童年绘本中十分美丽的世界，早已被这个崭新的世界逐渐拉出了我的生活，取而代之的是人工世界和靠电力运转的现实——更快、更嘈杂、更远离自然，更独立自足。

我们之前创造的技术总是会对现实世界产生影响，很少有技术能够像互联网这样对思想产生如此重大的影响。我们知道在互联网出现之后的那代人正经历着什么。我们那代人起初与打字机、书籍、慢节奏、以地理距离和本地时钟测度的现实相伴，而现在的这个新兴世界与我们过去所认知的世界极为不同。

我属于这样的一代人：学习使用电脑对我们来说是较为容易的，并且我们也喜欢学习，但是，我们仍存有对前互联网时代的真实记忆。我可以与那些将收音机叫作“无线电”的人相处，我也尊敬那些已经七八十岁却仍使用电子邮件进行沟通的老人，因为他们来自一个更远的时代。也许在将来，历史课将成为学校教学的重点，学校将开发与技术历史相关的课程，从而提醒今天的孩子，正如他们所感受到的那样，他们所看到的技术只是相对的，并不能呈现这个宇宙间的一切。事实上，世界上有数百万孩子并不需要这样的提醒——他们根本没有途径去接触到这些技术。但是那些熟悉互联网的人应该知道，如何从历史和政治维度来看待这种工具。

于我而言，我正在寻找一种方法来为我的需求腾出空间，我既想慢下来，切断网络连接，又不想舍弃谷歌、电子邮件和互联网的快捷性。我是足够幸运的，因为我来自信息还未完全数字化的时代。也许，这是能让我以一种智慧的方式使用互联网的原因。

就像艾克顿勋爵的名言："权力导致腐败，绝对权力导致绝对的腐败。"今天，我们都在思考多个维度——但不是所有，他们都拥有几近绝对的权力，这极大破坏了难易之间的平衡，使我们以无法预测的方式堕落。

——丹尼尔·丹尼特（Daniel C. Dennett），《权力的腐败》

AS LORD ACTON FAMOUSLY SAID: "POWER TENDS TO CORRUPT, AND ABSOLUTE POWER CORRUPTS ABSOLUTELY." WE ARE ALL TODAY IN POSSESSION OF NEARLY ABSOLUTE POWER IN SEVERAL—BUT

NOT ALL—DIMENSIONS OF THINKING, AND SINCE THIS HUGELY DISTORTS THE BALANCE BETWEEN WHAT IS HARD AND WHAT IS EASY, IT MAY INDEED CORRUPT US ALL IN WAYS WE CANNOT PREVENT.

11

POWER CORRUPTS

权力的腐败

Daniel C. Dennett
丹尼尔·丹尼特
哲学家，认知科学家，
著有《意识的解释》《直觉泵和其他思维工具》。

虽然我们哲学家没达成什么共识，但有一句简单的口号却被大家广泛接受：“‘应该’意味着‘可以’。”你不必被迫做一些你不可能完成的事。在过去，因为这句话，研究者们不必看遍全世界图书馆所有晦涩的著作，搜寻那些可能早已发布的理论成果。人生短暂，时间和努力应被用于超越前人的周密研究。这样的事情再不会发生了。关于任何话题，每个人都能免费且即时地浏览世界各地的档案馆。只需几秒钟，谷歌学术搜索就会为你检索出几百篇同行评审的文章。但在学术上，这更多是“能做”而非想做的事。既然有好用的搜索引擎，我就不想把宝贵的研究时间浪费在成堆的学术著作中！所以，就像其他人一样，我让步了。互联网强行剥夺了最纯真的东西，我很后悔。“我本可以如此，但却没做”是一个永恒的背景，我反复敷衍自己的承诺，投机取巧地走捷径，并伴随隐隐的负罪感。

同时，我也发现自己正逐渐变成一个应激式的思考者，回应许多合情合理的帮助要求（哪怕这只占用我几分钟）。否则我又能怎么做呢？于是那些更庞大、更难处理的计划就被无限期搁置，因为一旦开始，它们将需要几个小时连续地工作。这篇文章就是最好的证明。如果那些干扰没有这么多需要认真对待的理由，抵挡其对注意力范围的缩减作用就变得容易很多。到现在为止，通过提高抗干扰的门槛来避免这种坏趋势的努力仍跟不上事件升级的速度。我需要更强有力的方法。但是,我是否后悔将时间花在写这篇文章上？我不后悔，经过再三考虑，我说服自己这篇文章也许真的能带给人们更多启发，它比一篇关于分体逻辑（mereology）或是模态实在论（modal realism）的哲学论文有价值得多。但我还会再回到专著的写作中去吗？

就像艾克顿勋爵（Lord Acton）的名言，我刚查过，以确保我的记忆没错。这句话出自他 1887 年写给主教曼德尔·克莱顿（Bishop Mandell Creighton）的信：“权力导致腐败，绝对权力导致绝对的腐败。”今天，我们都在思考多个维度——但不是所有，他们都拥有几近绝对的权力，这极大破坏了难易之间的平衡，使我们以无法预测的方式堕落。

12

THE RISE OF SOCIAL MEDIA IS REALLY A REPRISE

社会媒体的崛起真的不新鲜

琼·科恩（June Cohen）

TED 大会媒介主管。

在互联网发展的初期，我在《热线》（*Hot Wired*）杂志工作，当时我主要考虑的是新兴事物。我们是属于未来的，在旧金山的阁楼中办公的我们，是新媒体、新工具和新思想的胜利者。但是最近，我更多地在关注“传统事物”——那些并未随着岁月变迁和技术进步而改变的人类性格和认知。在过去的 20 年中，我见证了互联网对人类思考方式和生活方式的改变。但是，它并没有从根本上改变我们。事实上，互联网也许正使我们回归进化后的社交动物。

每天，不计其数的人在使用博客、Twitter、即时通信工具和 Facebook，似乎这才是世界上最为自然的事情。事实也确实如此。互联网这项工具是全新的，社交行为却是自然生成的。因为社交媒体的崛起实际上是历史的重溯，是自然秩序的回归。

当你从宏观的视角来看——将互联网放到演化的时间线上时便会发现，所有我们认定的“旧媒体”实际上都是新鲜事物。书籍和报纸只是在最近 200 年间才普及的，广播和电影是在最近 100 年间进入大众视野的，而电视则是在最近 50 年间进入平常人家的。如果人类历史被压缩成一天的 24 小时，那么我们现有的媒体都是在午夜前的最后 2 分钟才兴起的。

在互联网出现之前的大部分人类历史中，所有媒体都是社交媒体。媒体就是在人群之中产生的，无论是众人熟知的篝火仪式、口耳相传的神话，抑或是简单的每日互动（教学、聊八卦、玩音乐、讲笑话逗别人大笑），媒体是有参与性的，媒体也是有社交性的。

所以我们今天看到的媒体并不是全新的，它们既不意味着人类潜能的空前繁荣，也不是智慧话语结束的标志，而是一次与众不同的历史更迭。20世纪曾有一个短暂的时期，“媒体”被理解为是由专业人员创造的，其他人则是在被动消费。而我们已经共同否定了这种说法。

人类是天生的故事家，媒体则如社会黏合剂一般将我们的各个团体紧密结合在一起。但是，20世纪的大众媒体是相当典型的单向传播介质，致使其他事物没有生存的空间。电视的诱惑已被证实如此有影响力且令人陶醉，它使人们与集体脱离，以至于我们过去参与式的传统生活——讲故事、玩音乐、简单的家庭聚餐都被渐渐淡忘了。在这一过程中，电视拥有了全球受众却破坏了社交。

进入互联网时代后，一旦技术允许，我们就开始本能地对我们在进化中喜爱的群体形式和内容进行再创造。我们的祖先生活在小部落中，他们与朋友关系密切，与孩子更为亲近。他们快速地分享那些生死攸关的信息。他们聚集在篝火旁举行仪式和讲故事，这些都使得他们成了关系紧密的部落成员。反观我们现在的状态，倘若一种新的传播技术出现，我们中的大多数人都会首先将自己身边的人聚集到自己周围——我们将照片通过邮件发给父母，我们紧张地在Facebook上添加自己的孩子为好友。

我们找寻每一种参与媒介的方式，并使之成为一种群体体验：我们对YouTube上的视频发表评论，为真人秀的参赛者投票，把电视直播当作盛典。想象一下这个情景，在奥巴马进行就职典礼演讲期间，数百万人更新了Facebook状态，仿佛在说：“我在这里，我与你在一起，我身在其中。”我们对此的贡献也许并不显著，这与大声呼喊“哇”并无不同。我们的目标并不是苛求深度，我们这么做只是想融入其中。

我们分享故事，这是我们生而为人的本能。如果一件事使我们惊讶、高兴抑或厌恶，我们会有天生的欲望想将它告诉别人。正是有了这种动力，网络视频才可以像病毒般去传播思想（比如玩笑、连锁信）。这个古老的传播过程只是被互联网加速了，并随之变得可视、可计量，最为重要的是可预测。

当然，我们也在讲自己的故事。我们常常阅读有着几千万粉丝的名人博客，或是旁观影响着世界的 Twitter 竞选。但事实是，大多数使用博客、播客、Twitter 和 Facebook 的人，主要仍是与自己朋友交流。他们比较彼此的午餐，交换喜欢的歌曲，分享生活中的小故事。他们并不想成为小说家或是记者，他们只是以自己的生活为中心，拓展了空间。当我们手握那些有着空前力量的去中心化媒体工具时，我们建造了一个电子世界，这与我们在原始社会逐步发展形成的部落和口传文化极为相似。

所以，互联网正在改变着我在媒体中所扮演的角色——不仅仅是信息的传送者，也是人群的召集者。互联网正在时时刻刻改变我的思维方式：“我会如何看待这件事？我又将向谁讲述？”

互联网使我畅想人类遥远的过去，它远比你想象的更近。

13

THE REDISCOVERY OF FIRE

火的再发现

克里斯·安德森（Chris Anderson）

TED 大会主席。

互联网将把纸媒逼入绝境，在这世界末日般的哭泣中，一个反潮流的现象值得注意，即互联网实现了口语词汇的再创造。因低成本网络带宽覆盖面的不断扩大，在线视频传播的成本已基本降到了零。结果是，演讲和讲座视频就像野火一样在网络上迅速扩散。人们正在开掘利用一些原始的、有影响力的资源。

在古登堡发明铅字印刷术之前，我们拥有一种与众不同的技术可传播想法和信息，即交谈。面对面的交谈威力无穷。经过近百万年的演化，在人类的大脑与大脑之间传递的词汇之外还衍生出了更多有关语言的东西，包括音调、语气、重音和感情。同时，听者也不仅仅是在听，还在观察。在潜意识中，听者会注意到说话者睁大了眼睛，移动了双手，晃动了身体，以及其他听者的反应。这些都被感官记录下来，从而可影响大脑对所接收信息的分类和选择优先级。因为有更强的动力去理解谈话内容，相比较于纸质读物，说话者对听者的知识领域将会产生更大、更持久的影响。

当你读一篇马丁·路德·金演讲的文字稿时，你也许会点头赞许。但是倘若你观看这段演讲视频，看到他在情绪激昂的人群前传递相同的内容，那将是完全不同的感受。观看演讲时，你感受到的是语言的力量，演讲者的意图似乎更清晰，更有说服力。最终，你会被激励、被鼓舞。因此从古到今，当人们想要说服别人时，他们就会将大家召集起来，然后进行演说，这样做的效果常常出奇般的好。

如果非言语交流比言语交流的影响大得多，那么书是如何流行起来的呢？很简单，书籍可以被大量生产、销售。通过印刷品来解释问题和激励他人的确更为困难，但如果实现了，那么成千上万的人将会从中受益。所以，当我们的文化以大众传播的模式呈现时，书籍、报纸、杂志等印刷媒介曾一度如繁星般灿烂。并且令人惊讶的是，尽管广播和电视可以使口头说服重新进入大众视野，它们却错过了机会。受制于需要大量观众的经济模式，在这场不断升温的注意力争夺战中，胜利属于娱乐、新闻、小道消息、电视剧和体育赛事。《喋喋人生》(*Talking Heads*) 是一档失败的电视节目，但是却无人尝试以有趣的形式展现它。

与此同时，在学术界，重点则常常落在论文和研究上——莫名其妙地将其作为口头传播的一个默认单元，漫长痛苦的讲座则被固定在课程表上。西装革履的老师站在讲台后读着笔记，学生们则昏昏欲睡。倘若接受者的脑袋不能将它认作有趣的信息而吸收，那么世上所有伟大的智慧都将一文不值。

我们的祖先应该对此感到恐惧，他们知道得清清楚楚。想象有这样一幅画面：天空中是满天繁星，在村庄之外的一处古文明发源地，人们在这里聚集，燃起篝火，擂起了鼓，并随鼓点起舞。一位长者示意人群安静下来，他的脸庞被闪烁的火光照亮，他开始讲述一个故事。随着情节的深入，他的声调也随之提高。故事很好理解，聚集的人群呼喊表示赞赏。所有在场的人都领悟了一些新的东西，更重要的是，他们已经感受到了其中的内涵。未来，他们会将这些东西付诸实践。

在我们不断发展的历史中，这个场景已上演了无数次。可以合理地推断，在强大的剧场环境中，一位天才演讲者的煽动力会让我们的大脑自然地有所回应。

现在，得益于互联网的出现，这些演讲者们得以做到作家们几个世纪以来一直在做的事情——连接广大受众。更重要的是，在线的严肃谈话爆发，使互联网带给作家的经济伤害得以减小，这些给世界做了贡献的知识分子仍能继续以此谋生。首先，当一场谈话如同病毒一样在网上传播时，它将同时促进该作者纸质书的销量，同时建立起新的联系、签约新的合同和吸引大量新的咨询者。最为重要的是，它也带动了人们对作家付费现场演讲的需求，使得那些演讲人的出场费迅速上涨。人们花在网上的时间越来越多，造成了人们对现场体验的渴望加强，但这并未受到相关人员的重视。这在音乐产业中体现得尤为明显，它的主要收入已从专辑销售转向现场表演。不难想象，未来音乐家们将提供免费的在线单曲下载，但他们会以 100 美元一张的门票为歌迷创造难忘的现场体验。相同的事情也将会发生在作家身上。

除此之外，还有大量卓越的思想家、研究者和发明家原本并未考虑过写书，但现在，他们也同样有机会成为全世界人类的导师。他们将以讲述生动的故事的形式，向数以百万计的人们传播知识、引发共情、呼吁热情和表达激动之情。

当马歇尔·麦克卢汉说“媒介即信息”时，他指的是，每种新媒介都会产生其意想不到的传播单元。除了网页、博客和 Twitter，我们也正见证着极具吸引力的在线谈话节目的崛起——长的足以告知和阐释某件事，短的也足以产生大众影响力。

互联网使我们再度发现了“火种”。

14

THE GREATEST DETRACTOR TO SERIOUS THINKING SINCE TELEVISION

自电视发明以来对严肃思考最厉害的诋毁者

利奥·夏卢帕（Leo M.Chalupa）

神经生物学家，眼科专家，乔治·华盛顿大学副校长。

互联网是自电视发明以来对严肃思考最厉害的诋毁者。它能以各种琐碎的方式——比如聊天室和视频游戏来吞食你的时间。不断发来的电子邮件如同流水一般，还有比这更好的打断你思考的方法吗？更重要的是，与前互联网时代相比，互联网使人际交流受到了更多的限制。你今天所写的东西，可能明天就会回来纠缠你。2009年年末，气候学家的电子邮件记录被媒体揭露后引起的轰动便是最好的例证。

因此，即使互联网提供了一种与全球同僚快速交流的方式，然而经验老到的使用者们几乎不会在信息中表露他们真实的想法和感受。严肃思考需要真诚和畅通的交流。但对重视专业声誉的人而言，这显然在互联网上行不通。

从快速获取信息的方面来看，互联网是有助于思考的。但即使在这一点上，也是虚假多于真实。没错，输入新单词到点击“搜索”的几个简单动作，互联网可以即刻为你呈现出与主题相关的链接，但是去核查通过这种方式获得的信息的准确性却不是一件简单的事。搜索网络得到的信息，常常只不过是冗长文章的抽象总结。因此，我怀疑任何一篇学术论文的被下载次数与其被从头读到尾的次数并没有什么联系。我的建议是，如果想做一些严肃思考，最好的方法是切断网络连接、电话和电视，然后尝试在绝对的独处中度过24个小时。

15

THE LARGE INFORMATION COLLIDER, BDTS, AND GRAVITY HOLIDAYS ON TUESDAYS

大型信息对撞机、批量数据传输系统与周二的万有引力日

保罗·科德罗斯基（Paul Kedrosky）

风险投资家，彭博新闻社及 SK 集团特约编辑。

最近有三个朋友告诉我，在假期中他们得以从互联网中抽出身来，进行了长时间的深度思考。这让我感到十分担忧。首先，这三个案例印证了从互联网中抽离是一个趋势，所以我可能也应该尝试一下。其次，我想知道自己能否断网足够长的时间，以产生深度的思想。最后，就像我认识的大多数人一样，我担心即使我断开网络连接足够长的时间，我那充斥着混乱信息的大脑仍旧无法进行长时间的深度思考。

我可以离开互联网吗？在某种程度上，这是个愚蠢的问题——这就像问呼吸暂停是什么感觉，或是问能否在周二放弃地球对我的引力一样。当谈到思维时，互联网早已不是不由自主的那部分。它更像是这样一种东西：当你有意识地去努力戒掉它时，坏事就会发生。在孩提时代，我曾尝试逃离地心引力，我从谷仓里的干草垛上跳下来，最后扭伤了脚踝。类似地，我的一位好朋友有时会去问高尔夫球员，他们在挥杆之前是吸气还是呼气。于是，他们下面的一杆就必然会失误，比如那个高尔夫球员会尖叫着把球打进矮树丛里。

如果断网真的意味着能够进行更多的深度思考，那么我真的能够离开互联网吗？我想我可以的，但是我并不确信深度思考真的会在我的大脑中迸发。首先，互联网于我而言像是认知的内燃机，它极大地加快了我徜徉广大天地的能力。如果没有互联网，我在复杂性、移动电话以及蜂群崩溃等理论的比

较上将难有进展；如果没有互联网，我可能就会发表过期的论文，或是把大量时间用于清算加利福尼亚州与华盛顿州违约的酒店房间数。（如果你十分好奇，我可以告诉你，加利福尼亚州违约的酒店房间数大致等于西雅图所有的酒店房间数。）

就像大多数人一样，我非常担心互联网已使我失去深度思考的能力。我非常肯定，过去我是拥有过这种能力的，但因为某些原因我再也无法拥有了。或许互联网已经毁了我——我给自己宣判了死刑，以至于我根本不知道深度思考是什么。又或许，过去大脑中负责生产深度思考的化学成分现在已挪为他用。还有，这有点像对历史浪漫主义的质疑，当你回忆起自己 8 岁的时光，那里有永远的蓝天和永恒的夏日。

因此，即使我非常想要去相信他们所说的：断开网络连接后，他们进行了长时间的深度思考，但我仍旧无法信任他们。就如同一位医生在某天宣告自己是门诺教派的教徒，并且将失血病人用马车送往医院。你的确可以那么做，也许有些病人也可以活下来。这实则是一种充满了男子气概的象征性全民演习——就像伊基·波普（Iggy Pop）将图案文于胸口，以一种血迹斑斑的方式宣告自己与众不同，甚至只是一种完全古怪的标志。看我！我在思考！没有互联网！

如果我们对知识和创新有所了解，从而了解深度思考是如何产生的，那么我会知道这是一个对事情的发生、联系和组合进行累积和增值的过程：一个极大的建造模型，而非只是将几根漂亮的“I”形梁随便乱扔到混凝土地板上。但是，倘若深度思考所完成的只是将事物连接起来，那么互联网在改变我的思维方式上就只会是略显有趣而已。图书馆将事物连接起来，人们将事物连接起来，甚至在没有互联网的苹果树下的某处，连接也可以发生。互联网的不同之处在于：互联网增加了这些连接和碰撞的速度和频度，与此同时花费几乎为零。

正是这种结合——廉价的连接和廉价的碰撞破坏了我的思维方式。就像我书桌上的一台私人粒子加速器，互联网将各种事情强硬地并置在一起，桌上的碰撞也促使我重新进行思考。结果是产生了新的粒子——想法！其中一部分是深度思考，更多的则是无用的。但是，随着连接、碰撞的民主化，现在的思考是史无前例的。我们是拥有可碰撞思想的、信息粒子对撞机的第一代人。如果这都无法改变你的思维方式，那么再无他物会起作用。

16

THE WEB HELPS US SEE WHAT ISN'T THERE

互联网帮助我们看清什么不存在

埃里克·德雷克斯勒（Eric Drexler）

工程师，分子工程学家，著有《造物引擎》（*Engines of Creation*）。

当互联网变得越来越综合和可检索时，它可帮助我们发现世界缺少什么。互联网开始逐渐显露出检测某一领域知识空白的作用，这对人类知识的进步是尤为重要的。我想，当从浩瀚的互联网中抽取信息时，我们大多会用到缺失检测。这里有两个问题值得考虑：这一过程是如何发生的，以及这个过程如何才能变得更为可靠和易用。

缺失检测对知识共享发展的贡献相对比较微妙。知识的缺失本身不易察觉，当被发现时（常常是暂时的），它们往往会对创造和分析知识者的思考间接地产生作用。尽管如此，更完备的缺失检测系统依然与我们所处时代的重要议题同等重要，因为它将有助于寻找问题的解决方案。

缺失检测系统至少在以下三个方面推动着人类知识共享的发展：

知识的发展。一般来说，若想推动知识共享的发展，必须有人努力将新的概念转化成更具实质意义的成果（如将之呈现于一篇博客文章、博士论文或是其他任何东西之上）。潜在的知识创造者应该需要一定程度的自信，相信预期成果是前所未有的。更完善的缺失检测可以有助于知识的创造者树立这份自信——或者将自信降为零并终止某次代价高昂的重复。

知识的确认。知识共享若要发展，一些看起来像知识的内容就必须获得足够的可信度，从而被当作真正的知识看待。那些从可信的源头诞生的知识天生便具有可信度，但是还有一些新知识，虽然有证据支撑，却因为嘈杂且缺乏实质的论证而被深度怀疑。对一个命题来说，没有可信的证据去反驳它，就是一种支持。

反知识的瓦解。知识共享也可以通过消除反知识理论得到发展，比如，使原本代替或驳斥正确观点的错误想法失去可信度。借鉴确认知识时的说法，对一个命题来说，没有可信的证据去支持它，就是一种反驳。

通过观察来确定哪些东西是缺失的，原本就比确定已经存在的东西难得多。同时，关于知识缺失的结论常常带有一定的不确定性。证据的缺失有时就是缺失的证据，这一观点恰与传统认识相反。道理显而易见，这就如同如何确信你的房间里没有大象一样。当然，好的知识管理体系要求我们仔细地对此类问题进行论证，而可察觉的证据必须足够全面，因此特定地点的特定缺失是非常重要的，这就如同我根本不确定我的房间里有没有小昆虫，我也不完全确定邻居的院子里有没有大象。

合理的、可信的缺失检测同时需要优秀的搜索能力和密集的信息，这就是为什么互联网在处理缓慢、不规则，甚至难以察觉的任务时非常有效率的原因。在早期，互联网上的知识缺失表明的是互联网本身的缺口。但逐渐地，这样的缺失开始展现的是世界的缺口。

我认为缺失检索可以有更好的方式，例如通过创建一个聚焦知识的公共空间，规避点对点搜索。如果媒介能像维基百科呈现公众舆论那样，将事实争论有效地呈现出来，那么我们将获益良多。

我想描述的是一个像维基百科那样的社交软件系统或社区（可能是个系统分支）。它能够引出和呈现事实争论中双方各自的最优证据。若要很好地发挥其作用，它需要一个遵从维基百科规范的核心圈子，但同时也会邀请辩论人员来表达远非中立的观点。在一个运转良好的此类体系中，竞争压力会驱使有能力的辩论人员参与进来，而媒体内在互动结构中的激励和约束机制会促使辩论人员拿出自己最好的论点与意见相反的一方进行针锋相对的辩论。忽视或讥讽对方观点是毫无用处的，不受支持的观点会变得非常容易识别。此类创新理念的成功将会为公众提供一个平台，在其中我们可寻求辩论双方中的最好论证和观点。在此基础上，如果某一方无法提供更好的论点，那么我们就有理由考虑另一方是正确的。

重要的争论更具吸引力。我想到了气候变化的相关科学，还有更多值得探讨的议题。缺失检测若能更为有效，其益处将是巨大而实际的。

17

KNOWLEDGE WITHOUT, FOCUS WITHIN, PEOPLE EVERYWHERE

知识在外，焦点在内，人无处不在

戴维·达尔林普尔（David Dalrymple）

哈佛大学生物物理学项目研究员，麻省理工学院媒体实验室合成神经生物学小组研究员，泰尔基金会资助的 Nemaload 项目负责人。

过滤信息，而不是记忆信息，是互联网用户最重要的技能。互联网使我们完全被信息包围——网民不再去阅读每一个可获取的网页已有近20年，每分钟都有许多新信息涌现：仅就 Twitter，它每秒钟都会有不计其数条新信息从世界各处涌来，任何人在任何地方，只要是关注这些信息的人都可以看到。当然，这些信息中的大部分对大多数人而言都是无用的。但是，任何我们想要知道的信息，如香港到伦敦的距离是多少、幂次定律是什么等，这些都可以在其中找到。

我认为今天的互联网带来了三个主要的广泛性结果：（1）信息不再由人来储存和检索，而是由互联网在外部进行管理；（2）对人们来说，保持注意力变得越来越有挑战性和重要性，因为任何地方都有让你分心的东西；（3）互联网使我们能够毫不费力地与世界各地的人们交流。

在互联网出现之前，大多数专业性职业都需要非常丰富的知识储备，这通常是经过几年，甚至几十年的经验积累得来的。但是今天，只要有良好的批判性思维和关注重要信息的能力，每个人都可以从互联网上检索到自己所需的信息，无须记忆。可是，对于那些容易走神的人，过去也许可以通过将自己与外界隔绝来集中精神。但现在，他们发现自己必须借助互联网工作，这同时也将大量无关信息——包括朋友的生活、名人逸闻、段子和其他让人分心的东西，华丽地呈现在了自己面前。现在，对于一个公司职员来说，能否集中注意力也许比知识是否渊博更为重要。过去，知识是一种内在的财富，而手头上的工作则是从外部施加的；但在互联网时代，知识可以从外部供给，注意力却必须内在拥有。

除了错综复杂的关于知识和注意力的问题，地理位置在互联网时代则变成了无关紧要的东西。在发送端，互联网使得各种类型的专家可以在任何地方工作——在长岛的家中、在迈阿密的公寓里、在芝加哥的机场内，甚至在某条航线的飞机上，只要连接了互联网便可以。在接收端，互联网用户可以同样轻松地获得世界上任何地方生产的内容。互联网可以基于兴趣来召集人群，而不只是依靠地理因素——在爱丁堡、洛杉矶和珀斯的人可以一起合作，就像他们住在相邻城市那样简单。

未来，我们会看到更多有关潜意识界面的开发。现在，上网进行搜索已经成为许多人不经思考的动作，就像泡咖啡和开车那样。在未来的50年间，我希望直接的神经连接能得以开发，使得我们今天可在指尖获得的东西，在未来可借由我们的神经突触获得；让虚拟现实比我们的感官知觉更为真实；无需任何明显的动作，信息和经验可在人脑和互联网之间交换。在未来的某一天，知识的外化程度使知识和经验可以实现全球共享，所谓“个体”的概念将只存在于某种特定的关注之中——在广阔的网络空间中，只集中注意力于某一个领域。

在未来，知识对于个体完全是外在的，注意力则完全是内在的，每个人的自我都将被真实地传播到世界各地。

18

MOVE ASIDE, SEX

性，靠边站

塞思·劳埃德（Seth Lloyd）

麻省理工学院量子机械工程教授，著有《为宇宙编程》（*Programming the Universe*）。

我思考得越来越少。我的目标是将大脑的功能一点一点地转移到“云”上去。

当我真的思考时，我愈加懒惰。费力地跋涉到图书馆寻找资源是没有意义的，因为你可以即刻在谷歌图书上找到一个修正过的电子版。当维基百科有近似定理时，你又何必去查找确切的原始定理呢？

好吧，若是这样想你就会引火烧身。数学便是如此，一个近似的定理通常都是错误的定理。多年来，我发现维基百科上纯粹的科学参考文献的陈述准确率是99.44%，但就是这最后0.56%会找上你。因为维基百科中一个定理陈述错误，我已经浪费了三个月的时间，并差点把错误的结果发表出去。幸亏文章的审阅者发现了我的错误。与此同时，我还使用了互联网的一项伟大创新——科学预印本档案馆，将我的错误结果在互联网上公之于众。

在这亿万年的历史中，性行为是传播可疑信息最有效的手段。那些被废弃的DNA片段已被掩埋在生育史的沙砾中。走开，性行为：互联网已经替代了你的角色。简单的一次非法下载可以传播大量的信息，比一大群舌蝇相互交配后产的卵还要多。实际上看得更远一些，我发现错误并非只存在于维基百科中：基本上那些基于兴趣而编写的电子词条，其中定理的陈述总是有错误。不管怎样，互联网向我们证明了找到定理的正确陈述的唯一方法，那就是跋涉到图书馆，找到那些已故数学家撰写的书籍——甚至要找到最初证明此定理的第一人。

事实上，准确性的关键并不在于这本书是由哪位数学家所写，而在于这本书是否经过编辑的严谨校订。相较于纸质书本身，散文、诗歌以及发布在互联网上的定理在见解力和卓越性上毫不逊色，它们缺少的只是严谨的校订。而且，在我们最需要他们的时候，那些一丝不苟且经验丰富的报纸、杂志和出版社编辑们正陆续失去工作。

生命也经历过缺失编辑后的崩溃时期。在寒武纪时期，生命系统发现了多细胞形式的进化优势。就像现今互联网上的数字有机体一样，新的寒武纪生命形式在不同的栖息地不断重写规则，以加速进化。地球环境到了其承载能力的极限，这时冷血复杂的多细胞体已无法生存。于是，自然选择那醒目的红色笔出现了，无用的 DNA 序列一一被划去。

但是在此刻，互联网如此混杂地传播着信息，很大程度上它是一道福祉。科学预印本档案馆是个平等的平台，科学作品（比如我那篇出错的论文）发布于此可供所有人阅读：第二世界和第三世界的科学家们也可即刻获取作品的未编辑版本，而不是在几个月或是几年之后才看到正式文章。相应地，其他人也会撰写并发表他们自己的未编辑预印本，诸如此类。只要电脑存储容量每一两年都持续翻一番，这成堆的未编辑信息便也能持续成倍增长，有用的和正确的信息将被淹没于毫不相关的信息之中。最终，物理定律自身会中断这场存储空间的指数型爆炸，我们则会再次被强迫去编辑信息。那时又会发生什么呢？

不要问我会发生什么。那时大脑功能转移至云端的工作应该已经完成，我希望不用再想任何事。

19

RIVALING GUTENBERG

对抗古登堡

约翰·托比（John Tooby）

进化心理学创始人，加州大学圣芭芭拉分校进化心理学中心联席主任和人类学教授。

在6 500万年前，一颗撞向现今墨西哥尤卡坦半岛的陨石引发的冲击波打乱了整个地球复杂且息息相关的生态系统，几乎消灭了一切物种——硅藻与恐龙、珊瑚与甲壳纲动物、菊石与两栖动物，万物在炽热的熔岩中瞬间化为乌有。重要物种灭绝、群落结构崩塌，在发生这些转变和灭绝的同时也创造了新的机会，鸟类和哺乳类动物以其逐渐增强的适应性以及其他新物种的产生改变了生命世界——并且最终为我们这些哺乳动物以及人类空前强大的大脑开辟了通路。

因为各种各样的事情，我们现在走到这里：互联网和依靠其运行的万维网，以类似的爆炸性影响冲击了我们这个种群的信息生态环境，对我们的文化、社会、经济、政治、技术、科学，甚至是认知领域造成了波动。

要理解将要到来事物的本质和重要性，我们可以参考古登堡印刷术带来的影响。古登堡独创性地将葡萄压榨机和油基印墨结合起来，以其特有的方式发明了廉价的铅活字印刷术。在古登堡之前，书籍数量稀少且价格昂贵，生产单个副本就需要一个熟练的制作者花费几个月甚至几年的时间。于是不可避免地，书籍成了贵族和牧师们的名贵物品，因此书籍内容也大多服务于其拥有者单一而无用的身份和宗教诉求。变化缓慢的船只承载着古老且传统的遥远回响，书籍只在极少数人中流传，缺席于大多数人的生活。于是，书籍成了过去的传承者而非当下的揭示者，装载着知识或愚昧。在严格与原始的意义上，欧洲的思想意识是教区性的——仅限于教区中获得的直接经验。

但在古登堡印刷术出现后的几十年里，数百万书籍涌入欧洲，其中许多都是由书籍创造出的新兴中产阶级所撰写或收藏，这些书饱含新知、艺术，鼓励辩论和探索。人们曾经与物理视野只相距几公里远的精神视野一下子得到了开拓。

在过去，所有种类的知识由权威控制，并嵌入等级制度中，书中的观点和意图毫无变化。伴随着书籍复制成本的大幅度下降，这种静态和固化的精神状态被打破了。印刷术的出现，使得新文艺复兴作品和新古典主义著作如同雨后春笋般地在欧洲出现。印刷术也催化了科技革命的发展；同时，印刷术所带来的技术和商业的变革，今天仍在持续加速发展。印刷术点燃了过去被浪费的人的智慧——倘若没有印刷术，这些人可能将目不识丁地死去，在这世上不会留下一点他们的声音或遗产。

印刷术召集了不断增加的形形色色的知识主体，增加了劳动的生产力分配，促成了新职业的产生，也极大地扩展了中产阶级的数量。印刷术催生出了拥有知识和生产力的新精英阶层，并去挑战掌握权力和宗教的传统阶层。简单来说，印刷术的发展为人类社会带来了庞大、崭新的知识生态系统。这个新的知识生态系统密集多样，飞速地变化与增长，凌驾于个体思维和政权控制范围之外。

在过去的 1 000 年里，欧洲的异教徒永远是被排挤的。毫无疑问的是，正统观念定义了美德并使之具体化、简单而明确。但是在古登堡印刷术出现之后，像马丁·路德这样的宗教改革者拥有了印刷出版的途径，因此他的作品快速而大范围地传播，使持有不同意见的人也得以吸纳足够多的社会新成员，以抗衡对他们进行武力镇压的上层阶级。因此，由单一制度的神化权威掌握单一正统观念的设想被粉碎，而且没有任何恢复的可能性。

有很长一段时期，教堂有权将那些把《圣经》翻译为大众语言的人进行折磨拷问，再将之定为死罪。威廉·廷代尔（William Tyndale）为其将《圣经》翻译成英语的行为辩护时，如是说："我反对教皇以及他所制定的所有法律；如果上帝饶恕我的生命，我会让犁地的少年比教皇更了解《圣经》。"从中可以看到人们对权威态度的彻底改变，以及社会底层阶级对思想的重新评价。在廷代尔的译作被印刷出来之后，他被逮捕入狱并最后被处以绞刑。非神职人员，甚至是犁地的少年现在也可以接触到《圣经》了，他们既可以看懂，也买得起，他们可以自行理解这些神圣的文本，而不再需要教堂作为书和读者的中间媒介。人类本性暴露后，随之而来的就是宗教战争，为某种学说（以及精英）在某一区域内至高无上的地位而斗争。

比如全欧洲的三十年战争造成约 1 000 万人丧生，国土完全遭到毁灭，它使欧洲人逐渐认识到不容忍新教的代价。从持不同态度的新教群体开始，评判是非的特权开始移交到较小的组织中，最后这些特权落到了每个个体的手中（至少在某些社会中可以实现，不过总是遭到统治者的阻止）。

思考和言论的自由是印刷出版带来的意外产物，它们改变着我们的思维方式。已经持续了数千年的政治思维被反转了，政治的合法性应该得到被统治者的认可，而不应该由统治者单向决定。科学就是印刷术最为激进的成果之一。

在过去，“对正确观点进行社会认可”是当地权力阶层的特权，这一切建立于传统之上，致力于服务权力阶层。甚至连自然哲学中的争论，也会以参考被尊敬的先人们，比如亚里士多德的权威文本而告终。哪里还有什么可选择的空间呢？但是，当宗教和世俗权威的统一战线开始破裂，逻辑和证据就开始发挥作用。科学之所以与众不同，是因为在这项人类活动中，逻辑和证据（人们有所怀疑，是因为其存在颠覆权威的可能性）至少对某些主张进行评估时发挥了一定的作用。

颇具争议的现代科学的创始人伽利略受到了酷刑的威胁，并被软禁。这并不是因为他的科学信念，而是因为他用以验证知识的更深层次的主张。他提出，除了可能被错误解读的《圣经》外，上帝还写了另外一本书，一本关于自然的书——他以数学的方式来写，是给所有人看的。这本关于自然的书中的内容，可以用实验、逻辑和数学的方式来研究。这种激进的提议威胁到了传统权威在事实分析中的角色。相较之下，廷代尔的目标群体是受过教育的公众，而伽利略却使用意大利文而非拉丁文撰写他的全部著作。伽利略去世 20 年后，皇家学会将“Nullius in Verba”（“没有人是权威”）这句话作为会训，这与前古登堡时代有着显著的不同。

的)、方法(如,实验、统计推断、模型建立)以及内容(如,进化生物学、量子力学、思维的计算理论等),与生活在古登堡时代之前的祖先们认知极为不同。所有的一切,简单来讲,只是因为书籍生产成本的降低。

互联网已经将我们吞没,那么我们的周围究竟发生了什么?互联网及其控制的产物,将获取和发布信息的时间、精力成本降低了好几个数量级。只需轻点几下鼠标,各种知识(和虚假信息)就会在线传输过来。

只看第一层次的结果,我们就可以发现生活中正在发生的革新,足以挑战和超越印刷术带来的那场革命。比如,消除了距离和延迟后,科学、技术和经济革新的连锁反应得以加速。斯大林说,数量本身就代表着一种质量。互联网将“本我”的野兽释放了出来——我们逐步进化的心理更易被图像而非观点所触动,新一轮的宗教战争就利用了这一事实。

我们这一代人正在经历这个转变。所以即使认知潜意识被意识所掩盖,我们至少还是可以凭借直接经验来判断我们的思维方式发生了何种变化。我清晰地记得我第一次浏览网页的情景:不断点击着链接,连续 24 个小时,我徜徉于这种不断探索无尽可能的快乐中——这是我今天仍能感受到的。

现在,我以两种思维状态浏览网页。第一种是,大范围、快速、凭直觉的浏览。在这种没有目标的状态下,我感觉十分自由,既保持了一定程度的科学和文化意识,又不至于沉溺于漫无边际的海洋中。第二种是,有目标、集中精神的探索。在这种状态下,我仔细地剔除掉政治偏向和个人偏好,摒弃自己的同情和厌恶,将无关的东西统统剥去,只留下因果性的信息和潜在错误及进行检验的方法。

就像库恩主义,我尝试给予我喜欢的理论中的反常现象以特别关注。因为我可以进行广泛的搜索,对它们的识别也变得更为容易。更广泛地说,我研究的视野似乎变得更为广阔和深入了,因为这两者的成本都较以前变得更低。最后,我的思维似乎已与互联网互相交织,我的大脑中所储存的信息,似乎越来越多地成为我进行理解的元数据,而这些理解都储存于互联网之上。

20

THE SHOULDERS OF GIANTS

巨人的肩膀

威廉·卡尔文（William Calvin）

神经生理学家，华盛顿大学医学院教授，著有《全球发烧：如何对待气候变化》（*Global Fever: How to Treat Climate Change*）。

“你的思维方式”是一个非常模糊的概念，它可以是一种世界观。比如，我对气候变化的看法就已经被知识的获取途径和互联网提供的观点影响了。没有互联网，我已无法快速理解气候科学的研究成果。互联网改变了我对世界以及未来预期的看法。

但是，作为一个生理学家，我最初认为“你的思维方式”这个关键词是要求我讨论思维过程（将一种东西转化成其他）是如何被互联网改变的。当思维过程确实发生的时候，我可以粗略地叙述出它是如何实现的。

一次思维过程可以迸发新的想法，也可以在原有想法之间建立让人惊喜的新联系。在探索互联网是否改变了我的思维方式之前，让我们先用一些时间来看看思维通常是如何工作的。

建立一个新的组合（团体）也许相对容易，其问题就在于各部分之间是否能够紧密贴合，连贯一致。我们每晚从梦中得到的都是不连贯的思维过程，其中充满了各种人、地方和场合，但它们并不能很好地结合在一起。醒来之后，我们的一天就是从这样一个不连贯的集合开始，然后大脑的后勤部门可以将之塑造成一个连贯的版本，使得我们最终得以了解梦中的提示并时而可以大声地讲出来。倘若没有这样的智力结构，正如威廉·詹姆斯（William James）在一个世纪前所说，各处都将只有“一片极度模糊、嘁嘁喳喳的混沌”。

为了使一部分概念免于像调制的夏日饮品一样混杂，你需要进行一些心理建构。当说“我想我看到他离开回家了”这句话时，你正用4个动词，将3个句子套进了第4句当中。我们还会制订计划（不只是设定预期，也为意外事件做打算），做游戏（不只是简单的玩耍，也要遵守规则），谱写乐章（不只是节奏，也要有和声和循环）以及（在这一连串环节中）运用逻辑。

在建构能力的顶端，当我们从似乎混乱的状况中寻找隐藏的规律时，我们会对探索事物如何组合在一起深深着迷，比如，玩填字游戏和七巧板、研究历史与科学，或试着理解一个笑话。我们长链条的相关性思维，是我们的意识不同于以前的重要原因。相对于受本能和记忆控制的状态，高质量的建构能力使我们能够更深刻地思考过去、预见未来。

以造一个新颖的句子为例，这与新的想法和行动计划有许多相似之处。不管是在一句话中，还是更大的文本中，质量都取决于内在的统一程度。自然界的质量控制是没有智能监管的。在1 000年的时间刻度之下，我们看到了新物种逐渐进化以更好地适应环境的过程。这是一种生存环境带来的物种繁衍竞争，它使得其中一些变异体相比别的物种有更强的生殖能力。而在几天到几周的时间刻度之下，我们会看到在秋季接种流感疫苗后，免疫反应将逐步形成更好的抗体以对抗入侵的病毒。这又一次提升了生命质量，佐证了达尔文的适者生存说。我最喜欢的创造性过程是，创造出一个首次提出的准确的新想法，它会在一毫秒到一分钟之内发生。

这些例子体现了达尔文进化论的普遍性。尽管常被达尔文的“自然选择”说概括，但这一进化过程实则由6种重要部分组成。据我所知，你需要：

1. 一种特有的模式（用A代表这一长串名词，有点像我们使用的条形码）
2. 这种模式可以被复制
3. 复制过程会有偶发变量（A′）或A与A′的混合变量参与

4. A和A'的克隆种群为争夺有限的领土而彼此竞争
5. 多层次的环境将决定它们的胜方，或者可以这样说，一些变体的记忆和本能优于其对手，这是它们取得胜利的关键（达尔文的自然选择理论）
6. 下一代的变化主要基于当前一代更成功的部分（达尔文的遗传理论）

这样的循环可以解释质量引导是如何实现的，为什么我们从乱如夜梦的潜意识思维开始，最终仍可以得到有质量的语句、逻辑链条，或是猜到笑话中的笑点。

为了解决如何处理冰箱里剩下的食物的问题，你需要一个“质量引导机制”。当你站在打开的冰箱门前，尝试从脑海中找到解决方法时，你常常会发现一个“质量方案”（即你不需要再去一次杂货店了）。

因此，互联网的连接是如何改变达尔文的创造过程的？在数据搜集阶段，互联网给我们提供了更多经过质量检查的信息优胜者。信息搜索引擎加快了这些信息的提供速度，可在工作记忆的时间跨度内获取更大数量的信息，比如10分钟内。当我们认为我们有了足够好的素材后，我们可以快速搜索，并看到别人对于类似的候选材料是如何评价的。我们常常会被迫得出结论：我们的候选是不正确的。之后，互联网搜索会指导我们创造新的进化组合。

没有互联网，我们也可以完成所有的事情，只是会多花点儿时间——往往长于工作记忆的时间跨度。若考虑修改和调整，我们就需要用旧的东西刷新工作记忆。极短的搜索时间可以将这一诉求最小化。即使一个人是在图书馆的阅览室里工作，通过无线网络下载一篇文章，也要比在大量书籍中兜兜转转快得多。

我还记得，当加利福尼亚大学伯克利分校的天文学家里奇·穆勒（Rich Muller）描述，他们是如何通过解决彗星问题来解释地球物种大规模灭绝的时间点时，我是何其羡慕。他们在研究奥尔特云彗星究竟如何获得了足以撞击地球的轨道时，如果没能排除掉其中的一两个可能性，将无法得出结论。一个候选信息会与现实相悖，还是与观测所得的预期结果矛盾，依靠人脑的研究、计算不可能达到那么快的速度。我们花了几十年的时间去寻找更好的解释，然后才能继续进行研究，互联网却可以在一周内全部完成。

这就是一直以来，我对通过互联网获取丰富的知识与想法这一途径的感受。它让你可以同时站在许多巨人的肩膀上。

事实上，科学发现将更多地由“蛮力”而不是洞察力完成。IBM 的“深蓝”之所以能够打败加里 · 卡斯帕罗夫，并不是因为“深蓝”可以像他一样思考，而是因为设计师赋予了它探索超多可能性的速度。

——马丁 · 里斯（Martin Rees），《公平竞争的场域》

INDEED,

SCIENTIFIC DISCOVERIES WILL INCREASINGLY BE MADE BY "BRUTE FORCE" RATHER THAN BY INSIGHT. IBM'S DEEP BLUE BEAT GARRY KASPOROV NOT BY THINKING LIKE HIM BUT BY EXPLOITING ITS SPEED TO EXPLORE A HUGE VARIETY OF OPTIONS.

21

A LEVEL PLAYING FIELD

公平竞争的场域

Martin Rees
马丁·里斯
英国皇家学会主席，剑桥大学三一学院院士、宇宙学和天体物理教授，
著有《终极时刻：来自一位科学家的警告》《从当前到无限：科学的眼界》。

2002 年，三位印度数学家——马尼德拉·阿格拉沃尔（Manindra Agrawal）和他的两位学生内拉·卡亚勒（Neeraj Kayal）和尼廷·萨克塞纳（Nitin Saxenal）发明了一种能更快地进行大数分解的算法，这将是密码破译工作的一大进步。他们将研究结果发布到网上，引起了广泛的关注，一天内就有 2 万人下载了这项研究成果，使其成为世界上很多数学研究中心会议讨论的紧急议题。

这段插曲瞬间使两位印度学生获得了世界认可，这与 100 年前印度年轻天才的困境形成了鲜明对比。孟买的一个小职员斯里尼瓦桑·拉玛努詹（Srinivasa Ramanujan）将繁复的数学公式寄给剑桥大学三一学院的教授哈代（G. H. Hardy）。幸运的是，哈代察觉到，与那些从《圣经》或金字塔中寻找数值模式的三流研究者不同，拉玛努詹所写的东西展现出了其高超的领悟能

力。哈代安排拉玛努詹来到剑桥学习，并竭尽所能地挖掘他的天赋。遗憾的是，文化的冲击和糟糕的健康状况使拉玛努詹英年早逝。

互联网使人们广泛参与前沿科学的研究成为可能，它将一度沟通不畅的项目研究中心和相对孤立的研究者们拉至同一平台。互联网转变了科学的传播和交锋方式。更为根本的是，它改变了科学研究方式，改变了科学发现的内容，也改变了学生们的学习方法。

互联网孕育了新的研究风格。譬如，过去的天文图像，即使原则上是对公众开放的，但依旧被存储在脆弱的底片上。人们不易获得这些源文件，且分析起来极为无趣。现在，这样的数据（包括遗传学或粒子物理学的大型数据库）可以在任何地方获取或下载。如热带风暴或彗星冲击木星这些自然事件的图像以及相关实验，任何感兴趣的人都可以实时跟进。正是因为这些，庞大的计算机网络的力量在大数据方面得以施展。

事实上，科学发现将更多地由“蛮力”而不是洞察力完成。IBM 的“深蓝”[1]之所以能够打败加里·卡斯帕罗夫（Garry Kasparov），并不是因为“深蓝”可以像他一样思考，而是因为设计师赋予了它探索超多可能性的速度。很多可快速促进生产的高优先级的科学研究项目，例如，室温超导体的配方或是确定生命起源的关键步骤，不是为了观察或实验，而是为了得到详尽的计算搜索结果。

[1] “深蓝”是美国 IBM 公司生产的一台超级电脑，可用于下国际象棋，重 1270 千克，有 32 个微处理器，每秒钟可以计算 2 亿步。设计师为“深蓝”输入了 100 多年来优秀棋手的对局 200 多万局。——译者注

保罗·金斯巴格（Paul Ginsparg）的 arXiv.org 网站改变了文字的物理属性，为整个科学界的交流建立了一种新模式。今天，阅读传统期刊的人已经很少了，作为质量保证的某些期刊侥幸躲过一劫。但这样的角色也将

很快被非正式的质量管理系统取代。新的系统将依靠博客或亚马逊上眼光敏锐的读者来把控质量（类似于美食评论家为饭店评级）。

专家聚集在实体研究机构的状况仍将继续，正如高科技产业在硅谷等地聚集一样。但是，科学进步会更多地由“沉浸式技术”（immersive technology）推动，而临近性（propinquity）已无关紧要。传统精英型大学仍会存在，因为它给学生们提供了指导和面对面接触的机会。但“大众型大学”（mass university）的未来并不明朗，因为课堂上（通常是资质普通）的学生大多很被动，反馈极少。互联网将会提供优质的讲座——作为回报，这些明星演讲者（也是最佳授课老师）将拥有全球影响力。

不仅仅是学生，互联网也改变了那些快退休的人。当他们逐渐老去，行动力减弱时，便可以沉浸在日臻成熟的互联网世界里，也可以进行虚拟旅行，持续和世界互动——直到切断电源，或智慧枯竭。

扫码获取“湛庐阅读”APP，
搜索“人类思维”，观看本文
作者的TED演讲视频。

22

BRAIN CANDY AND BAD MATHEMATICS

大脑糖果与糟糕的运算

马克·帕格尔（Mark Pagel）

英国雷丁大学进化生物学教授，美国圣塔菲研究院（Santa Fe Institute）外聘教授。

互联网并未改变我或者任何人的思维方式。之所以知道这一点，是因为我们仍然可以拜访地球上那些不接触互联网，但与我们思维方式相同的人。数百万年的自然选择塑造了人类的基因结构，通用的思维回路模式已深深根植于人类大脑中。是的，大脑是具有可塑性的，大脑会对思维的培养方式和使用语言都作出回应，但是大脑的基本结构并未就此改变。除非是一些极端情况，比如一天 8 小时沉迷于电脑游戏中。

但是互联网的确利用了我们的欲望，即使没有改变我们的思维方式，它也改变了我们的思想。我们的大脑需要思考、学习、感受、倾听和观察。大脑喜欢被使用，这就是我们玩填字游戏、猜谜语、阅读书籍、参观艺术展览、看电影、弹奏乐器或听音乐的原因。我们大脑中的欲望刺激了行动的发起，这与我们的情绪、食欲、性欲的产生相同。纵观历史，影响世界的人，哪怕只是好奇火的起源、风为何吹向西南，或是热量和黏土混合会发生什么，都会比坐着等待事情自然发生的人更为成功。

所以，互联网于我而言是发给大脑的糖果。我猜想，对大多数人而言，互联网满足了大脑对忙碌的欲望。针对我输入的问题，搜索引擎在瞬间为我呈现出 1 278 000 条搜索结果，这就像给我的大脑注射了一剂葡萄糖。大脑喜欢互联网所带来的这种感觉，因此许多人总是不断往返于网络世界以获得更多满足感。有些人认为，这就是互联网使我们懒惰，认读能力和计算能力下降的原因，我们将会忘记书是多么可爱美好的东西。但即使是精神的糖果，对脾气暴躁和长期宅居的人来说，互联网带来的愉悦感和满足感并不明显。他们依然如故，继续过着抱怨电报、火车、摩托车、无线网络和电视的生活。

互联网还以更多有趣的方式改变了我们的思想，我们因此得出的结论尤为有趣，互联网通过作用于我们的欲望来实现以上作用。在这里我说的是传染效应、错误信念、神经官能症（特别是药物和心理的官能症）、阴谋论和自恋症。技术的要点在于：互联网诱使我们进行了糟糕的运算，让我们在大脑中做了我们毫不了解的数学积分法。那是什么？在数学中，积分法是对无限数集进行求和的方式之一，可用于计算体积、面积、比率和均值。我们的大脑逐步进化以判断风险，评估事情发生的可能性和概率，抵御不必要的担心，并且通过周围环境的小群体取样求和或求均值来推断他人所想。这些通常是大脑自动进行的，我们往往并不知情。

在过去，我对发生恐怖主义爆炸、染上猪流感或是我的孩子在上学路上被恋童癖者绑架这些情况的风险分析，主要借助于从小社群中获得的稳定数据进行计算来实现。因为这些人是我传递和获取信息的渠道，他们的行为会对我造成影响。

互联网普遍在做的事情同样也是大众传播更加普遍在做的，即对68亿地球人进行取样。但是，我的大脑依旧在考虑这些由当地社群输入的信息，因为这正是大脑分析回路建立的原因。这是我所指的“糟糕的运算”。我的大脑就像是在假设了一个数值很小的分母一样，因此它会得出某事发生的可能性将会变大的结论。

当我每天听到孩子被拐骗的事件时，我的大脑提供给我的是关于风险性的错误答案：用一个大数字（全球被拐骗的孩子的总数）除以小数字（周围环境的小群体数字）。这就是“玛德琳·麦卡恩效应”（Madeleine Mclann effect）。连月来关于绑架事件的新闻报道（在我写这篇文章的时候，依旧没有解决）引起了我们的过度忧虑，尽管与麦卡恩遭受的痛苦相比，这些事情根本微不足道。错误运算的影响并不止于风险判断。错误的积分法会导致传染效应跨网络传播。传染效应的风险分析形式往往会给人带来强烈的焦虑感。一旦传染效应在互联网上开始发挥作用，每个人糟糕的运算都会加速其爆发。阴谋论也是如此：如果每个人都在讨论一件事，那么这件事一定是真的！这又是错误的分母导致的，神经衰弱的表现和错误的信念由此得到支持与验证。我们都对自己的健康很关心。过去，当我们环顾四周并发现没有人在担忧或者生病。但是现在，搜一下互联网，你会发现至少有 1 278 000 人在担忧或者生病，他们甚至专门建了网站进行讨论。在 2009 年，全美流行的猪流感已经消散，但从网上狂热的讨论中你根本感受不到。

糟糕的运算也会使我们感觉自己有一些非常重要的东西值得分享。每个人都希望自己被认真对待，大脑以其进化的形式让我们将自己看得比实际上更为有用，为我们播种下了一点儿自我陶醉。尽管这是一个错误的信念，但它有助于培养自信。因此，我们会不断地建设网站，制作网页，更新 Facebook 状态，去 YouTube 上传视频，写博客，于是让人惊喜的是：似乎所有人都在关注，因为有那么多人留下了评论！这又是一个错用了分母的例子。

不管是我自己还是其他人，都无法说服自己去忽略那些担忧、神经衰弱的情形、自恋的想法和糟糕的风险评估，去忽略最易让我们发狂的错误想法，但这也恰恰因为互联网并未改变我们的思维方式。

23

PUBLICATIONS CAN PERISH

出版物行将就木

罗伯特·夏皮罗（Robert Shapiro）

纽约大学化学荣休教授，高级研究科学家，著有《行星之梦：探索地球外的生命体》（*Planetary Dreams: The Quest to Discover Life Beyond Earth*）。

互联网的出现使专业人士更容易搜索和获得科学文献，但不幸的是，它同时也增加了我们丢失部分文献的可能。

在我年轻的时候，我会想象我所写的所有东西都可以被永久保存。未来的传记作者将会找出我所有的信件、日记和备忘录，以获取我创造力的精髓。我的第一本实验笔记仍然表达了同样的情感，我在第一页非常清晰地写下了如下前言：

> 写给后代：这卷书真实地记录了罗伯特·夏皮罗，一个哈佛大学有机化学专业的在读研究生，所进行的一系列原创性化学研究。

然而，现实却在逐渐削弱着我宏伟的想法，我意识到只有发表的论文才最有可能被保存下来。纽约大学将19世纪至今的期刊合辑保存于图书馆中，其中包含的文章寿命显然已长过了它们的作者。随着我发表著作数量的增长，好奇心促使我去挑选其中一本来追踪它的影响。我故意挑选了重要性较小的一本。

约30年以前，我和一位在读博士生计划合成一种具有理论价值的新物质。虽然最后结果失败了，但我们制造出了其他新化合物并且改进了一些合成方法，因此我写了一篇论文，发表于1969年的《有机化学期刊》（*Journal of Organic Chemistry*）上。我们的结论对其他人有影响吗？使用电脑上的搜索工具，我能很快查询到论文的关注量。我惊讶地发现，到2002年，有11篇论文及一些专利引用了我的论文。其中，我们的成果为一种新型镇定剂的研制提供了基础。我想，在遥远的未来，会有一些工作者从图书馆的书架上抽出一卷文献，并发现我的成果可以提供一些帮助。我并未预见到这样的装订文卷可能会因网络将不复存在。

《有机化学期刊》于1936年创刊，至今仍在出版。它对图书馆书架空间的需求日益增长：它的第一卷只有583页，然而2009年的版本却达到了9 680页。新杂志的大量出现和旧杂志尺寸的大幅增加，使图书馆陷入了空间危机，而互联网的到来则救之于水火。许多订阅的纸制品被电子版本代替，同时，过去的版本也被转化为电子版。不难想象，未来科学文献的纸质版将不复存在，因为许多新的期刊现在只发行电子版。

这个转变为读者们提供了不少便利。过去，我不得不离开我的办公室，坐上电梯，穿过几个街区，再坐上另一部电梯，而后在迷宫般的书架间苦苦寻找我需要的文献。有时，我需要的那一期可能刚好被别人借用或是被放错了地方，我便只能无功而返。而现在只需要几分钟，我便可以在办公室或家里的电脑上找到大多数我需要的文献。我可以将文献资料储存在电脑里，如果需要的话也可以打印出来。但是，科学文献易得性的提升，同时伴随的是其易损性的增长。

只有一份或几份复制品的资料，本来就比广泛分发的材料更容易遗失。一幅毕加索的真迹很可能会遭到破坏，但是《圣经》会一直存在。亚历山大·斯蒂尔（Alexander Stille）在《过去的未来》（*The Future of the Past*）一书中写道，荷马和维吉尔的著作之所以可从遥远的过去保存到现在，是因为庞大的人群将它们不断抄写与复制。而在索福克勒斯的120个剧本中，只有9个被保存下来。互联网出现之前，我的论文存储于全球成百上千的图书馆内，这使我引以为傲。大量的复制品使未来的保存得到了保证。当然，这同样适用于其他科学文献。

成千上万的文献复制品现在被电脑中的几条存储记录取代。进一步讲，这种存储媒介其实相当脆弱。纸质手稿可以被保存几个世纪。目前用于电子存储的各种磁盘、驱动盘和磁带的寿命是未知的，但估计只有几十年。只有电子版本的著作消失得更快的另外一个原因是，网站缺少维护。调查显示，在三本权威的医学和科学杂志引用的互联网地址中，12% 的地址在其发布的两年后就已失效。

《有机化学期刊》一类的权威资料源不太可能遭遇这样的困境。但是，仅仅储存在互联网上的材料，远比储存在多份纸质拷贝中的材料更为脆弱。电脑网络崩溃可能导致一段时间内资源无法被获得，与此同时，网络恐怖主义、城市骚乱、战争和各种自然灾难也可能使全部或部分的存储系统遭到破坏，导致部分科学文献无法挽回地遗失。针对 Edge 之前的年度问题，安东·泽林格（Anton Zeilinger）给出的答案是：地球外部大气层的一次原子能爆炸，便可以摧毁所有电脑，甚至整个社会。

互联网改变了我的思维方式吗？我不再带着对印刷品永垂不朽的奢望去写作，我更多地将时间投入到互联网论坛、博客以及其他不能永存的媒体中。我追求努力工作所带来的即时奖励，再也不考虑数百年后我的文字将被陌生人阅读的可能性，不管他们如何好奇作者的生活到底如何。

24

WILL THE GREAT LEVELER DESTROY DIVERSITY OF THOUGHT?

伟大的平等主义者将毁掉思想的多元性吗？

弗兰克·蒂普勒（Frank J. Tipler）

美国杜兰大学数学物理学教授，著有《不朽的物理》(*The Physics of Immortality*)。

互联网的第一次出现是在我获得物理学博士学位很久之后，那时我开始慢慢地接触互联网。我学习使用图书馆搜索技巧：在当时尚存的《科学摘要》(*Science Abstracts*）中查询主题，然后在附近的期刊书架上找到存档的完整文章。现在，我只需在 SCI 中进行主题搜索，便可在线获取相应的期刊文章。

互联网版本的期刊和摘要目前存在着一个缺点：我所在的大学只能提供数量有限的搜索范围。我只能使用 SCI 查找过去 10 年间的文献。除此之外，大多数电子期刊并未将之前的旧版本转化为在线形式（我所在的大学也无法经常性地支付查阅更早期期刊的费用）。

相比过去的印刷媒介，互联网的出现使科学知识过时得更加迅速。在印刷媒介传统下成长起来的科学家们知道有些知识储存于印刷期刊中，但是新一代与互联网一起长大的科学家们是否还知道这一点，我表示十分怀疑。印刷期刊可以长久保存，只是积了几十年的灰尘，但仍可为后世所读。存储于 20 世纪 80 年代磁盘中的文章已无法阅读，因为电脑技术已革新太多。数据存储方式的巨变可能导致后代无法读取存储于互联网上的信息，知识是否会因此而丢失呢？

当下，信息已触手可及。更为重要的是，对于理论工作者来说，实验的原始数据也逐渐借由互联网获取，我正是这受益者中的一员。众所周知，从科学史的角度来看，实验人员常常不能发现实验结果的全部重要性。这就是所谓的“新现象往往并不是被最初发现的人认识到的”。现在，互联网允许实验人员发布数据，我们这些理论工作者因此可以对数据进行分析解读。

拿我的研究工作来说，标准量子力学宣称在电子双缝干涉现象中，因为电子数量级的无限性，通过缝后的大量电子存在一定的空间分布。但是，标准量子力学并未针对最终空间分布的方式给出准确描述。与此相比，量子力学的多重世界理论为概率分布提供了精确的公式，因为根据多重世界理论的诠释，相比于经典力学，客观存在的物质并非是概率性的，而更多是确定性的。（根据量子力学的多重世界理论诠释是，从波动函数的角度，而非概率性来测量的多元宇宙的密度。）

实验人员——实际上是一些物理专业的大学生观察到了概率最终分布的方式，但是，他们并未将观察结果与其他概率分布的公式进行对比，因为根据标准量子力学，概率分布的公式并不存在。通过互联网，我可以找到电子干涉现象的原始数据，并用之检验多重世界理论的公式。大多数理论工作者都有类似的经历。

但有时我会怀疑，后代理论工作者们是否还能讲出这样的故事。通过分析在线发布的原始数据可以获得新的发现与成果，但这些数据都是真实的吗？伟大的物理学家理查德·费曼（Richard Feynman）常说：“再也不会出现伟大的物理学家了。”他认为，伟大的物理学家会以不同于其他科学家的视角来看待现实。他在《别闹了，费曼先生》（*Surely You're Joking, Mr. Feynman*）一书中说明了这一点：他自己之所以能获得这些成就，并不是因为智商高于其他物理学家，而是因为拥有“各种与众不同的技巧”。费曼认为，未来的物理学家们无法超越那些公认的观点，因为他们所拥有的技巧都是相同的。所有人都在以相同的方式思考。

当下互联网是一个伟大的平等主义者：每个人都可获得完全一样的信息。这最终是否会破坏思想的多样性呢？也许，人们会倾向于在网上结合成独立的团体，以保护至关重要的思想多样性。在原则上，科学家们有着相同的渠道获取资源，他们中是否仍会有人以不同于大众的视角来研究这些原始数据呢？

25

WE HAVE BECOME HUNTER-GATHERERS OF IMAGES AND INFORMATION

我们成了影像和信息的狩猎－采集者

李·斯莫林（Lee Smolin）

圆周理论物理研究所物理学家，著有《时间重生：从物理学危机到宇宙的未来》（*Time Reborn: From the Crisis in Physics to the Future of the Universe*）。

到目前为止，互联网还未改变我们的思维方式，但是它已经彻底地改变了我们思考和工作的环境。

互联网为那些分散人们注意力的事物提供了广阔的平台，其实阅读和电视也是如此。互联网对电视的改进，就如同简·雅各布斯（Jane Jacobs）谈及的熙熙攘攘的人行道对聒噪无味的郊区生活的改进一样。互联网需要人们的主动参与，因此也充满着各种各样的惊喜。你并不是在观看互联网，而是在搜索和点击。关于互联网最为重要的思考并不在于其内容，而在于这是一种全新的行为：你成为一个搜索者，而世界上所有的知识和图像就在你的指尖。

浏览器的神奇之处在于，它可以呈现网络上的任何图像或文字。过去，我们会培养思想；而现在，我们更多的是图像和信息的狩猎—采集者。互联网大大地加快了事情发展的进度，但它并不能取代实验室里或笔记本上的艰苦工作，因为正是这些艰苦工作为思维上的灵光一现提供了准备和前提。但是，互联网改变了思维所处的社会环境。过去，图书馆里的文献资料让学者们更多地关注过去的研究成果而非当代的新发现。但互联网扭转了这一局面，我们每个人的思想都成了不断发展的互联网思潮中的一个节点。

互联网自身也是思想新兴范式的一种隐喻，其中，系统被设想为各种关系之间的网络。从某种程度上来说，网页可以由链接的来源和指向来定义，这与莱布尼茨提出的“单子”非常类似。但是，网页是有内容的，并不完全是关系性的。想象这样一个从互联网上抽象出来的虚拟世界：将内容全部删除，剩下的只有链接。根据时空关系理论，这就是宇宙的图像；它同时也是大脑神经网络的图像。内容对应的则是那些模型中缺失的部分，即数学模型、现实世界与意识思维存在的不同之处，这还未被物理学家和计算机科学家完全理解。

也许，当互联网与我们的眼睛或牙齿融为一体时，屏幕会被直接呈现在视网膜上的成像装置代替，那时的变革将更为彻底。如今的互联网模式也已经使科学家工作的方式发生了变革。

互联网让整个思想共同体更加扁平化。博客、电子邮箱和互联网数据库使社群中的每个人都站在同样的高度上。每个人都能表达意见。人们不再需要秘书去维护一个巨大而多样化的通信系统。

arXiv.org 是一个实时更新最新论文、提供完整搜索和交叉引用功能的互联网档案馆，自 1992 年，物理学方面的研究论文开始在其中发布。网站上包含的更多的是温和性的观点，而非决断性的争论，其实争论在信息传播上并不能起到任何作用。互联网档案馆赋予我们一种参与感与责任感：一旦注册成为社区会员，无须过问任何人即可发布科学研究结果。

互联网消除了地方局限性的限制，无论你来自哪里都可参与其中。你不需要长途跋涉来聆听或者进行演说，也无须一定去办公室。随处可见的最新研究论文和博文，使得懒得走动已经不能成为你落伍的理由了。

过去，物理学的预印本通过大量邮件在主要研究机构之间分发传播，因此在美国的重点大学中工作或学习会非常有利，而其他人获取同样的资料则要滞后数周或数月。因互联网的出现，这些资料对亚洲和拉丁美洲科研工作的成就和影响力都有很大提升，欧洲也在某些领域建立了优势地位。

互联网使全球科学研究团体的思考得以同步，所有人都可以同时获知新论文发布的消息。通过博客，小道消息的传播也相当快。新的实验结果会在它们新鲜出炉时，通过互联网以各种方式被广泛传播。

同时，互联网也拓宽了思想交流的广度。那些鲜为人知的思想家——你必须首先要认识他们。以前，这些思想家将高度原创性的著作分散地发布于各处，极难查找；而现在，他们也会和别人一样，将自己的论文发布在网页上。互联网为形形色色原本并不相识的思想家们提供了交流的社区平台。就像在每年的这个时候，我们都会齐聚回答 Edge 的年度问题，以此来庆祝思想交流社区的诞生。

注：本文作者李·斯莫林的《时间重生》已由湛庐文化策划，浙江人民出版社出版。

26

THE HUMAN TEXTURE OF INFORMATION

人类的信息构造

乔恩·克莱因贝格（Jon Kleinberg）

美国康奈尔大学计算机科学教授，与大卫·伊斯利合著有《网络、人群与市场：揭示高度互联网世界的行为原理与效应机制》。

当国际奥林匹克委员会宣布里约热内卢为2016年夏季奥运会的举办城市时，我正在电话中与同事讨论如何追踪互联网上的突发新闻。这个消息会引起何种反应呢？我们好奇于这个消息造成的反应，于是上网一探究竟。如同旅行者穿梭于早已准备好的庆祝活动中一样。我们被人群包围的感觉并非完全出于想象：Twitter上每分钟会出现1 000多条关于里约的新信息，维基百科上“2016年夏季奥运会”的词条被不断更新，政治博客上则充满了代表不同城市的领导人进行游说的热烈谈话。

这就是当前最重大事件的在线状况，除了容量更大以外还有更多的事情在进行中。直到最近，像这样重大事件的信息都会通过一个自上而下的结构进行传播，其中包括：经过编辑、集合和筛选的官方公告总结，对大众反馈有挑选性的报道以及现场观众的故事。但是现在，信息是从底部开始涌现的，它们四面八方碎片化地汇聚到一起。人群开始发出百万种不同的声音，不同的观点如洪水般汹涌而来。

互联网并非一直都是这样的。在20世纪90年代早期，我第一次使用互联网搜索引擎，感觉自己像是进入了一个巨大的全球图书馆——这是一个充满了知识的博物馆储藏室。我与其他互联网访问者共享这个博物馆储藏室，这是我知道却无法直接感觉到的事实。我们都能利用工具与信息接触，但是我们之间并没有接触，看不见彼此。

当我今天再上网的时候，所有这些“房间和走廊”都是热闹且可见的。真正使我震惊的是这些信息所蕴含的人类特质——可见的对话、文本的峰值和爆发、可控的贴标签和任意评论。我开始欣赏这种事件和人群共生共存的状态，时间与人互相依赖——事件发生之初人们便立刻展开讨论，然而只有当所有人都对此做出反应时，这个事件才能被完全理解。这种传播结构通过文字更能感受到它的复杂性——无所不知的讲述者描述现场场景，在各种不同的观点间不断跳跃。除此之外，所有的声音都来源于真实鲜活的生命，没有任何主流声音去要求他们配合。不和谐的声音在其中也许能起作用，也许不能。

这种结构的复杂性并不完全因人们的声音而生——更是因为网络世界是一个人类和计算机产品混合并存的空间。你会碰到计算机假象，就像在具有卡罗尔风格的仙境中古怪的角色一样。计算机这个巨大的生物会存储一切书写记录，并且根据问题回答相应的片段（常常是脱离上下文的）。视野的右侧有着精致外形的计算机能够静静地倾听你的一切：你取消了会议回家卧床休息，这时，计算机就会秘密地将咳嗽药水和止痛药广告送到你的面前。还有正在生成的更为怪异的角色——整个产业在不眠不休地发展这种服务。

咳嗽药水的广告将非常重要，不仅因为它们是整个运行过程的付费方。同时，广告不断地提醒你，你是广大人群中的一员——你的一举一动都会被注入全球对话中，不仅是可见的而且会被记录下来。我试图去思考行为定位算法是怎样定义我的——当我的一切举动被记录在内，我的行为看起来将会像怎样凌乱的马赛克，而马赛克中的哪一片最好被丢弃掉。

网络世界的复杂性意味着，即使今天在互联网中进行最普通的操作，我发现自己仍需要使用首次进行搜索时学到的技巧：分析同一事件诸多不同的观察结果和解释说明，询问人们的潜在看法、工具和行为方式如何影响了这些解释，从而根据以上过程来思考我自己的决定。想想这其中涉及的认知需求，它们曾经只存在于学术领域，现在却成了互联网每日的要求。这表明，除了“信息素养”之外——我们对计算机初学者进行操作性培养时的追求，还需要将更为复杂的“信息素养”技能传递给年轻人：当你上网享用信息的时候，应该如何解释观点的浪潮、理解和利用这其中的计算机力量以及解释你在互联网上的个人行为所造成的微妙影响。

最后，作为一个计算机科学家，互联网已经改变了我的专业思维方式。自我研究生毕业后的13年中，互联网一步步、无可挽回地促使我明确了这一观点：计算机科学并不只是关于技术的科学，同样也是关于人类的科学——关于共同创造知识和在全球范围内进行自我表达的人类的力量。这个令人兴奋的发展表明，我们已经到达了一个理解的新阶段：关于人类和技术可以共同思考什么，以及我们赖以共同生活和居住的世界的相关问题。

27

THIS IS YOUR BRAIN ON INTERNET
这是你的互联网大脑

特伦斯·谢诺沃斯基（Terrence Sejnowski）

萨尔克生物研究所计算神经科学家，弗朗西斯·克里克讲席教授，合著有《计算型大脑》（*The Computational Brain*）。

如果每天在电脑屏幕前花数小时浏览网页和玩游戏，会对大脑产生什么影响呢？大脑是有高度适应性的，生活经历将会对其结构和功能产生长期的影响。你可以感知到一些变化，并将之称为你的记忆，但这只是冰山一角而已。更多更为微妙的变化我们是不知情的，但却会对你的看法和行为产生影响。从最低级的感知层到最高级的认知层，这些变化发生在你大脑中的各个层次。

启动效应是无意识学习中的突出案例，即图像或文字的短暂闪现可以影响相同图像或文字再次出现时你对它们的回应，哪怕它们在数月之后仅以较为低级的形式出现。在一项实验中，要求被试对动物和其他熟悉物品的轮廓进行短暂浏览，17年之后，一些被试甚至不记得自己参加过原来的那次实验，但他们仍可以高于随机水平的概率识别出那些轮廓被擦去一半的版本。从启动效应的概念来讲，一个物体，比如桌子可以启动大脑对椅子的响应。有趣的是，启动效应缩短了反应次数，同时减少了大脑活动量——由此，大脑得以运转得更加快速，也更加高效。

大脑，特别是年轻人的大脑，对信息、新奇的事物和社会互动等充满期待，但在我们为何如此擅长无意识学习上的表现却不明显。

无意识学习的一大优点在于，它允许大脑在内部建立并呈现一个世界的统计结构：词组、言语或文本、表格中的相邻字母以及构成图像的颜色的出现频率。大脑在适应感觉运动方面的能力也十分强大。我们最先适应了笨重的键盘，然后是虚拟指针和虚拟文件，现在我们已经完全适应了用手指来发送短信。当你成了使用互联网的专家，那么它就会像其他工具一样成为你大脑延伸的一部分。

当你在与互联网互动时，大脑发生的变化对你是好是坏呢？适应互联网的触感可使提取信息变得更简单，但是，更好的问题，是这种改变是否提升了你的舒适度。不久之前，CEO 们并不使用互联网，因为他们从未学习过如何打字——这批人渐渐退出了舞台，取而代之的是精通互联网的管理者。

通过互联网获取的知识和技能应该有助于你的生活，但若你将所有的时间都花到互联网上则会适得其反。断断续续的回报可使人着迷上瘾，从而阻断你的多巴胺神经元分泌（用以预测未来的回报）。但是互联网出现的时间并不长，而且它的变化过于迅速。我们还不了解它将会对大脑产生什么样的长期影响。无所不知的最终代价会是什么呢？

28

THE SCULPTING OF HUMAN THOUGHT

雕刻人类思想

唐纳德·霍夫曼（Donald D.Hoffman）

加州大学欧文分校认知科学家，著有《视觉智能》（*Visual Intelligence*）。

人类的思想曾有很多的雕刻家，每个雕刻家都运用特有的工具给思想留下了独特的影响。互联网是否在这个特殊的工具箱中呢？这取决于雕刻家。

自然选择跨越地区和年代的界限，塑造了人们的思想。“适者生存”是自然选择的目的，人类的天性以及我们作为同一个物种所共有的天资则是自然选择产生的主要影响。尽管每个人的思想是独一无二的，但思维模式却可以超越种族、文化和职业的不同而被识别；相似地，尽管每个人的面貌都是独一无二的，但面貌的样式——两只眼睛、一个鼻子、一张嘴同样可超越个人的差异而被辨别出来。

互联网存在于自然选择的工具箱中吗？也就是说，互联网是否改变了人类这个物种的适应能力？它是否改变了我们生存和繁殖的可能？对这个问题的争论有序地进行着，那些持否定态度的人责任重大。我们过去的发明都改变了我们的适应能力：箭、农业、火。互联网也许做着相同的事。

但是，互联网是否改变了超越于个体差异之上的人类思维模式？还没有。自然选择作用于世世代代的人，而互联网目前只影响了一代人。互联网的确在工具箱中，但它还未被应用。久而久之，当互联网促成了特定的认知技巧并忽略或是阻止其他一些认知技巧时，互联网甚至可能深刻地改变我们作为同一个物种所共有的思维模式基础。但是这一过程的实现需要很长时间。互联网会帮助新的一代人快速进化，其用时会远远短于智人进化的时间——这些后代，而不是互联网本身，将会变革人类的本质。这些后代人与互联网的相似之处，不会多于智人与变形虫的相似之处。

学习对思想的塑造贯穿了人的一生。经验是个体的工具，独特的认知模式、情感和生理机能是其产生的关键影响。生理学家马塞尔·贾斯特（Marcel Just）和提摩西·凯勒（Timothy Keller）发现，小学里阅读能力较差的学生，通过 6 个月的集中训练后阅读技巧可以显著提高，在此过程中，他们左半脑的白质连接有了某种程度的增加。①

当然，学习的内容有许多内在的限制，这些限制大多受基本突变和自然选择的影响。一个正常的婴儿若置身于英语的环境中，他很快就能学会说英语，但是若置身于 C++ 或是 HTML 的环境中，他只能学会极少的一部分。

互联网存在于学习的工具箱中吗？毫无疑问，答案是肯定的。在基因遗传造成学习思维定势的限制条件下，互联网环境对思维模式的改变程度绝不小于其他语言、文学或数学环境。但是，内在的限制十分关键。比如，一心多用可以是多线程开发利用互联网丰富资源的实用技能，但是真正意义上的一心多用，至今可能仍是智人注意力系统所不能达到的。在人类世世代代的繁衍中，这种生理的内在限制可能会被减弱。互联网作为一种学习工具无法完成的任务，最后可能由其作为自然选择的工具来完成。

表观遗传学（研究由某些机制而非 DNA 变化引发的，外观或基因表达变化的学科）在人的一生和其相邻几代人之间塑造着相似的思想。经验和环境是表观遗传学的指导，因基因表达的改变引起的认知、情感和生理变化是其相关影响。神经系统科学家提摩西·奥伯兰德（Timothy Oberlander）和他的同事发现，母亲的抑郁情绪可以使婴儿的 NR3C1 基因表达发生变化，从

① 提摩西·凯勒和马塞尔·贾斯特，《改变大脑皮层的连接：对阅读欠佳者的白质连接的矫正诱导》，《神经元》64（2009）：624–631。

而增加婴儿对压力的反应能力。①相似地，童年受到虐待可使孩子产成持久性焦虑和急性压力，这些会从根本上改变他的思想世界。

互联网存在于表观遗传学工具箱中吗？也许吧，但是没有人知道。表观遗传学是一个新兴的领域，甚至其中的基础机制都还未被完全理解。基于这些基础机制，代际表观遗传学的影响也由此产生。这些亲代的行为可改变儿童基因表达及其思想世界，这一发现为我们研究互联网提供了可能性：包括互联网在内其他的行为环境同样可以做到这一点。

因此，总的来说，互联网与人类思维的相关性，取决于对这种关联性的分析是从物种角度、个体角度，还是从表观遗传学的角度来进行的。关于此议题的辩论，可指定具体的分析框架来详细阐明。

①

提摩西·奥伯兰德等，《母亲产前抑郁，新生儿人类糖皮质激素受体基因 (NR3C1) 的甲基化和婴儿皮质醇应激反应》，《表观遗传学》3,2(2008): 97-106。

29

WHAT KIND OF A DUMB QUESTION IS THAT?

这是什么样的蠢问题？

安迪·克拉克（Andy Clark）

哲学家，爱丁堡大学逻辑与形而上学系主任，著有《超尺度的心智》（*Supersizing the Mind*）。

互联网改变了我的思维方式吗？这个问题相当不好回答。事实上，请无视我这博人眼球的标题，这个问题非常有趣但难以回答。要理解这个问题，不妨先将问题小小地变形一下来思考：“互联网是否正在改变你思考的东西？”

这是一个有着各种明显肤浅答案的问题。互联网当然改变了我思考的“东西”（它将各种信息和观点呈现在我面前，没有它，我就得不到这些信息和观点）。互联网也在改变我思考这个问题的时间、时长以及当我完成思考后用它做什么。互联网甚至正在改变我进行大量思考的方式，较之以往，这变成了一个更有公共性的话题（至少在我所熟悉的心灵哲学领域是这样的）。

所有这些听上去都有点儿肤浅，我们都知道互联网的这些角色。这个问题的核心，当然是一些难以捉摸却更深层次的东西，它有可能是真的，也可能不是，即：“互联网是否正在改变你思维的本质？”

我想，是这个问题本身让大部分回应者产生了分歧。有人认为人类思维的本质丝毫都未被改变，也有人认为思维正从根本上被改变。但是，我想要反过来问一个问题，简单来说就是：“我们如何知道它正在改变呢？”我认为这个问题并不简单。

考虑这个问题的起点，也许是将我们的思考从那些常规的思路中区分出来。我说的“常规思路”，指的是在算法可变动范围内计算机解决一个或一组问题的方法。一旦做了这样的区分（但也许只是一种深度错觉而已），一切便会变得一帆风顺。而后，这问题看起来就只是科学要去解决的问题。你的思维方式是否被改变，你又如何得知呢？如果你倾向于认为会改变，它是否意味着你的思考方式也必然被改变了呢？我认为并非如此。或者换一种说法，如果你的思维趋向和相信的东西保持不变，它是否意味着思维方式也依旧保持不变？我认为并非如此。

在我看来，从我们现有的知识中最多可以得出：我们正在思考的东西（以及我们倾向于去思考的时间）正在以某种方式被改变着。毫无疑问，互联网改变着我们倾向于去思考的事物和时间。如果互联网没有做到这一点，我们便不再需要它。这是事实，却又有些微不足道。

从哲学家的视角来看，所有我知道的都是他人已知的，这完全是关于内容的。我知道（在美好的一天里）我在思考些什么，但是当我使用常规思路去思考时，我就像不知道是什么移动了行星一样一无所知（从我的知识角度出发）。我可以获取结果，但无法获取手段和方法。只要是关于我用于思考的方法和观点，都无疑错得离谱。它们至多反映了我如何看待我的思考，而并非我如何去思考。

到目前为止，一切都很好。至此，似乎我们必须真正地依靠某种实验科学，以发现对这个问题的重要解读。

互联网是否在改变我的思维方式？让我们穿上实验服来一看究竟。

但是如何去做呢？

假设我们要去寻找互联网高频使用者们一些严重的大脑神经变化。问题是：他们的神经必然会发生一些改变，因为上网是一种技巧，而技巧会改变大脑。但是，这些改变何时可被视作是对我们思维方式的改变？学习弹钢琴是否改变了我的思维方式？如果从这个提问所意指的方向来看，可能并没有。神经上的较大变化，甚至可能都无法对我们的思维方式产生影响。可能这只是在用旧有的方式处理新的事情。相反地，一个很小的神经改变，可能等同于安装了一个全新的计算机体系结构（考虑将一个反复循环加进一个简单的神经网络——一个小小的神经改变却拥有大得惊人的计算能力）。

这个问题已经变得更难以回答。

不仅科学需要去发现什么是不清楚的，连科学应去何处发现（或者不发现）都是不清楚的。

假设我们可以说服自己，不管用什么手段，只要大脑的基本模式还在运行，互联网体验就无法对其做丝毫改变。只要我们假设固定了“人类思维本质”的程序是完全生物性的，并且只能在人类大脑中运行，这便给出了一个否定答案。但是毫无疑问，这是一个最能引起我们对互联网（以及在它之前的其他“智慧扩展器”）使用经验产生怀疑的假设。也许互联网给思维提供了一些混合的回路（生物的或非生物的），通过改变某些大脑回路来改变你的思维方式。这是将互联网视作一种世界性的大脑组织，这种电子化的脑组织很明显不是按照大脑皮层的程序工作的，因此我们很容易获得肯定的答案。

但是，等一下。为什么首先要看大脑回路呢？假设我们可以找到它，那又是什么真正决定了（或者，更好的说法为“是什么应该决定”）我们去何处寻找这个能够决定我们思维方式的回路呢？

这个问题真的很难——遗憾地说，我并不知道如何去回答。这预示着我们又要回到整个问题的原点，即内容层面。也许，推动答案产生的路径是，去寻找人类表现在思维各方面深刻且系统性的改变。但即使我们发现了这样的改变，那些认为我们的“思维方式”在根本上并未被改变的人，仍会坚持原来的立场，并不断强调神经工作的基本模式并未被改变，而且（至少）已经持续了数万年。

实际上，我怀疑我们对该问题的两种选择——一个听起来很平常，即关于我们在思考些什么；另一个听起来很深入，即关于我们思考的本质。这两种选择可能并非如每个答案支持者的回应（是的，互联网正在改变我们的思维方式／不，它没有）那般水火不容。

但我不知道如何去证明它。

30

PUBLIC DREAMING

公共梦境

托马斯·梅青格尔（Thomas Metzinger）

德国美因茨大学哲学家，著有《自我隧道》（*The Ego Tunnel*）。

我听到左方有奇怪而旋律优美的声音传来，我的视线便自然地从绿衣女士身上移开。当我将目光移向空荡荡的风景时，我注意到有些东西不太寻常。我看到的是，山川和树木，像真实生活中的一样，但不知为何它们又不像真实生活中的那样进入我的视野。不知为何，这并不是真正的现实。这个场景突然出现的方式似乎在时间动态上有些微小的偏差，有一种几乎察觉不到的时间延迟，就如同我在上网浏览时，从一个网页跳转到另一个网页的时间延迟一样。但我并没有在上网。我刚刚还在与绿衣女士对话——不，我右手的食指并没有在点击鼠标，我的右手也并未放在鼠标垫上；当我注视着这片空荡荡的风景中的山川和树木时，我的右手完全放松地垂在我身旁。兴奋和怀疑在头脑中闪现的瞬间，我突然恍然大悟：我在做梦！

我一直对清晰的梦境很有兴趣，并且会将它们大量地记录下来。这之所以让意识研究学家感兴趣，是因为它没有外来输入的压迫，你可以在自己动态意识的神经关联中漫游，从而观察自身经历从内部展开的方式。这也让哲学家十分感兴趣。你可以询问梦中遇到的角色是如何看待“虚拟化身”和“虚拟自我”的，也可以询问他们是否相信他们拥有自己的思想。不幸的是，我很少出现清晰的梦境，一年只有一两次而已。刚才的片段是我上一次清晰梦境的开头，除了意识到我实际上是在做梦外，我还立刻明白了许多事。互联网不只是在改变我的思维方式，它还正在重新配置我的大脑。它已经渗透到了我梦中的生活里。

当然，对于学术而言，互联网是极好的资源——几乎所有文献都尽在你的指尖。这是一种高效的、与全球研究者交流和合作的方式，一个学习和灵感的无尽资源宝库。但同时，互联网会导致人类注意力的缺失与紊乱，使我们无法自拔地着迷，进而改变着我们最深层的本质。

互联网不仅仅与人的认识方式有关。对于常常用互联网工作的人来说，它已成为自我模型的一部分。我们将其用于外在的记忆储存、认知的补充以及情感上的自我调整。互联网帮助我们思考，同时帮助我们确定期待和目标。多种可见的功能影响着我们，巧妙地削弱了我们的控制感。我们开始学习如何一心多用，我们注意力的持续时间正在变短，社交关系则奇怪地演变到了无实体的角色上。一些软件告诉我们："彼得·史密斯请求加你为好友！"而我们却不好意思点击"忽略"按钮。

"网瘾"早已成为精神病学中的专业术语。许多年轻人（包括数量不断增加的大学生）陷入了注意力缺陷障碍的困境，他们已无法在旧式、连续的符号信息上集中注意力。他们突然在阅读普通书籍上出现了困难。人人都知道，中年生活的过度劳累和日益严重的焦虑情绪在人群中占有很大的比例。这种情况无处不在，且加速恶化着。

这个问题的核心不在于认知方式，而在于注意力管理。注意周围环境、自我感受和他人感受的能力，是人类大脑自然进化而成的特征。注意力是一种有限的商品，对幸福的生活无疑是必要的。我们需要注意力来真正倾听他人的声音，甚至我们自己的声音。我们需要依靠注意力来真正地感知快乐以及有效学习。我们需要注意力来真正地沉浸于性，投身于爱情，又或者是凝视美丽的自然风光。注意力是种珍贵的资源，我们的大脑每天产量有限。今天，蓬勃的广告和娱乐产业正击打着我们储存亲身经历的容量根基，带我们进入广大复杂的媒介密林，以更为持久而智慧的方式抢夺着我们大脑稀缺的容量资源。这些我们都知道，但也有一些内容我们才刚刚开始理解：互联网影响了我们的自我感受，而且在深层次的功能层面上也对其产生了影响。

意识是注意力存在的空间：意识信息实际上就是在大脑中你能够有意控制的信息。作为注意力的代理人，你可以转移注意力，就好像你在指挥身体内的闪光灯照向特定的目标：比如一个感知对象或者一种特定感受。在很多情况下，人们失去了注意力代理人的属性，最终自我意识也被渐渐削弱。婴儿不能控制其视觉注意力，他们的目光似乎一直是在不同物体间无目的地游走，因为他们的部分自我感尚未得到强化。模糊的梦境状态也是意识未受注意力控制的典型实例。还有其他一些情况，比如严重醉酒或是老年痴呆症，会让你失去指挥注意力的能力并且相应地感觉到“自我”的破碎。

倘若控制和维持注意力集中的体验确实是可感知自我的深层次表现之一，那么我们当下所见证的就不只是对于意识空间的有组织打击，而同时也是一种轻型的人格解体。新的内部环境可能因此创造出新的清醒意识，即类似于主体意识削弱的状态—— 一种梦境、痴呆、醉酒和婴儿化的混合状态。现在我们每天都在共同体验着这种状态，我将其称为：公共梦境。

THE MOST INTERESTING TREND

IN THE DEVELOPMENT OF

THE INTERNET IS NOT HOW

IT IS CHANGING PEOPLE'S

互联网最有趣的发展趋势为，它并非改变了人类思维，而是它正在适应人类思维

——史蒂芬·平克（Steven Pinker），《并非如此》

WAYS OF THINKING BUT

HOW IT IS ADAPTING TO

THE WAY PEOPLE THINK.

31

NOT AT ALL

并非如此

Steven Pinker
史蒂芬·平克
哈佛大学语言学家、认知心理学家，
著有《语言本能》《思想本质》《心智探奇》《白板》。

作为同时相信人类天性以及逻辑和证据标准永恒性的人，我对互联网正改变人类思维的常见说法存疑。电子媒介并不会改变大脑处理信息的机制，也不会取代“假言推理”（modus pones）① 或是贝叶斯定理（Bayes’ theorem）② 。互联网正改变人类思维的主张是由以下几股力量推动形成的：权威人士迫于压力宣布这样或那样的新事物将“改变一切”；认为“思维”就是内容和过程的总的肤浅观念；“如果年轻人做了我没做的事情，文化就正在衰落”的恐新症。但我认为这些理由都经不起推敲。

① 假言推理是根据假言命题的逻辑性质进行的推理。分为充分条件假言推理、必要条件假言推理和充分必要条件假言推理三种。——译者注

② 贝叶斯定理是关于随机事件A和B的条件概率（或边缘概率）的一则定理。其中P（A/B）是在B发生情况下A发生的可能性。——译者注

发短信、在网上冲浪、用微信的一代人是否进

化出了令人羡慕的能力，可以允许他们同时处理多渠道的新奇信息？大多数认知心理学家怀疑这样的说法，最近，来自斯坦福大学传播系的克利福德·纳斯（Clifford Nass）证实了这种怀疑。所谓的一心多用者，就像伍迪·艾伦（Woody Allen）一样，他在接受快速阅读的训练后，一晚上就狼吞虎咽地读完了《战争与和平》。他这样概括书的内容："里面写的是俄国人的事。"

另一个广为流传的谬误是，学生们离开缩写、表情符号和存疑的网络引文就不会写论文。但是，学生们沉迷于懒惰的程度与老师让他们远离懒惰的程度恰恰吻合。我从未见过这种论文，正如斯坦福大学英语系教授安德里亚·伦斯福特（Andrea Lunsford）做的相关调查显示，那多半是学者们想象出来的事情。知识标准限制了思想产品的生产，这在科学领域尤为明显。科学家贪婪地利用互联网及其他基于计算机的技术，比如PowerPoint、电子出版和电子邮箱，这使我们越来越笨。但由此判断科学家的思维方式与10年前的思维方式不同，或者科学进程因此有所减慢则非常荒唐。

互联网最有趣的发展趋势为，它并非改变了人类思维，而是它正在适应人类思维。十几年前，万维网的诞生是互联网应用方面的质的飞跃，这主要体现在用户界面即图形浏览器上，它基于一系列计算机线性处理器硬件，模拟出了带有窗口、图标和按钮的熟悉的视觉世界。特别是最近，我们看到更多自然的设计取代了传统的呆板模式：更自然的用户界面（对话、语言、人工操作）、对人类专业知识更优化的模拟（电影、图书或音乐推荐，还包括有智能搜索的系统），以及互联网技术在社会和情感方面的应用（如社交网站上图片、音乐和视频的分享）。

可以肯定的是，人类思想生活的方方面面都受到了互联网的影响。我们的实体文件夹、邮箱、书架、数据表格、文件和播放器等都被相同功能的软件代替，这导致我们多次更改对时间的分配。但将其称为"人类思维"的改变者，我认为过于夸张了。

注：本文作者史蒂芬·平克的《语言本能》《思想本质》《心智探奇》《白板》已由湛庐文化策划，浙江人民出版社出版。

32

THE AGE OF (QUANTUM) INFORMATION?

量子信息时代?

安东·蔡林格（Anton Zeilinger）

维也纳大学物理学家，奥地利科学院量子光学与量子信息研究所主任，著有《光子之舞：从爱因斯坦到量子隐形传送》（*Dance of the Photons: From Einstein to Quantum Teleportation*）。

是的，如同其他许多人一样，我学习过：

1. 写短邮件，因为人们不想阅读超过10行以上的内容；
2. 写针对某个特定问题的邮件，因为第二个和第三个问题常常被忽视；
3. 检查我的邮件，通过iPhone或黑莓手机，每5分钟一次，因为重要信息可能在任何时刻到达；
4. 预计在未来的几十年内，我们的大脑功能将退化到只剩下决策能力。

除此之外还有更多。

好吧，认真地说，信息的概念或我们所认定的信息的概念在社会中正变得越来越重要，这一点让人印象深刻。什么是信息？从实用主义的操作角度来看，有人可能会认为信息是多种命题中的真实价值。例如，现在正在下雨吗？是/否；是不是因为飞机比空气轻，所以它可以飞？是/否；她爱我吗？是/否。

显然，有些问题很容易回答，其他则很难甚至不可能以可靠的方式找到答案，比如上文最后一个问题。对于前两个问题，我们可以通过设计科学实验的过程找到答案（甚至包括非典型的案例），但是这样的算法对于最后一个问题似乎毫无作用——即使学生物的朋友试图说服我们这只是大脑和身体的决策过程而已。还有其他问题，系统而科学的决策程序永远无法解决，比如“上帝存在吗”或是“在双缝干涉实验中，一个量子粒子究竟通过了双缝中的哪一个”。

尽管最后的两个问题都无法回答，它们之间却有着本质的不同。“上帝是否存在”这个问题不仅超越了任何可靠科学可论证的范围，同时这个问题也必须是无解的。其他任何可能答案的出现将导致教的消亡。如果上帝只是可能存在，那么我们的信仰将完全成为空壳，任何宗教行为都将成为完全的投机主义。那么，关于量子的问题呢？在双缝实验的两条轨迹中，粒子究竟走的是哪一条呢？

从量子物理学中我们了解到，想要回答这类问题，我们需要做一个实验以确定粒子究竟是从缝 A 还是缝 B 通过。但是要做这个实验，我们也知道需要大幅度地修改双缝试验本身。要回答这个问题，就意味着我们要引入特定的装置。而引入特定的装置，必然意味着量子干涉现象的消失，因为装置无法避免地会干扰到现象的产生。或者，以著名的“薛定谔的猫”为例，如果我们询问这只猫是生是死，立即就会破坏生死状态的量子叠加。

因此，我们拥有了一个全新的情境，在科学中从未遭遇过的情境——或许在哲学中也未遭遇过：创造一种情境，其中问题的回答直接导致情境的变化。一个实验性的量子设置或者任何量子情境，只能表现出有限数量的信息——在这里，或者是关于干涉现象或者是关于轨迹的信息。实验人员通过选择恰当的装置来决定在具体的情境中，哪些信息是实际上确实存在、真实和显而易见的。所以，信息具有了一种新的基础特性——这在经典力学、非量子科学中从未出现过。

这与互联网有什么关系呢？今天，我们正忙于发展远距离量子传播。使用量子通信连接，我们可以将未来的量子电脑连接起来，相对于现在的电脑，量子电脑将达到一个全新的复杂程度。据我所知，这将是人类第一次开发这种在现存宇宙中没有参照物的技术（不妨假设，大脑的功能最终可以被非量子过程解释）。

这对我们的沟通有什么意义呢？现在还无法回答这个问题。因为与对激光或微型集成电路应用的预测，这两个最近的例子相比，会产生更为含糊的预期。我们将会进入一个全新的世界，信息将变得更具基础性。当下许多人因互联网所产生的愤怒之情，最后将演变为人类发展史中的一个小片段。但也许我对此太过乐观。

33

EDGE, A TO Z (PARS PRO TOTO)

Edge，以偏概全的回答

汉斯·乌尔里希·奥布里斯特（Hans Ulrich Obrist）

伦敦蛇形画廊（Serpentine Gallery）馆长，《策展简史》（*A Brief History of Curating*）编辑，合著有《日本项目：新陈代谢派访谈》（*Project Japan: Metabolism Talks*）。

包容合并

互联网令我想到更多的是包容合并，而不是除异排外。

起源

说到我的策展思维，我的灵感应起源于前互联网时代。1985 年，我遇到了有远见卓识的瑞士画家彼得·菲施利（Peter Fischli）和大卫·魏斯（David Weiss）。同他们的一席谈话使我解放了自己关于展览应该是什么样子，以及策展应如何还原真实的想法。互联网的到来对我而言是一个触发点，它让我更多地用乌力波列表（Oulipian list）的模式来想问题，这种列表模式是虚实结合且发展的，它往往具有非线性。你会发现，这个列表是不完整的。翁贝托·艾柯（Vmberto Eco）称万维网为“列表之母”，它具有无穷多的定义，并在持续地进化发展。

策展世界

互联网令我想到了广义上的策展概念，它源于拉丁语中的“curare”一词，策展原来是指“保管博物馆的物品”。而随着艺术的发展，策展一词的含义早就有所改变了。正如艺术不再局限于古典画派，策展也不仅仅是指画廊或博物馆，而是扩展到了各个层面。一种十分模糊同时又非常专业的策展概念被人们更广泛地使用，人们谈论着“网络策展”的概念，这标志了重新发现艺术策展将成为21世纪的社会工具这一历史时刻。

与世隔离

在互联网出现之前，我们日夜都会被电话和传真打扰。长久上网的事实更让我意识到拥有专注时刻的重要性。若想要远离外界的干扰，我必须处于完完全全的离线状态。我在家的时候一般不再接电话，只在有预约电话的情况下才接。保罗·陈说：“网络在线的世界纷繁美丽，而离线的世界却是高尚的。”

打破叙述的连贯性

从立体派画家和爱森斯坦到布莱希特，再到后来的克鲁格和戈达尔，电影蒙太奇作为一种打破时间和空间连续性的手段，一直是先锋艺术家们的主要叙事策略。就先锋派整体来说，至关重要的是，这种手法被当作一种“打破”传统叙事的方式。而互联网则已经使打破和组接成了人们日常生活的常态。今日，这种打破模式可以被利用并赋予诗意。它们可以在现实中创造新的连接、新的关系，以及新的现实：现实如同生命的蒙太奇，而生命如同打碎的现实。这不是一个故事，而是很多个故事……

怀疑

在互联网中，技术与物质信息的不可靠性让我想到了一个概念——怀疑。我认为怀疑变得更普遍了。艺术家卡斯滕·霍勒（Carsten Höller）发明了与单纯的再现相反的“怀疑实验室”。他告诉我：“怀疑和困惑是深藏在我们心中的一种难以察觉的隐藏状态。它常常令我们不安，并使我们认为这是一种价值观上的失败。”霍勒的信条是无为、不干涉。存在就是可为，无为也是可为的一种。“怀疑是活生生存在的，它会麻痹我们的确定性。”

发展中的展览

互联网使我感觉展览并非完成时，而是将来时。当我在策划一次展览时，我有时会想到随机算法、接入、传输、突变、渗透、循环等。互联网使我意识到展览并非是一个自上而下的计划，而是一个自下而上的自组织过程。

遗忘

不断增长、无所不在的互联网信息有时让我联想到遗忘的好处。人们急需一个拥有定量信息的有限生活空间吗？

写字及绘画

互联网的出现让我意识到了写字和绘画的重要性。早些时候，我都是用手写字来完成各种文稿，但是随着互联网的应用范围愈发广泛，我却慢慢发现有些东西在渐渐遗失。因此我萌发了重拾写字的念头。我开始手写信件，然后扫描它们并发送电子邮件。作为一个画廊主，从专业角度来说，我认为在现阶段的艺术生产中，绘画的重要性是不言而喻的。大家也可以在艺术学校的专业选择中发现这一点，绘画是一个非常容易出成果的领域。

身份

艾特尔·阿德南（Etel Adnan）说："身份是可变的，身份在于如何选择。"

非现实的思考

未来是由过去的碎片组成的。互联网将人们的思维更多地带到了现在时，并提出了什么是当代性的内涵问题。最近，乔治·阿甘本（Giorgio Agamben）再读尼采的《非现实思考》时指出，那些人都没有完美地与自己的时代相一致。正是由于这种可变性、这种时代错误，他们往往比其他人更热切地感知到并想要得到属于自己的时间。阿甘本循着这个研究给出了他对"当代性"的定义：当代性是一个人有能力感知模糊性，而不被时代的光芒蒙蔽眼睛。

有趣的是，这又将我们带到了天体物理学对当代性的解释上来，即模糊的相对性。看似模糊的天空中，有许多光线正全速向我们奔来，然而却始终无法到达我们这里，因为光线起源处的银河系正以比光速更快的速度永不停歇地远离我们。互联网和反对现在时之说的观点使我认识到了当代性的紧迫。当代就意味着要不断回到当下，意味着我们要通过打破和反连续来对抗时间的同质化。

地图

在我看来，互联网提高了地图在我思维方式中的存在感。对地图（如谷歌地图和谷歌地球）进行制作、更改以及合作共享变得更加容易。在关注了社交网站多年以后，我开始将地理维度作为关注重点。

新地域

互联网的优势和劣势都加速（也反过来被加速）了经济和文化的全球化。从一方面来看，同质化对世界艺术也会产生威胁。从另一方面看，差异化的全球性对话也有着空前的可能性。在历史的长河中从来不乏巨大的转变，例如 16 世纪时艺术中心从地中海沿岸向大西洋沿岸的转变。我们生活在一个世界中心逐渐向新地域转移的时期。在 21 世纪早期我们便见证了世界各地艺术中心百花齐放的发展状态。

无媒介生活，全新的生活

我越来越渴望无媒介的生活。在某些人看来，虚拟世界也许是对人体全新的解放和扩展，它也有可能威胁到人的身体。很多今天的视觉艺术家们会通过预约见面、去媒体化的主观方式进行沟通和交流。在音乐领域，唱片业的产业危机与现场音乐会的日趋流行同时存在。

平行现实

随着互联网的发展，还出现了新的投票区、新的微型社区。作为一个能够产生无限多联结现实的系统，它偏向于通过多个职能各不相同的子系统进行自我繁殖。因此，这让我想到了平行现实的生产，我们可把它作为多元宇宙的见证（物理学家们可能会这么说）。并且无论好坏，互联网允许隐藏在“人造现实”中的平行现实展现自我并进行全方位拓展。

对抗遗忘

我认为进行尽可能多的采访是很有必要的，这样可以保留过去几十年的智慧之果——特别是 20 世纪先锋科学家们的成果。他们现在大多八九十岁了，甚至更老，他们也是我经常采访的对象。他们那个时代的人没有接触过互联网，并且很容易被遗忘。瑞姆·库哈斯（Rem Koolhaas）告诉我，这种对抗可能会起到一个樊篱的作用，“以对抗在信息时代的核心中隐藏着的系统性遗忘，而实际上这很可能是它的秘密议程”。

21 世纪的沙龙

互联网让我反思我该将谁引见给谁，思考在 21 世纪时是应该通过互联网来介绍别人，还是在沙龙中当面引见。

34

CALLING YOU ON YOUR CRAP

回应你的废话

肖恩·卡罗尔（Sean Carroll）

加州理工学院理论物理学家，著有《从永恒到这里：对于时间终极理论的追求》（*From Eternity to Here: The Quest for the Ultimate Theory of Time*）。

我想说，互联网使人保持诚实。而我停下了笔，因为我想到几千位读者看到这一观点时一定会哄堂大笑。

那么我换种说法：互联网有助于达到诚实。很多人都想要诚实，但是需要抵抗很多冲动。我们渴望自己看起来聪明博学，我们想要去支持一个想说的观点，想要体验完成一次精彩演说后的满足感。在每天的对话中，当我们已经知道了一些专业知识和听众的意图后，这种冲动可能会让我们趋向于一种惰性：提出一个偏激的观点，阐述一些并不完全可靠的逸事。我们只是普通人而已。

没有什么比分布广泛、高度连接、即时反馈的互联网，更能够凸显我们喜欢过分夸张的天性了。互联网上不乏吹牛者和不实消息，但对于那些尽可能想要诚实待人的人，互联网则是一个无价的矫正器。

当其他条件都相同，了解真相便成为一种美德。但是还有一种美德，那就是对我们知道的事物抱有适当程度的自信。

我自己曾经深入研究过一些东西，也因此获得了一些专业知识；还有一些知识我是从某些地方读到的，或者从朋友那里听说的，听起来也蛮有道理。有些事情对一个客观的观察者而言完全没有道理，但却与我们珍视的观点一致。分清以上情况的不同是在知识上做到诚实的重要方面。

与互联网上的观点互动——我陈述我的观点，尽我所能去为之辩护，通过阅读一些我本不喜欢的书籍来拓展思维，这极大地帮助了我区分出既定事实和主观臆测的差别。在网上，总有人会回应你的废话。即便你不知道自己在说什么，总有些其他人知道。在讨论版、博客评论区、师生交流网站上，如果我说了一些有趣但不完全正确的事情，很可能会有人出来指正我。并不是每个人说的都必须听。我的责任是虚心接受批评并提高我的专业知识，这一直是我的工作。互联网仅仅是在帮我们做得更好。

差异不仅体现在使用互联网和与朋友围坐桌边闲聊时，它还适用于传统纸媒，如书籍、报纸、杂志等。有人可以写出一本书的评论或将投诉信寄给编辑，然而这与时间也有关系。若我早上写了一篇博客，直到中午吃饭前我收到的评论都是“这可能是我读过的你的文章中写得最烂的”或者是“你脑子里到底在想什么”，并附上了能够更正我的错误的链接，我恐怕就很难对此装作视而不见了。

我曾经听过一个例子，是关于互联网传播是如何用谎言和错误信息降低我们的话语水平的。有一则近乎疯狂的消息说，史蒂芬·霍金在英国的国家健康服务中心得不到好的照顾，然而事实是他的确得到了很好的照顾，这就是自我反驳。然而，用这个作为批评互联网的例子本身也是一种自我反驳。最初的谎言不是在网上，而是在制作精良的老式杂志中。20年以前，信息的传播范围仅限于读者阅读后脑海中留下的大致印象。但是今天，无数的在线资源开始取笑医疗改革反对者们喜欢的长篇大论。也许下一次社论作者会对他们举出的形形色色的反例更加小心一些。

当然，以上所有的都只是冰山一角。今天的互联网配置只是未来100年以后的雏形。大胆想象这个情景：挑选一个你最喜欢的植入大脑的芯片。减少噪音和连接信号的挑战最终是一样的。但时至今日，互联网对我们这些偏向于保持诚实的人是有巨大帮助的——只是这取决于我们如何利用其优势而已。

35

HOW I THINK ABOUT HOW I THINK

我如何思考我的思考方式

莱拉·博格迪特斯基（Lera Boroditsky）

斯坦福大学心理学助理教授。

让我们回顾一下互联网出现之前的一项技术：叉子。当我手握叉子（或其他任何一样工具）时，追踪我手部位置的多峰神经元会立即扩张它们的感知区域。之后，它们开始追踪更大的区域，并将视线扩展到我叉子范围内的一小块鲜嫩多汁的羊排上。我的大脑将我手中的工具吸收成为我身体的一部分。现在，这把叉子是一个重要的神经感知器官，是我身体的一部分。（如果你觉得把叉子作为自己身体的一部分听起来很奇怪，那么你可能需要知道，这个现象最早是由一位牙医发现的。他巧妙地成功训练了恒河猴用类似牙医内窥镜的工具来寻找食物。）如果手握一个叉子能够延伸我们的神经接受范围，试想手握一只鼠标并打开网页时会是怎样的画面。

诚然，过去10年的研究就已经表明，我们的大脑在不断变化、成长，并且随着我们接触世界的方式不同而快速适应改变。伦敦的出租车司机有着比常人更大的海马（人类大脑负责记忆方位的功能分区），因为他们要在伦敦迷宫般的路线中定位。玩电子游戏能显著提高人的空间注意力和物体追踪能力，能让一个普通的笨蛋拥有战斗机飞行员的注意力技能。照此发展下去，我们就是幸运的，因为由下丘脑控制的基本动力——著名的“4F”理论原来包括：冲突（fighting）、逃跑（fleeing）、喂养（feeding）和向你的父亲致以问候(how’s your father？)不需要第五个元素来增强：Facebook。顺便说一下，这就是我不加入社交网站的原因。我的下丘脑有更重要的事情去做，多谢！

我最喜欢的人类科技是我们不再视为科技的东西——它们就像是人类思想的自然延伸。数字是其中一个例子，它是人类发明的工具。一旦你掌握了它，你的内心就会有无穷的力量。写作是另一个例子。在文学界，只用一张餐巾纸和精心设计的污点就能诉说超越时空的复杂心绪，这已经不再是多么神奇的事了。然而，写作、制图和其他将内心思想具象化的工作都极速地扩大了我们的认知和交流能力。到现在为止，人类最伟大的技术创新（也是我花最多时间思考的）就是我们所说的语言。现在，有一种极其复杂的工具可以真正为人类改变很多事情。你觉得在电子邮件出现之前和朋友保持联系是很难的事情？好吧，你真应该在语言发明之前来试试！重要的一点是，我们所用来交流的语言不仅影响了我们的沟通方式，还塑造了我们的思维本身。

当然，还有一种简单、轻率的观点认为，人类的思维模式没有、也不会被科技改变。举个例子，我可以定义基本的思维机制是“不同神经元在不同时期起作用，这就是我如何思考的”。好吧，从技术层面上来讲这是对的，而且互联网也不能改变这一点。但在对人类思维方式更好的其他解释中，只要我们一直在研发科技，科技就一直在改变着我们。

不仅仅是塑造我的思维方式，互联网也在塑造着我如何思考我的思维方式。对思维本质感兴趣的学者长期将科技作为一种隐喻来解释我们的思维怎样运作。一开始说人的心理就像一块黏土板，后来又说像算盘、计算器、电话转接板、电脑和互联网。今日，新的工具继续被用作隐喻来解释思维，就像便利店一样，随处可见又不尽如人意。比如说，意识与Twitter并无不同——成千上万条消息相互传播，只有少数的消息能够成为热门话题。接受这点吧，丹尼尔·丹尼特！对人类意识的解释，只需要140个字，甚至更少！

36

I AM NOT EXACATLY A THINKING PERSON—I AM A POET

思想非我所长——我是个诗人

乔纳·梅卡斯（Jonas Mekas）

电影制作人，评论家，电影制作人（Film-Maker）合作社、实验电影院、影片资料馆联合创始人。

我是一个在乡村长大的男孩。在我小时候，我们那个有着20多户人家的村庄里只有一台收音机。当然，更别提电话、电视和其他电器了。在我14岁的时候我才第一次看到电影。1949年，在纽约我爱上了电影。1989年时，我又爱上了录像带。在2003年，我开始拥抱电脑网络技术。

我告诉你们这些，是为了表明我的思想已经完全投入到了互联网世界里。我并没有完全用互联网的思维方式进行思考，我现在只是在胡言乱语而已。

我现在可以告诉你的是，互联网已经开始影响了我的生活和我做一切事情的习惯步骤。互联网正在潜移默化地影响我的思维。

在2007年，我制订了一个“365天计划”，每天把一部电影短片放到网站上。我在做自己的电影的时候，整个过程是茫然的，我无法考虑观众。我知道电影会被放到一个发行中心，最终有人会看它。我随后得知，在我的“365天计划”期间，我将一部电影短片放到互联网上，一分钟内就会被全世界的人看到。我感觉像是在和他们对话。这很亲密，也很诗意。我不再考虑发行的种种麻烦，我只是在和一些朋友分享我的作品。这就像一家人一样，我喜欢这种感觉。这种心态对思维有什么作用已经不重要了，我不是一个思维缜密的人，我是个诗人。

关于互联网对我的影响，我想补充最重要的一点，即我开始更多地关注互联网正在消灭的东西，特别是书籍，还有大自然。简单地说，计算机的虚拟现实越拓展，我就越感觉我需要去喜爱和保护这个真实的世界。这不是因为感情因素，而是一个非常现实，甚至是生存必要的需求。我意识到，我可能会因脱离现实世界的文化和物质，而迷失自我。

37

KAYAKS VERSUS CANOES

皮艇与独木舟

乔治·戴森（George Dyson）

科学历史学家，著有《图灵的大教堂：数字宇宙开启智能时代》。

在北太平洋，造船的方式有两种。阿留申的皮艇制造者居住在贫瘠、没有树木的岛屿上，他们通过拼凑海滩上捡来的木头来搭建船的主体框架。特林吉特人的独木舟制造者在整片雨林中挑选原始木材，削除中间的部分，造出独木舟。

阿留申人和特林吉特人取得了相似的成果——用最少的材料造最大的船，但采用的方式截然相反。互联网引发的信息浪潮创造了一个相似的文化分界。我们曾经是皮艇制造者，通过搜集所有的信息碎片来搭建一个可以让我们航行的船只。现在我们不得不学习如何成为独木舟制造者，放弃无用信息，让其背后真正的知识显现。

我曾经是一个坚定的皮艇制造者，被训练得可以搜集所有可用的木材。尽管我讨厌不得不学习新技能，但那些不去学习的人只能在圆木头上划桨，却无法得到独木舟。

注：本文作者乔治·戴森的《图灵的大教堂》已由湛庐文化策划，浙江人民出版社出版。

38

THE UPLOAD HAS BEGUN

上传已经开始

萨姆·哈里斯（Sam Harris）

神经科学家，理智工程（Project Reason）首席执行官，著有《自由意志》（*Free Will*）。

现在有一个科学幻象，或者说是噩梦，即人类思想或许被上传到了一个类似互联网的巨型计算机网络中。我不确定我们是否能够破解神经代码，用二进制来解读我们的内在生命，但我注意到一些有预示性的上传已经在我的生活中逐渐开始。比如说，有一天我想引用亚当·斯密的著名篇章，是关于中国地震的。我大概回想了一下我的书架，试图寻找《国富论》。但是我家里有几千本书，而且摆放得杂乱无章。我还曾花了一个小时找书，又花了一个小时去浏览书中的内容，最终发现这根本就不是我想要的那本书。现在来看，我当时朦胧地记着要找的那本亚当·斯密的书叫《道德情操论》。我为什么不直接往谷歌里输入“亚当·斯密、中国、地震”，任务就完成了呢？！

当然，人们或多或少都会通过这种方式来依赖互联网，我甚至会依靠谷歌来唤醒我自己的记忆。我开始犯懒，并且倾向于拆解我的作品：一个在一场讲座中提到的事情会出现在一篇专栏文章中；这个专栏文章之后会被一本书收录；而书中的一小部分观点又会被另一个人在另一场讲座中陈述。这种情况会让我不禁想到：我到底如何、在哪些方面、在何种令人羞愧的程度上抄袭了我自己？再一次地，我的记忆之门不是从我大脑的内侧颞叶中开启，而是从遥远的计算机中开启的，并且那里的租金或许比我这儿便宜得多。

思维向互联网的迁移现在也延伸到了我的情感生活中。举例来说，我偶尔会参加一些公开辩论或小组讨论，对手是受过过多或过少甚至完全错误的教育的人。一天结束后，我的妻子和母亲都会问："今天怎么样？"现在我知道了，如果我不在线再看一次辩论，我就无法回答这个问题。因为我对已发生事情的记忆经常和看过辩论之后得出的印象不一致。那么，哪一个观点更接近现实呢？我学会去相信 Youtube 的版本。在任何情况下，这是唯一能够延续的版本。

逐渐地，我与其他科学家和作家之间的关系就完全建立在互联网上了。杰里·科尼（Jerry Coyne）和我只在墨西哥的出租车上见了一面，但这是在我们相互发了上百封邮件之后。我的发件箱中几乎存着我们说过的每一句话。因此，我们全部的关系都是可查询的了。我有很多朋友和导师基本上是以一种邮件联系人的方式存在着的。这让我的社群意识发生了深刻的变化。一些素未谋面的朋友比我最亲近的朋友更知道我明天会想什么。

回顾这些数字形式的通信时我发现了一些惊喜。最近我在发件箱中搜索"贝拉克·奥巴马"时发现，在 2004 年有人写邮件告诉我他想要把我的第一本书的副本给他的朋友奥巴马看看。为什么我不记得这种交流了呢？因为当时我根本不知道奥巴马是谁。搜索我的比特流，我不仅了解到过去的我是怎样的，还能领悟一些我过去永远都不会明白的事情。

但我绝对不会盲目迷恋电脑。我不从属于任何一个社交网站，我不发 Twitter（只是目前），我也不在 Flickr 上发照片。但即使如我这般，如果要回答神谕"了解你自己"这一问题，也需要到网上去查一查。

注：本文作者萨姆·哈里斯的《自由意志》已由湛庐文化策划，浙江人民出版社出版。

39

HELL IF I KNOW

鬼才知道

格雷戈里·保罗（Gregory Paul）

独立研究员，作家，著有《飞行的恐龙：恐龙和鸟类的进化与飞行功能退化》（*Dinosaurs of the Air: The Evolution and Loss of Flight in Dinosaurs and Birds*）。

作为那些预言人类在不久的将来会把思维都上传到网络机器上的人之一，我热衷于互联网。但是，我对于新的信息传播方式的思考仍然是原始和模糊的。

毫无疑问，互联网正改变着我的行为方式，并影响着我周围的世界。在谷歌输入“格雷戈里·保罗宗教社会”就会搜到近350万个词条。我不太确定这意味着什么，但这看起来让人印象深刻。英国报纸上有一篇关于我的社会学研究的报道，获得了超过700条评论。要是回到20世纪，我无法想象我的研究会在全球社会学界引发如此大的反响，因为当时还没有能够在线获取的学术期刊发行机制。相对于未数字化的世界，新的传播环境无疑改变了我的研究及发表论文的策略。即便如此，我也不完全确定我自己的行为是如何被改变的。唯一的办法就是进行一个平行宇宙的实验，两个空间的差别在于其中一个没有互联网，然后再看看我会怎样。

令人不安的是，互联网对依赖介质的传统模式产生了冲击，并摧毁了其中一大部分。我所在的城市已经没有一份真正意义上的大报纸了。小题大做的免费报纸《城市报》（*City Paper*）也只是它辉煌历史的一个黯淡影子罢了。我一直喜欢住在大型图书馆附近，因为我可以集中查阅各类杂志、浏览各类期刊来寻找都有哪些最新成果。因为我的研究是半随机性质的，所以我总是能很开心地发现一些有用的意外收获。现在霍普金斯图书馆已经大幅度减少了纸质杂志的存量而转向了互联网，因而现在这种乐趣也减少了很多。要寻找一篇特定的文章，上网搜索比较容易，而且能节约木材也是件好事，但是在图书馆电脑上查阅最新一期《地质学》（*Geology*）的内容却一点也无趣，还不方便。我想是因为我获取信息的范围变得狭窄了。这可不太好。

从乐观的方面看，在互联网出现以前，要寻找一些特定信息是极其困难的。当我还是个青少年的时候，我对 1941 年的“胡德号”沉没很有兴趣，但是好几年我都不知道这条著名的船的样子。直到我看到朋友的船只模型，在那之前我一直没看到过一张有关它的清晰图片。这种极端的数据缺失时代已经结束，这都要归功于维基百科这种网站。但即使是互联网也无法填满所有的信息空白。我们通常很难搜索到深入调查事件所需的模糊细节，它们有些只存在于书本之中。互联网的源信息需要参考书籍，但是如果互联网限制了手稿的长度，那么信息的质量将会遭到很大的打击。

至于互联网是否改变了我的思维方式，我想，在线应用程序促进了数据分析的发展，这有助于我扩展社会学兴趣和研究范围。在我乐于发掘的流行宗教思想领域，这有助于我得出超乎预期的答案。除此之外，还有一些微妙的影响，至于具体是什么我还不是很确定，因为还没有进行过平行宇宙实验。我担心屏幕与纸张大战带来的信息简洁性会缩窄我的注意力范围。这如同理查德·道金斯的“模因”像一本拙劣的科幻小说一样改变了我不情愿的想法。但这只是个非定量的概念、闲谈式的结论。也许，只是我以为我的思想改变了。也许这种新的安排无法改变我的心智，因为我的老式思想只适用于过去的系统。

新一代人是在复杂的数字化进程中成长起来的，无论好坏，也许他们正在发展更适合新范式的思维模式。但是，也许人类思维并没有人们想的那么容易受到外界因素的影响。而且互联网也许比它看起来更能重现复古的流行趋势。20 世纪的大众传媒的确是种创新，因为虚拟技术将人们从家庭娱乐者、创造者（围在钢琴边唱歌、作曲等）变成了几大主要媒体的被动消费者（坐在电视前操心远方的事情）。人们正用超级快速的数字技术取代自我创新和自娱自乐。这些是如何影响年轻一代的，还有待社会行为学和神经心理学的研究。

但是，老人和年轻人是怎样受到影响的也许没有多大的关系。处于21世纪早期，互联网革命可能比实际情况看起来更激进一些，它可能只是一场真正革命的前奏。当更高层次的网络大脑开始运行之后，人类对数字通信的掌控将会成为一个历史过渡阶段。超智能的信息思考和分享能力将会减少人类所能做的事情。这个相互连接的超级大脑会如何思考？鬼才知道。

40

IT'S NOT WHAT YOU KNOW, IT'S WHAT YOU CAN FIND OUT

你知道什么不如你能找到什么

玛丽萨·迈耶（Marissa Mayer）

谷歌搜索产品和用户体验副总裁。

重要的不是你知道什么，而是你能找到什么。互联网推崇智慧和批判性思考，并将生僻的事实记忆降级为思维锻炼或者娱乐。正是因为信息越来越丰富以及对智慧的强调，互联网才创造了一个所有事情都可以被知晓、查找的空间，条件是只要你能执行正确的搜索流程，或者联系到正确的人。互联网有助于更好地制定决策，促进人们更有效地利用时间。

与此同时，当在网上找不到我们想要的信息时，互联网也带来了挫败感：你说不在营业时间是什么意思？为什么我看不到这本书里某页的内容？如果没有逐字逐句的内容，难道也没有一些部分引用吗？你说这一页找不到是什么意思？

互联网能够极大地扩展信息的持续性和有效性，但是互联网还处于发展初期，不是所有的信息都能在网上找到。我发现我的思维已经适应了这种新的思考方式，那就是，完全依赖于信息的存在和可获取，以至于几乎无法得出以下结论：信息是找不到的，因为它还没有上线。

互联网也激活了令人惊奇的动态可视化技术，人们可以建构完美的信息展示平台，例如对照表、数据增强地图等。这些可视化成果，例如将全世界的新闻展示在一个球体上，或者做一个分类的机票价格表，都可以极大地增强我们对世界的理解和对机会的感知。我们能够立刻理解在几年前需要数月才能做好的内容。然而互联网的结构缺失则意味着，不是所有的数据都可以被可视化。要达到真正的自动化理解和可视化，我们需要那些可以更好地进行大规模运算的机器学习能力、实体抽取技术和语义学知识。

考虑到未来互联网的创新，最关键的问题或许不在于互联网是否改变了我们的思维方式，而在于互联网如何教会了它自己去思考。

TRUE, TECHNOLOGIES ARE THE GREATEST THINGS IN THE WORLD, BUT THEY HAVE FAR TOO MONSTROUS SIDE EFFECTS—AND ONES RARELY SEEN AHEAD OF TIME.

说实话，科技是世界上最好的东西，但是它的副作用太大，其影响往往难以预见。

——纳西姆·尼古拉斯·塔勒布（Nassim N. Taleb），《可预测性（和知识）的退化》

41

THE DEGRADATION OF PREDICTABILITY—AND KNOWLEGE

可预测性（和知识）的退化

Nassim N. Taleb

纳西姆·尼古拉斯·塔勒布

风险管理理论研究者，纽约大学特聘教授，

著有《反脆弱》《黑天鹅》。

我习惯性地认为问题在于信息将智人变为了蠢人，它我们的信心不成比例地膨胀，特别是在一些众声喧哗的领域（如传染病学、基因学、经济学等）。因此，我们总是知道的多，但做的少。在经济领域，人们往往会做一些愚蠢的冒险行为。刚做贸易时，我就有意控制对新闻信息的接收，所以看事情就能更清晰。我见过人们如何无中生有地制造理论，被随机事件愚弄。但实际情况更糟糕。补充说明一下，我现在认为，信息的大量提供和传播使世界趋于极端化了（也就是随机变量被极端事件主导着，其中黑天鹅事件就占了很大比例）。互联网通过信息传播增加了人们相互依赖的程度，使流行事物激增（如畅销书《哈利·波特》和银行挤兑风潮）。这样的世界更复杂，更不稳定，更难以预测了。

想象一下这一爆炸性的场景：更多信息（尤其是来自互联网的）导致人们更自信，产生了更多对知识的幻象，但信息的可预测性却降低了。

在2008年的经济危机中，全世界约有100万人从事与经济学有关的工作。但只有极少的人意识到将会发生严重的经济危机，并避免了严重的后果。人类历史上从未产生过如此多的无知和傲慢（看看天气预报的错误就知道了）。历史上也还从未有过银行家失去基本的风险预测能力——例如债务等级，这是连古巴比伦人都清楚的事情。

最近我与一个非常博学睿智的学者聊天，他就是乔恩·埃尔斯特（Jon Elster）。

埃尔斯特在探索社会科学的主题的同时，还从过去2 500年的作家文集中整合了各种思想，从西塞罗（Cicero）、塞内卡（Seneca）到蒙田和普鲁斯特。他向我展示了塞内卡对“损失规避理论”（loss aversion）[①]的精妙理解。我为在互联网上虚度光阴感到愧疚。回家后，我在邮件中看到了17世纪一位法国主教胡爱（Pierre Daniel Huet）的遗著，名叫《胡爱之书》（*Huetiana*），大约在1722年由其仰慕者汇编而成。令我伤心的是，我比胡爱晚生了大约4个世纪，并且读到的他大多数的文章都是辑佚之作，但我的思想并没有更超前。现代精英并不比古代的同侪更有智慧。

所以我现在尽量克制自己上网，目的是更好地理解世界，即为经济政策制定者犯下的可怕错误再打一个赌。我不是彻底离开互联网，只是严格遵守计划。说实话，科技是世界上最好的东西，但是它的副作用太大，其影响往往难以预见。在几乎没有信息污染的图书馆静静地度过时光，我对此感到无比和谐，觉得自己又在成长。

[①] 损失规避是预期理论的核心部分之一，指等量的损失和获得产生的心理效应并不相同，前者要大于后者。损失规避常见于经济和消费领域，可用于解释行为决策中有悖于规划化理论的诸多现象，如禀赋效应、现状偏差、股权溢价之谜和赢者的诅咒等。——译者注

42

WHAT I NOTICE

我注意到的事情

布莱恩·伊诺（Brian Eno）

艺术家、作曲家、录音艺术家，U2 乐队、酷玩乐队（Coldplay）、传声头像乐队（Talking Heads）和保罗·西蒙（Paul Simon）的音乐制作人。

我注意到，一些激进的社会实验运行良好并没什么问题。在 50 年前，极端理想主义者将互联网视为乌托邦，其中就包括开源代码、分享软件和免费软件、维基百科等。

我注意到，互联网并没有如我们预期的那样解放全世界。压制型的政府可以使它关闭，自由型的政府也可能把它当成宣传工具。还好，我注意到了互联网并不稳定的可信度使人们也开始质疑从其他媒介得到的信息。

我注意到，我现在消化的知识的来源比过去的范围更广，这就像打补丁一样。我还注意到，我更少倾向于寻找已经组接完成的叙事，并更喜欢拼贴自己找到的东西。我注意到我读书时更加不求甚解，看书像浏览网页一样，经常给它们加上书签。

我注意到，生物化学家达里尔·梅瑟（Darryl Macer）在世纪之交的梦：绘制一张观念的世界地图正自发地以互联网的形式成为现实。

我注意到，我与更多的人打交道但却很少有深交。我注意到，一种仅在互联网上存在、几乎没有实体构成的亲密关系是可能的。我注意到，不与合作者见面也能够进行如制作音乐这样复杂的社会交往。我对因此而产生的价值并不信服。

我注意到，“社区”的概念改变了，这个词之前的意思是人与人在物理和地理上的某种联系；而现在它可以表示“任何有共同兴趣的单元”。我注意到，我现在属于上百个社区，比如对民主感兴趣的社区，对合成器感兴趣的社区，对气候变化、脱口秀、版权法、清唱、扬声器、实用主义哲学、进化论等感兴趣的社区。

我注意到，人们对社区的渴求是如此强烈，以至于几百万人同时归属于一个完全虚构的社区，比如游戏《第二人生》和《魔兽世界》。我担心这些人会以牺牲他们的“第一人生”为代价。

我注意到，我把更多的时间花在了斟酌字句上，因为这就是互联网的流通货币。我也不再写日记了。我注意到，我怀念传真机的消逝，它比电子邮件更私人化，因为它允许涂画和手写。我注意到，我的思维开始语言化，而不是视觉化了。

我注意到，“专家”的概念改变了，“专家”以前是指“拥有专门信息渠道的人”；而现在，由于如此多的信息在每个人之间平等共享，“专家”的概念就变成了“能更好地解读信息的人”了。评论已经取代了渠道。

我注意到，我已经变成了互联网的奴隶，我每天会查好几遍电子邮箱，担心收件箱中有成堆的未回复邮件。我注意到，我想拥有一个无人打扰、独自思考的上午是很困难的。我注意到，经常有人希望我能立刻回复邮件，而且我若不去立刻回复也很困难。我注意到，我因此变得很冲动。

我注意到，我会更多地给网上的请愿活动捐款。我注意到，文化基因现在可以像病毒传染一样地通过互联网进行传播，而且传播的并不总是好的文化基因。我注意到，我有时会为我其实并不了解的事情请愿，因为这很简单，我猜想这种不负责任的行为应该很普遍。

我注意到，互联网取代的每一样东西都会在其他地方以改良后的形式出现。比如，音乐人以前是通过巡回演出来宣传他们的唱片，但是自从网络非法下载盛行后出唱片不再那么挣钱了，于是音乐人现在靠做唱片来为他们的巡演做宣传。书店的员工了解书，唱片店的员工了解唱片，这种现象已经很常见了。

我注意到，互联网提供了免费和廉价的东西，“真实体验”，即那些无需中介的个人体验变得更加珍贵了。我注意到，创作者更加注意他们作品的不可复制性，“原版”取代了可复制版。

我注意到，我们很少有人会想到如果互联网崩溃了将会引起怎样的混乱。

我注意到，比起互联网，我的日常生活被手机改变得更多。

43

THE INTERNET HAS BECOME BORING

互联网已变得无趣

安德里安·克雷耶（Andrian Kreye）

《德国日报》（*German Daily*）艺术和散文专栏作者，《慕尼黑南德意志报》（*Süddeutsche Zeitung*）编辑。

我现在的思维更敏捷了。互联网在某种程度上将我从20世纪的负担中解放了出来：相互往来的负担，协调沟通的负担，还有传统读写的负担。我想，如果我的生活中不是一直存在这些多余的负担的话，互联网对我来说就不会有这么大的益处。如果不断加速的思维造成了我思维方式的改变，那么互联网做了一件了不起的事。

我不是最早的互联网使用者，但是我适应的过程却从很早就开始了。之前我一直不明白互联网会给我们带来什么，直到1989年在麻省理工媒体实验室里的一个下午，马文·明斯基告诉我说，计算机的特征不在于它本身有多大的力量，而在于它能连接什么。几年以后，我在旧金山偶然发现了网络朋克，那时"聪明药"开始流行（它并没什么作用）。蒂莫西·利里（Timothy Leary）宣布，虚拟现实是下一代迷幻剂（却至今未成功），托德·伦德格恩（Todd Rundgren）也宣称，创新工作将会过剩，却没有同样多的好点子（现在体现为对业余爱好者崛起的哀思）。仍然是陈旧的地铁装载着新兴的文化。这种新文化是由思想所驱动，而非艺术所驱动的。我遇到克里夫·菲加洛（Cliff Figallo）时，他正经营着一个叫WELL的虚拟社区。他把我介绍给约翰·巴洛（John Perry Barlow），巴洛刚刚创设了电子前线基金（Electronic Frontier Foundation）。这个名字说明了一切：这是一个新的前线。

我仍然花了好几年才明白这一点。在一个让人窒息的夜晚，在塞内加尔达喀尔市中心的出租房里，为了解决不兼容的插座问题并让我们的手提电脑可以连接巴黎的某个站点，我和我的摄影师拆解了一根电话线和一个调制解调器。此举可使我们省掉做实地调研的一整个星期时间。现在我的思维开始变得比在波士顿和旧金山时更敏捷了。在不断减轻上文所说的负担之后，互联网让我能够更集中精力于记者本应该完成的任务上，即寻找事件的关联、意义，并用尽可能简单的方式说清楚复杂的话题。

互联网在过去几年里最重要的发展可能是，它给了我们自由的同时，让我们变得无聊。那些带着手提电脑从非洲远程登录的冒险岁月已经不在了。即使是在这个星球上最偏远的地方，上网也仅仅意味着只需打开你的机器。这种模式统治着整个互联网。Twitter 是互联网应用发展以来最简单的一种形式，但是它也在许多方面加速了我的思考。Facebook 本身也是个无聊的东西，但是它建立了前所未有的全新网络。将所有的媒体都集成为博客变得如此简单，以至于连孩子都会做，所以论坛变成了测试事物的新可能性的绝佳地方。我不再研究互联网，我只是使用它。

然而这些都不一定能造成我的思维的改变。我并未因互联网而改变我的思想或者信仰。当我坐在电脑前面，就再没有过顿悟。至今为止，互联网没有给过我难忘的经历，尽管它给我引荐了一些东西。人、地点、经历才是能改变我的思维方式的东西。

44

THE DUMB BUTLER

沉默的管家

乔舒亚·格林（Joshua Greene）

哈佛大学认知神经科学家、哲学家。

你是否曾经在读某本1990年之前出版的好书时觉得："我的天啊！这些思想都太原始了！这也太……前互联网时代了！"我没有这么觉得过。互联网并没有像我们所想象的那样改变了我们的思维，就像微波炉并没有改变我们消化食物的方式。互联网给我们提供了史无前例的信息渠道，但是一旦信息进入了我们的大脑，互联网就没有办法改变我们处理它的方式了。这是因为互联网还不知道（暂时不知道）如何去思考。我们还得自己来，并且用一种古老的方式。

互联网的早期失败之一是现在已经消失的网站Ask Jeeves。（它后来被Ask.com接手，2006年的时候去掉了Jeeves。）Jeeves是以一个有超高能力的信息仆人的形象登场的，它可以理解并解答用自然语言提出的问题，譬如："东亚经济是如何被拉丁美洲债务危机影响的？""为什么这些傻瓜们会陷入爱情？"。任何一个多花几分钟时间问Jeeves问题的人很快就会发现，它并不明白"蹲"是什么意思。Jeeves就像其他的搜索引擎一样，无意识地将你问题中的关键词与网上找到的答案搭配起来。Jeeves对深奥问题能做的最大努力——这也是目前搜索引擎能做到的，就是帮你指出另外一个曾试图回答这一问题的人的想法。这并不是说文化产品无法改变我们的思维方式。

政治哲学家吉姆·弗林（Jim Flynn）记录了在20世纪人们智商的显著提升情况（弗林效应），他把这归因于我们抽象思维能力的提升，继而又归因于人们对现代市场的认知需求。为什么互联网没有一个可比对的效应呢？

在我看来，答案是主人和仆人的角色已经被对调了。我们对互联网有需求，但是互联网对我们没有基本的要求。从这个意义上看，互联网真的只像个仆人。它尽快地给予我们想要的，但它不能给我们那些我们没有提出要求的东西，它除了要求我们给出明确的指示外就不会再要求更多。

有一天，我们会对复杂的抽象思维有具体的了解，这可以让我们建造一个可以替我们思考，或者是比我们思考得更好的机器。也许它可以教我们做一些事情。但在那之前，互联网就只是一个有用但沉默的管家而已。

45

ATTENTION, CRAP DETECTION, AND NETWORK AWARENESS

注意力、发现废话与网络意识

霍华德·莱茵戈德（Howard Rheingold）

传播学专家，著有《聪明暴民》（*Smart Mobs*）。

数字媒体和网络可以使运用它的人更强大，同时也会给那些不知道自己在做什么的人带来危险。诚然，人们在网上很容易就会分心，被错误信息误导，使精神碎片化而不是集中起来。这些精神上的诱惑只会给没有受过思维训练的人带来危险。我们应学会管理思维以便使用工具思考而不丢失重点。我愿意付出这样的代价来获取互联网提供的资源。

那些不具有基本注意力素养（包括辨别真假、参与、合作、自我保护意识）的人容易陷入批评家指出的所有陷阱：浅薄、轻信、分神、异化、上瘾。我担心数十亿网民根本不知道该如何寻找知识并验证其准确性、如何积极宣传和参与进去而非被动地消费、如何在网络环境中管理自己的注意力，以及如何、为什么需要在越来越有侵略性的环境中进行隐私保护。

作为专业作家，我生活的现实是，文字若卖不出去，钱就不进来。这使我形成了一套自己的方式和法则。我知道其他人已经远超我的实践，也已掌握了我琢磨出来的思维习惯。我觉得学习这些技巧不会比学习乘除法更困难。我强烈建议研究人员和教育人员更系统地想一想我指出的这些。

20 世纪 70 年代起我开始成为自由作家，我最重要的工具就是一张图书馆卡、一个打字机、一个笔记本和一台电话机。80 年代早期，我就对施乐帕克研究中心（PARC）的人产生了兴趣。他们用电脑来编辑文本，而不是物理上的剪切、粘贴和录入文字。通过施乐帕克研究中心，我认识了道格拉斯·恩格尔巴特（Douglas Engelbart），恩格尔巴特在职业生涯的前10年都在试图向人们证明用计算机来论证人类的智力并不是个疯狂的主意。恩格尔巴特在60年代开始证明计算机可以自动完成一些低级别的认知任务，例如剪切、粘贴、修订，它还可以作为智能工具，比如用来建立超链接。这是古登堡时代的科技完全不能做到的。

恩格尔巴特相信，使用这种新的计算方式可以提高人们解决复杂问题的能力，获得满足自我特定需求的领悟力，并给出最终解决方案。在这一方面，网络所能增强的能力指的是：更快、更好地理解，并且理解那些在以往复杂情况下不能理解的问题；更快、更好地解答，并且解决以前看起来无法解决的问题。①

尽管在使用这种方式的过程中受到了严重警告，其中还存在无法预测的副作用，但恩格尔巴特预测的实现让他自己也吃了一惊。他深知，这为网络增强技术打开了一道机遇之门，重要的是“知道应该怎样”和“怎样知道”实现它。

一开始，恩格尔巴特强调：在斯坦福研究院里创造出来的软件和硬件，从鼠标到超链接，再到处理器，都是包含“人、语言、设备、方法论和设备”在内的整体系统的组件。在互联网出现以前，令恩格尔巴特感到沮丧的是，人们虽然在制造能力上取得了许多进展，但是对语言、方法论和训练的研究少之又少，而这正是增强技术能力所必需的。

注意力是最基础的素养。我在互联网上的每一秒钟，都要决定应该把注意力放在哪里。我应该看评论，还是标题呢？每次有吸引人的链接出现的时候我都要回答自己这个问题。我做决定的第一步就是应该意识到，网络生

①

恩格尔巴特，《增强人类智能：一个概念框架》，摘要报告 AFOSR-3233，斯坦福研究院，门罗公园，加利福尼亚。1962年10月。

活需要做决定。我学着调整一个基础的过滤器，它决定着什么可以被允许进入我的大脑。只要我勤加练习，这个过滤器就会受我控制。第二步是，如果我认为它值得占用我的时间，那我是否该打开浏览器上的一个链接。第三步是，如果我对一个网页很感兴趣，可能未来的某一天还想再参考一下，那么我是否要给这个网页做一个书签。对我们注意力的驯化始于冥想者所说的"正念"，即对自我影响、对注意力如何徘徊的察觉。

网络生活不是孤单的，它是有社交性的。当我对一个网页、视频、图片留下标注或者做了书签的时候，我的决定对他人而言就是透明的。当我通过搜索关键词来学习一个话题的时候，当我通过搜索关键词寻找一张图片的时候，我就能从别人相似的知识管理中获益。知识共享和集体行为包含合作的素养。

辨别真假能力是另一个重要的素养。数字图书馆管理员用海明威的名字来表示对可信度的评估。如果孩子们在第一次上网前都应该学会一项技能的话，我想那应该就是寻找答案并评估答案是否准确的能力。

自我保护意识，从弱连接的力量和团体的特质到公众的力量，Facebook将如何以及为何要改变隐私设定，将是我接下来要讲述的。互联网不是魔术，掌握其中的操作规律会赋予有知识的人以力量。如果没人来指导你如何健康地使用互联网，你又怎会不以混乱、容易疲惫、片段化的方式来上网呢？那么，人们会以影响了自己如何思考以及思考内容的方式来上网就不可避免了。

这些毁灭性的影响是可以避免的。网民的健康将取决于他们是否能够真正精通其道。

46

INFORMATION METABOLISM

信息的新陈代谢

埃丝特·戴森（Esther Dyson）

医疗保健、人力资本和航天初创领域企业董事会成员和投资人，埃戴产业控股公司（EDventure）董事，互联网名称与数字地址分配机构（ICANN）前主席，著有《版本 2.1：为生活在数字时代的设计》（*Release 2.1: A Design for Living in the Digital Age*）。

我热爱互联网。它是个很棒的工具，因为它内容丰富且价值中立。任何人都可以根据自己或好或坏、或大或小、或微不足道或十分重要的目的使用它。它公平地传播各类内容，包括单向的或双向的、广告性质的、公开的或私人的信息，以及文字、图像、音频和数据。

但是互联网的确有一个压倒性的特点：即时性。（当即时性被打破，用户将会咬牙切齿。）这种即时性是很有魅力的：你可以立刻得到回复和反馈；如果你很孤单，你可以上线立马找一个可以聊天的人；如果你想要做业务，你可以大量群发电子邮件，而且多多少少都会得到一些回复的——0.002% 的回复率说明你可以得到 200 封回信（包括一些恐吓邮件）；如果你想要做点好事，网上有成千上万的好事会为争取你的点击而彼此竞争。

但是有时候我会想，我们从网上得到的大多是空的卡路里。互联网的糖分，包括短视频、朋友的段子、博客、Twitter（即使是博客在现在看来也显得冗长了）、广告窗、视觉化……都太容易吸收也太诱人了，最终只会让我们更饿。

更糟糕的是，如果长期吸收这样的糖分，很多人会在基因上失去吸收糖分的能力。这会让我们长期萎靡不振，并且会导致消化不良和低血糖。如果是这样，信息是否也是糖呢？我们会在特别渴望它的同时对它过敏吗？那么什么会成为信息胰岛素呢？

本着简洁而不是即时性的精神，我将这些问题留给你来思考。

47

CTRL + CLICK TO FOLLOW LINK

Ctrl+ 点击，进入链接

乔治·丘奇（George Church）

遗传学家、哈佛大学教授，个人基因组计划主任。

如果时间允许，我将会以“互联网怎样改变了你的思维”中的“怎样”来开始，不是“什么程度”或“以什么方式”，而是“以什么目的”“生存，这是一个问题”。

互联网给全世界的所有已知智慧带来了一场现世危机，还是更好的生存之道？是的，从《易经》到电子革命，我们已经看到了巨大的变化。

是的，互联网消耗了 1 兆瓦电能，但是这仅仅是人类能源消耗的 0.7%。

是的，互联网会将“Twitter 一代”的注意力碎片化。（在我的世界里，因受嗜睡症和阅读障碍症的困扰，在 1968 年便开始上网阅读和聊天并不是什么了不起的事。）

在楔形文字出现以前，我们推崇史诗。在古登堡时代以前，我们赞扬好的手写作品。我们仍然惊讶于线性记忆，鲁超能背出圆周率的 67 890 位数字，金·皮克（Kim Peek）能够背出 12 000 本书（6 万兆字节），虽然这和互联网的 10 艾字节相比显得渺小得多（5 年之后又会翻倍）。

但是，互联网的神奇之处不在于其存储功能（或算数功能），而在于它的连接性。从脚注到超链接再到搜索引擎，互联网为我们打开了一扇循证思维、建模、合作的大门。它将自身从单纯的文本转变成能够寻找地理位置和进行人像修复的谷歌。

但是，它仍然不能做爱因斯坦和居里夫人所做的事情。灵长类动物的大脑产生了巨大变化，单看脑容量就从早期猿类的400ml到直立猿人的750ml，再到穴居人的1 500ml。

"互联网改变了你的思维方式吗？""目的是什么呢？"在下一个附近的超新星爆发之后，我们会怎么看待重建臭氧层这件事？怎样推开下一个冲向地球的小行星？怎样在我们密集而高度混杂的人口中控制某种流行疾病？我们将如何通过解决今天的燃料、食物、心理和贫困问题（这让全球人类的大脑都无法发挥其潜能），为这些罕见事件做出相应的准备？答案就在互联网吹起的这阵风中。

Ctrl+点击，进入链接

48

REPLACING EXPERIENCE WITH FACSIMILE

用复制品代替真实体验

埃里克·菲施尔（Eric Fischl）、**阿普里尔·戈尔尼克**（April Gornik）

视觉艺术家。

我们将问题重新解读为：“互联网如何改变了你看问题的方式？”对于视觉艺术家来说，观察是思考的核心。互联网组织了信息并建构了我们进行思考和感受的方式。这就是我们如何连接的。

所以，互联网如何改变了我们的视觉呢？这些改变是微妙而深刻的。它们不是借助计算机开始的，而是借助照相机和其他胶片媒介开始的。而互联网让这种改变呈指数级上升。

改变的结果就是视觉信息的均化，这与互联网呈现出了相同的特质。对于艺术品来说，一种损失是比例上的，另一种损失是材料和制作过程的改变。当用影片或照片的形式来呈现时，所有的视觉信息“看起来”都一样。

艺术品都有一种基于比例和物质材料的独特活力，给观赏者以美的体验。一次强大的视觉体验能够让观赏者精确地融入艺术创作者的视角。随着视觉信息逐渐扁平化，以及在艺术品再生产过程中对尺寸的随意改变，艺术品比例的意义已经被侵蚀了。其所传达出来的视觉信息变得仅仅基于图像本身了，人们对艺术品的体验也被复制品取代。

互联网也的确有益处，它能够让人们轻易地获取每一个事物的图像，这会让人产生一种关于知识和体验的虚假幻想。只用图像来描绘的世界并不能给人们带来实地观看艺术品那样的感受和体验。或许可以让一个有过艺术体验的人在互联网上“转译”他看到了什么，但这离真正的体验还差得很远。

正如约翰·伯格（John Berger）在发表于1978年的文章《摄影技术的应用》（*The Uses of Photography*）中所说的：“摄影机的本质是允许我们遗忘的记忆设备。”也许互联网也有类似的功能。从艺术的角度来说，互联网扩展了再生产的范围，改变了我们认识事物的方式。它传播复制品而减少了我们去亲身体验的机会。

49

OUTSOURCING THE MIND

外包思想

格尔德·吉仁泽（Gerd Gigerenzer）

社会心理学家，德国柏林马普所（Max Planck Institute）人类发展研究中心主任，著有《直觉：我们为什么无从推理，却能决策》。

1989 年秋天，当来到帕洛阿尔托的高级研修中心时，我瞄了一眼我的新隔间办公室。让我震惊的是，那里完全没有科技产品。没有电话、电子邮件或其他任何通信设备。没有东西能够打扰我的思维。当你需要的时候，相关的科技可以在办公室外获得，但是绝对不允许带进办公室。这种“防护带”是为了确保学者们有时间去思考，并且深思。

然而，这个高级研修中心也像其他研究所一样，目前已经屈服于技术。如今，人们的思维大都处在一种高度警醒的状态，等着下一封邮件、下一条短信，好像这里面会有惊天动地的终极思想一般。令我惊奇的是，从事思考工作的学者们会轻易地让自己的注意力被外界控制，每分每秒都是如此，就像让一个突然打来的电话干扰一场良好的谈话。如果有信息不停地在我的屏幕上弹出，我就不能正常思考。秉持着研修中心的精神，我每天只查一次电子邮箱，不打电话的时候手机保持关机。不被打扰的一两个小时，就是我的天堂。

但是，互联网可以用一种更积极而不是被动反应的方式来使用，也就是说，不要让它来决定我们可以思考多久以及什么时候该停止。那么问题来了，这种积极的使用方法能否改变了我们的思维方式呢？我相信答案是肯定的。互联网让我们的认知能力发生了转变，从向内心寻找答案转变为向外界寻求答案。但这不是第一个能够让我们变得如此的科技了。

想想那些比其他任何东西都更能改变人类精神生活的发明吧：手写和印刷术。手写使得分析变成可能，它允许我们去比较文本，而在口头上这是很难实现的。手写也让精准变成可能，例如在高阶算法中，若没有任何的书写，其发展很快就会受到限制。但是手写也令长时记忆变得没有过去那么重要了，学校也把记忆技巧大量地替换成了读写训练。大多数人已经不能再像口语时代一样，背诵长篇故事和歌词。现代人的长时记忆能力普遍低下，更加健忘，并且更常向外界资源，比如书本，而不是自己的内心搜索信息。互联网扩大了这种由内向外的变化趋势，并教给我们用搜索引擎来寻找所需东西的策略。

这并不是说在手写、印刷和互联网时代之前，我们的思想没有从外部世界获取信息的能力。但是，这些外部资源是其他的人，我们所需的技巧则是社交能力，例如劝服和谈话的艺术。但若是从维基百科获取信息，那么社交技巧就没什么必要了。

互联网从本质上说是一个巨大的信息存储空间。我们正在逐步向大脑外包给电脑的信息存储和提取功能进化，正如许多人已经将心算能力外包给口袋里的计算器一样。我们在这一过程中可能会丧失一些技巧，例如长时间集中注意力的能力、长期记忆大量信息的能力，但是互联网正教会我们获取信息的新技能。

明白人类智力和科技是同一个扩增的系统很重要。互联网也是一种集体记忆，直到新技术出现并且取代它之前我们都要适应。到时候我们就会开始外包其他认知能力，但愿，也能也会学到更多新的技能。

50

A PREHISTORIAN'S PERSPECTIVE

一个史前史学者的观点

蒂莫西·泰勒（Timothy Taylor）

考古学家，维也纳大学人类史前史教授，著有《人造猩猩：科技如何改变人类进化的进程》（*The Artificial Ape: How Technology Changed the Course of Human Evolution*）、《斯坦福极简经济学》（*The Instant Economist*）。

我不认为互联网显著改变了我们的思维方式：它是为像我这样的人，而被像我这样的人设计出来的，其语言基本就是英文。互联网从根本上反映的是西方世界、唯物主义者、客观主义和组织数据的驱动力，互联网加强了我趋同地思考的能力，让我可以更长时间、更频繁、更专注地工作，也将我从图书馆的社会暴力和邮件的不确定性中解脱出来。然而，互联网改变了我思考的东西——尤其是人类正走向何方的问题。从一个史前学家的角度来看，我们已经回到了我们进化的原点。

当200万年前第一件石器被打磨出来时，它标志着一种新的存在方式。祖先们学会了制作打火石的斧子，那些初次制成的手工制品反过来构建了他们共享和开始用语言自我表达的反思意识。一把斧子既可以被制作也可以被描述，既可以被使用也可以被谈起。这项发明促生了人类思维最早的统一模板。我们甚至可以认为它实际上创造了人类的特质。

接下来发生的事情众所周知：科技加速了人的适应性。祖先的原始文化向各大陆传播开来，并且演变成多种文化。孤立的群体无意识地获取了更多的个体特质；而那些发现自己需要和别人为相同资源竞争的群体，则努力使自己与邻居区别开来。这个不停加深的文化差异促进了人们对敌人的人性丧失，这是由技术进步引发的战争所必需的要素。

大约 5 000 年后，随着手写技术的发展，统一再次开始了。战争还没有结束，但是新想法开始被翻译，并被广泛传播开来。互联网的成熟标志着这一过程的结束，一个完整连续的人类文化景观又得以重现。现在，我们在同一种语言下团结一致，并共享我们祖先所创造的技术。

所以，最重要的一点是，我们又回到了原点，回到了一个共享人类思想模板的时代。从现在起，对客观科学成果的无知丧失了借口，故意不承认我们共有的人性，并以此来培养仇恨也站不住脚了。然而，尊重差异也有它的局限性：共享人性意味着我们必须尽快达成关于共同价值标准的共识。互联网意味着整个部落都要对共享的未来做决策（因为这是必须做的），我们无处可藏且责无旁贷。

AMPBELL

THOSE WISHING TO PROMOTE THE VISIBILITY AND, DARE ONE SAY, USEFULNESS OF THEIR OWN WORK AND OF THEIR DISCIPLINES SHOULD HOTLY PURSUE ONLINE AVAILABILITY OF ALL TYPES OF SUBSTANTIVE TEXTS AND, CRUCIALLY, INCLUSIVE INDEXING.

那些希望提高可见度、勇于提高专业成果应用性的人应该热切追踪各类在线文本，以及至关重要的兼容性索引。

——**菲利普·坎贝尔（Philip Campbell），《找材料依然是个挑战》**

51

FINDING STUFF REMAINS A CHALLENGE

找材料依然是个挑战

Philip Campbell
菲利普·坎贝尔
《自然》杂志主编。

不管怎样，当我思考的时候互联网正在发生改变——夜间的想法可以立刻成为现实。更重要的是，互联网不可估量地扩大了我的思考范围，加速了获取相关材料的速度。但挫败感开始出现，因为有限制的地方就有摩擦。

我们看到科技取代了纸张，并保留了其便于携带、方便使用及格式多样化的特点。针对增值内容的即时付费将变得更简单，在很多场合变得习以为常。

但找材料仍然是个挑战。出版商和其他品牌如果以用户为中心进行开发，就自然会帮助那些用户寻找特定类型的内容。但是，大品牌提供的内容远远不能涵盖所有重要话题，这就是强大而兼容的索引系统如此重要的原因。

我常常感到不快：全世界的生物学家完全依赖由美国纳税人资助的文献索引系统 PubMed。这个系统具有的非凡价值，照顾到了研究人员和出版商的多方利益，既让他们的成果可便于获取，又不破坏固有的商业模式。

我有充分的理由再强调最后一点。我所在行业最糟糕的举措（被自己的短视打败）出现在 21 世纪的最初几年。由于受到出版商的游说，美国国会无视 PubMed 已经被证明的价值，拒绝支持建设同级别的搜索设施 PubSCIENCE——由美国能源部建立的用于物理学和能源研究的索引。说客们错误地认为它与私营数据库形成了竞争关系。这一系统在 2002 年被放弃。结果，出版商失去了机会，其他人也没有获得好处。毕竟，能源研究非常急迫，并且非常符合美国以及世界的利益。

PubMed 对索引的内容施加了过于保守的限制，但它仍然是座灯塔。所有从事自然科学研究并对社会科学感兴趣的人，比如我，都知道相比之下，寻找分散在图书、报告和未被索引的期刊中的文献是多么令人绝望。谷歌学术搜索具有某些价值，因为它提供了一些“灰色的”文献。但它的算法自成体系，依照我的经验，这可能会遗漏部分文献。并且，有些时候图书和报告本身很难获得。

有些基金会和资助人在支持文献数字化上比美国国会更有智慧。很多大学也在建立自己的在线素材库，尽管成功的不多。

怎么做都行！那些希望提高可见度、勇于提高专业成果应用性的人应该热切追踪各类在线文本，以及至关重要的兼容性索引。

52

TRANSIENCE IS NOW PERMANENCE

瞬时成为永恒

道格拉斯·库普兰（Douglas Coupland）

作家、艺术家、设计师，著有《A一代》(*Generation A*)。

互联网给我们提供了在10年前根本无法想象的无穷知识，这让我变得十分随意。我现在会想，上帝是否会因为了解一切而感到厌倦呢？

互联网逼迫作为创造者的我去思考自己究竟是谁，对我，或者对任何一个其他人来说什么是独一无二的。我喜欢这样的感觉。

互联网逼迫我承认了一个事实：我的母亲会上网访问很多吓人的内容——那些东西我可能永远都不会知道，我也永远不想知道。我在某种程度上已经不相信天真朴实了。

互联网戏弄了我对永恒的看法。每一个微小的短暂瞬间现在都能永远留存：作业、电子邮件、图片等。昨天我试着查找一个金宝汤业公司的停产品牌“面条和牛肉馅”，结果借助谷歌图书馆在 *Ebony* 1976年2月刊的第37页发现了它，上面说一道西红柿牛肉汤的食谱中需要一罐这样的罐头汤。你会认为如此短暂的事物会超出谷歌的搜索范围，但事实并非如此。短暂现在变成了永恒。与此同时，一些本该永远存在的东西（例如报纸）现在变得短暂易逝。我还没有完全消化这种令人惊讶的时间反转。它对我的长期影响是，它加剧了我对中产阶级命运的忧虑（这是注定的），并促使我反思同质化的中产阶级思想（这也是注定的，因为我们正进入一个全是怪人的大学城）。

互联网强迫我去重新定位自己与流行文化领域的明星之间的关系。现在名人太多了，并且其作用能彼此之间相互抵消，现在已经没有过去的那种超级巨星了。可能你自己就是一个怪人。

互联网让我觉得，未来的人们会奇怪得一年 365 天都穿万圣节服饰。

互联网也启发了我对地理和旅行的感知。在谷歌地图上，我能探索南极的山谷，也能看到罗伯特·史密森（Robert Smithson）的大地雕塑作品《螺旋形防波堤》(*Spiral Jetty*)。我们随时随地都带着黑莓手机。在很多方面，每个地方都有优异之处——所以让我们期待当音乐停止的时候，你会在一个风景优美并且气候宜人的地方吧。

说到音乐，互联网让我更多地参与到音乐文化之中，其程度远超我在 20 世纪 70 年代时的预期。在过去，人的音乐品位在 23 岁就固定了。一旦固定之后，一个人（通常是男人）就会在他往后的日子里一直欣赏他用心维护的黑胶唱片。而现在，个人的品位选择从不固定。人们不再问："你听过新出的 ×× 吗？" 而是问："你最近有什么新发现？" 这更加友好，并且能让各个年龄段的人更好地沟通交流。

53

A RETURN TO THE SCARLET-LETTER SAVANNA

返回红字大草原

杰西·贝林（Jesse Bering）

心理学家，英国贝尔法斯特女王大学认知和文化研究院负责人，《科学美国人》专栏作家，著有《相信本能：心理学的灵魂》（*The Belief Instinct: The Psychology of Souls*）、《命运和人生的意义》（*Destiny, and the Meaning of Life*）。

仅仅在 10 000 年前，我们的人类祖先还生活在紧密结合的社会中，其人数甚至未必能装满今天一个州立大学的大教室。在今天仅仅被认为是令人尴尬的失礼的事情，在过去很可能就会成为你生命的终点，至少是你繁衍生殖的终点。因为在小群体中，一个无法挽救的坏名声毫无疑问地意味着你基因的死亡。

想象一下你做过的最坏的事情——最卑鄙、最可耻也最粗俗的事情。再试想把这些坏事的细节全部纹在你的额头上。这种情景就是我们的祖先可能会面对的，如果他们的冲动、享乐主义、以自我为中心的欲望不被进化出的谨慎习性所控制，尤其在别人正看着他们而他们自己却不自知的时候，情况就更是如此。如果我们的祖先以及我们祖先的祖先被自私的欲望控制，他们就不能收拾行李迁往新的城镇。然而，因为他们或多或少地依赖那些与他们共享几百平方公里土地的人，所以切断所有的社会关系并不是一个可行的选项。并且，用匿名的方式隐藏他们的身份也不现实，因为他们不能只是一张无名的面孔。我们的祖先最接近匿名的时刻，即夜幕降临时。因此在我们的祖先所生活的时代，通过压制我们进化出的自私欲望，追求善良与道德就成为一件生死攸关的大事。这就是红字草原的生存法则。

然而令我好奇的是，随着技术的成熟和进步，互联网预示了红字草原的回归，并在很多方面将我们人类带回原始的社会起点。在一段很长的历史时期之后——如果一个人破坏了自己的声誉，他可以迁移到新的社会团体并重新开始，而现在的媒体时代更准确地反映了我们祖先面对的情况。报纸、电话、摄像机、电视，特别是我们随意使用的互联网，不仅将健康问题、消费行为、犯罪和财务历史、离婚记录（几个可能会对我们声誉产生影响的例子）等私人细节永久存档，而且可以在几微秒之内迅速传播给上百万人。古老的格言“不管你去哪里，你就在那里”被信息技术革命赋予了新的意义。从背景调查到婚介服务再到隐私与身份盗用，从谷歌搜索别人（和自己）到为自己的教授打分（比如网站 www.ratemyprofessor.com），互联网就是古老的社会心理学与全新的信息科技的结合。

54

TAKE LOVE

夺爱

海伦·费雪（Helen Fisher）

罗格斯大学人类学家，著有《谁会爱上你，你会爱上谁》（*Why Him? Why Her? How to Find and Keep Lasting Love*）。

对我来说，互联网让我回到了不久以前。它让我（和其他所有人）用我们很早以前建立的方式思考和行动。去爱吧！在数百万年的时间里，我们的祖先以狩猎采集小队的方式迁徙着。大约每 25 个人日日夜夜生活在一起，其中有 10 ~ 12 个人是孩子和青少年。但是，每个人都知道几百平方公里内的群落里每一个人的状况。而且，他们也会彼此见面。每年的旱季，他们会到散落在东非和南非各处的水源地聚集。这里有 500 个男人、女人，还有孩子，他们会聊天、吃饭、跳舞，还可能会一起祭祀。若一个女孩对另一个篝火旁的男孩有了好感，但是她不认识他，那女孩的妈妈可能会认识男孩的阿姨，或者女孩的哥哥曾和男孩的堂哥一起打过猎。他们都属于同一个社交网站。

此外，在永恒的八卦圈中，一个年轻女孩可以很容易地收集有关求婚者打猎技能的信息，甚至还能知道那个男孩是否有趣、善良、聪明。我们认为，在酒吧或俱乐部追求一个完全不认识的人是很正常的事，但在与人见面前先了解一些对方的基本信息是更自然的事。互联网上的约会网站、聊天室和社交网站都提供了这些基本信息，它们使现代人类的大脑能够更舒适地进行祖先式的求偶舞蹈。

接下来就是隐私问题了。有一些人，尤其是一些年轻人，总是令人困惑地在 Facebook、Twitter、电子邮件或其他互联网公告栏一类的地方，轻浮地发布自己的私人生活信息。这种奇怪的人类习惯甚至蔓延到我们的街道和其他公众场所。你曾多少次不得不在火车或者公交车上听别人在电话里旁若无人地怒吼自己的问题？几百万年前，我们的祖先几乎没有隐私。随着互联网的发展，我们也正逐步回归共享社区。

至于我，互联网仅仅是放大了（从宏观上看）一些我已经知道的人类天性。当然，有了互联网，我能比往日更容易也更迅速地获取这些信息。我能更容易维持和同事、朋友及家人的关系。有时候我发现，通过电子邮件来表达复杂或困难的情感比当面或用电话讲容易得多。但是，我的写作却没有变得更好或变差，我的视野也没有变得更开阔或更狭窄。我的价值观没有发生改变。我只是有了更多的数据去组织语言。或许我的工作量也增加了。我的同事希望能够更快地从我这里得到他们想要的信息。我每天的习惯改变了——当然是缓慢改变。

那么我的思维方式呢？我的思维没有比1985年买第一台电脑之前更深刻，更敏捷，更持久或更有效率。实际上，互联网的崛起提醒了我，35 000年之前开始进化的现代人类大脑产生的变化微乎其微。我们仍是互联网时代以前的生物，仍然好战或厌战、好奇、群聚、骄傲、浪漫、投机和幼稚——是的，甚至与汽车、收音机发明之前，独立战争发生之前一样。我们的大脑与捕杀猛犸象和乳齿象的先人们一样；我们仍在他们曾经安营扎寨的地方聊天、暖手——在陆地上，只不过现在是伦敦、北京、纽约。有了互联网，我们只是有了一个更大音量的喇叭，可以喊出我们真正的自我。

55

INTERNET MATING STRATEGIES

网上婚配策略

戴维·巴斯（David M. Buss）

美国得克萨斯大学奥斯汀分校心理学教授，著有《危险的激情：为什么嫉妒和爱、性一样是必需的》（*The Dangerous Passion: Why Jealousy Is As Necessary As Love and Sex*），合著有《女人的性爱动机》（*Why Women Have Sex*）。

古老的人类求偶方式现在正在以一种全新的形式在互联网上进行着。人类过去的进化局限于一个小群体，求偶对象有限，并且只有少数几种可能性。互联网提供了史无前例的诱人渠道，能够连接成千上万的对象。传统的婚介服务曾经是孤独者和被遗弃者的避难所，但现在它已经从现代化交友的数字世界中消失了。

在今天的计算机环境中，丰富的择偶机会带来了一些实际的好处。它使人们可以找到更合适的交往对象——找到那个能够和你一样，对地下摇滚乐队、晦涩的小说、不知名的外国电影感兴趣的人。它可以降低搜索的成本，使你不用步履艰难地穿过约会的迷宫，就可以筛掉那些根本没希望的人。互联网提供了练习的机会（见面会口吃和害羞的人可以在键盘上展现魅力）。因为提供了大量的机会，互联网可以最大化一个人的价值，或者让你接触到以往无法接触到的人，促成一笔择偶市场上的好生意。它让一些人尽情纵欲，这在以前小群体生活的时代是难以想象的。

当有更好的选择出现时，人们便很难满足于当下。大量的择偶机会有时也会产生相应的选择困难。一次更精彩的相遇，一位更有吸引力的配偶，一个更真挚的灵魂伴侣，你需要做的只是点击几次鼠标。互联网也许减少了人们“今生唯一”的承诺，因为给别人这种承诺的机会太多了。这还能够掩盖性欺骗，即这些个人描述是准确的吗？照片是否经过处理？这也给人们打开了新的探索方向。一些猎艳的人总是对一些粗心大意、天真或者盲目冒险的人下套。与此同时，了解电脑的受害者会消解那些伎俩，控制掠夺者，并减少自己在这场永无止境的竞赛中的弱点。

在很多情况下，互联网并没有改变我们如何看待择偶。它也没有改变我们内在的性心理。男人仍然注重外貌，女人继续注重野心、地位和赚钱的能力。这两种性别都会在他们有能力时卖个好价钱，在没有能力时赶紧止损。性经济依然存在，只是形式改变了。交换性和欲的捕猎采集者市场被小甜心和老色狼充斥的互联网市场取代。最成功的交配和约会网站正是那些利用了我们古老的交配心理的网站。进化的思维机制现在可以在全球半匿名的网络世界里实现。对爱、精神和性的结合的追求，也在网络空间的浮云中蒸发。但话又说回来，爱情的光芒一直都是转瞬即逝的。

56

INTERNET SOCIETY

网络社会

罗伯特·普罗文（Robert R. Provine）

马里兰大学心理学家和神经科学家，著有《为什么屁股不说话》（*Curious Behavior: Yawning, Laughing, Hiccupping,and Beyond*）。

我每次说“下课”后，学生们都会立即打开他们的手机，看看有没有电话或者短信。在自助餐厅，我看到站着排队的学生们都在发信息，忽略了距离不到一米的同伴。一天午后，我注意到 6 个学生一边盯着手机一边在走廊里闲逛，而且神奇地避开了彼此，没有相撞，就像夜行的轮船迷失在迷雾中，又像《活死人之夜》（*The Night of the Living Dead*）中的怪物。一个学生说她在星期六晚上会用电子邮件进行“电脑约会”而不离开房间。矛盾的是，这些学生既参与社交，又远离社交。

我第一次见到带着蓝牙耳机的人时着实感到吃惊：他们喃喃自语地穿过了一座航站楼，仿佛在和一个幻想中的声音交谈。过去 10 年的一个热门话题是，电子邮件取代了传统信件。面对面的相遇被网络空间中的远程无实体交流取代。这些经历促使我重新思考自己对于通信的看法——从技术层面到生物学层面，从古代的方式到现代的方式，并且我为此启动了课题项目，研究情绪影响、创新及社交媒体进化。

人际传播的黄金标准是面对面的对话，这样你才可以既看到又听到与你对话的人。在一些研究中，我把这种传统的视听媒介与手机进行了比对。在手机上你可以听见却不能看见，在短信中你既不能听见也不能看见。

无论是手机还是座机，电话提供了一个纯粹的声觉媒介，它可以双向传递声音信息，包括话语的韵律（效果）。尽管它过滤了手势、眼泪、微笑和其他面部表情符号，但电话这个纯粹的声觉媒介本身就是社交性和情绪性的，它可以令远方的人微笑——这是我们在公共场合观察了 1 000 个独居者后确认的观点。除非使用手机，否则被孤立的人基本不爱笑也不爱说话。（我们会对看似明显的结论进行确认，因为有些时候明显的结论常常也是错的。）用声音与远方特定的人进行经常性、有情感回馈的联系，这对手机在世界范围内的商业成功做出了重大贡献。广播喜剧和戏剧进一步证实了纯听觉媒介的力量，即使是在由演员到观众的单向传播的情况下也是如此。在我看来，与看不到的对话人进行联络是听觉的基本属性；它和我们人类自身一样古老，并且每当我们与黑暗中或者视线外的人说话时就会出现。当人们超出了呐喊的声音范围之外时，电话就变得很重要。

失聪者之间的手语交流是一种能看见但是听不见的媒介。我和我的合作者卡伦·艾莫瑞（Karen Emmorey）一起研究了他们之间的情感交流。我们观察了使用美国标准手语的失聪者在交流过程中的笑声和社交变量。尽管他们无法听到谈话对象的声音，但在一系列手语中他们的笑点是相同的，笑的内容也相似，并呈现出与能够听到对话声音的个体相同的性别模式。因此，情感丰富的对话可以通过过滤掉声音只传递视觉信号的纯视觉媒介实现。不那么微妙的视觉传播是古老的，它被用于超出声音传播范围的交流沟通中，通过手势、旗帜、灯光、镜子和烟的方式来实现。

然而，文本信息——不管是电子邮件还是 Twitter 消息都需要看不见也听不见的对话人进行非实时的互动。我的研究团队通过分析 1 000 个网站文本中的表情符号来考察在线情感交流情况。表情符号几乎不会破坏句子结构。例如，你可能会发“你假期去哪儿啊？ LOL（哈哈）”，但不会说“你放假——LOL（哈哈）去哪儿啊”。技术爱好者认为，表情符号的使用是文本信息“带宽窄”的特性引发的结果，他们忽视了一点：无论是在电脑、手机屏幕，还是在印刷品上，文本在本质上是相同的。我怀疑表情符号的使用可能是源于信息发送人的文字能力匮乏。知道我什么意思吗？ LOL（哈哈）。读者很难在文字形态的文本信息中找到讽刺、悖论、挖苦或者甜蜜的忧伤。

简单的手机已经变成了一个强有力的多媒体交流设备和作为互联网社区主要驱动力的计算机终端。它能够让我们即时、经常地联系远方的朋友；它能告诉你身在何处、接下来该去哪儿以及如何去；它为你提供了等待时的消遣内容；它还能让你用信息、拍照和摄像功能记录你的旅行。对一些人来说，这是增强版的现实，但它需要此时此地。不论你的观点和参与度如何，手机和相关网络设备是深刻的社会延伸——几乎相当于大脑移植，它改变了我们的生活和文化。

57

DON'T RING ME

别给我打电话

奥布里·德格雷（Aubrey de Grey）

老年医学专家，SENS 研究基金会联合创始人和首席科学家，著有《终结衰老》（*Ending Aging*）。

互联网在一些方面改变了我甚至每一个人或多或少的思维方式，特别是这次 Edge 问题的回复者。但是有一个影响对我来说比较独特——它并不是一种改变，而是避免一种改变。

在我转向生物学研究之前，我曾是一个计算机科学家。我从 20 世纪 80 年代初期还是一个学生的时候就频繁使用电子邮件，而且我喜欢电子邮件——非常喜欢。电子邮件让你在说话之前可以思考——在很多情况下，这么做非常好。电子邮件在你读它之前很耐心地等待着，而且发件人不会因为你过了几个小时甚至几天回复他而生气。电子邮件能让你在想说的时候说真话——在你不想说的时候则不说。

什么东西缺少这种品质呢？不，不是面对面的交流：我和所有人一样都喜欢社交；也不是普通信件——虽然现在的我比以前用普通信件少得多。不，我最厌恶的东西是 21 世纪最大的诅咒：手机。

要真正全面地表达我对手机的厌恶，可能会超出这篇文章的字数限制，所以我就不这么做了。但是你们可以想象一下在讲座中途有人手机响起，而且令人恼火的事情远不止于此。有许多无礼行为是手机强迫给它的主人的，在很多情况下如果手机不存在就没有这种问题：比如说，在面对面交谈时突然去接电话，或者匆匆告诉对方晚点再打过去，因为你现在谈话的人更重要。绝大多数情况下，它与电子邮件文明、轻松、完备的传播方式相反。

是的，是的，你可以抗议，你可以把手机关了呀。但那根本是无稽之谈。如果说有比在不想接电话的时候有人打过来更糟的事，那就是有人让你给他们回电话，你回拨之后发现接通的是他们的语音留言。喂！如果我要告诉你一些不需要你立即回复的事情，我就会给你发电子邮件了。（我一开始就是这么想的。）

由于手机变得越来越普遍，我现在要承受更大的压力。我坚持到了现在，所有迹象都表明：我应该继续这么做。怎么做呢？仅仅是因为我在使用电子邮件方面表现得很好。除了少数需要花些时间构思如何回复的邮件，我会稍慢一些，大多数邮件我都能很快回复。真的很快。这是两个世界最好的状态：允许一些沟通的延迟，而不丢失对成功者来说稀有和珍贵的资源，并保留偶尔但可靠的独处空间。而且用电子邮件也不会有其他我所说的缺点。简单来说，用电子邮件交流我会很轻松。如果互联网不存在，或者如果它不是如此普及，我早就会被迫屈服于专横暴力的手机，而且总体上我也会成为一个不那么和善的人。

58

A THOUSAND HOURS A YEAR

1 年 1 000 小时

西蒙·巴伦-科恩（Simon Baron-Cohen）

英国剑桥大学自闭症研究中心心理学家，著有《恶的科学：论同情与残忍的起源》（*The Science of Evil: On Empathy and the Origins of Cruelty*）。

也许和你一样，我所有的电子邮件都存在发件箱里，它们存在那里以便我哪天想要看看我几年前对谁说了什么。所以，当我看到自己每年都会发送大约 18 250 封邮件（大概每天 50 封）时是多么吃惊啊！假设写一封邮件要 3 分钟（我们面对现实吧，我无法花太多时间去想我要说什么），这基本上就是说我每年仅在电子邮件上消耗的时间就是 1 000 个小时。我从 20 世纪 90 年代早期就使用电子邮件了，但我有更好地利用时间吗？

这个答案既是肯定的也是否定的。是的，我可以轻易地与这个星球上任意一个遥远角落里的家人、朋友、同事保持联系，我也能和跨越不同城市的人在过去难以想象的时间跨度上共同进行一个项目。这些都让我继续使用电子邮件。虽然这些电子邮件的优点让我继续使用它，但电子邮件也不是免费的午餐。最重要的是，根据我的分析，电子邮件吃掉了我的时间，就像它也吃掉了你们的时间一样。而且与著名的 15 000 封达尔文的生平信件不同（它们都是很有思想的作品，现在成了剑桥大学图书馆的达尔文通信项目），3 分钟一封邮件的交流并不能提供任何有深度的交流，而且都没有什么思想价值。

我们都明白电子邮件有它令人沉溺的一面。每当有信息来了，它里面就有可能会含有一些刺激、新颖、特别的东西，或是一些新的机遇。就像所有行之有效的行为强化计划一样，奖励是时断时续的。也许 100 封电子邮件中存在 1 封我真正想看到或听到的信息。这也足以让我经常检查收件箱了，但这也意味着我今年在电子邮件上所花的 1 000 个小时中只有 10 个小时得到了回报。

查看一两句话的电子邮件也要付出时间。我们都知道，在思考艰难和深刻的问题以及如何解决这些问题，或者在尝试掌握一个新领域时，大脑是没有代替品的。这些事物需要长期集中注意力。频繁而持续不断的电子邮件会威胁到我们实际的工作能力。认识到电子邮件对我们的时间分配会有怎样的影响是重获控制权的第一步。为了控制其他潜在的上瘾因素，我们也许应该尝试控制电子邮件的使用习惯，将其限制在每天的固定时段，或者关掉无线网络建立一个无电子邮件环境。这次的 Edge 问题至少给了我一个机会停下来想一想，我是否真的愿意每年在电子邮件上花 1 000 个小时，而不是从事其他更有价值的活动。

59

THINKING LIKE THE INTERNET, THINKING LIKE BIOLOGY

像互联网一样思考，像生物一样思考

奈基尔·戈尔登菲尔德（Nigel Goldenfeld）

伊利诺伊大学香槟分校物理学家。

从阿帕网时代——甚至更早，我就开始使用互联网。在青少年时代，我就使用一个电传打字机从学校登录到当时最先进的霍尼韦尔公司的主机——我不相信我的思维会被互联网改变，直到 2000 年。这是为什么呢？

当我还是个学生的时候，互联网是线性的，可预测且很无聊。它从来不会给你什么反馈。我侵入麻省理工学院的计算机后，运行了一个符号操作程序，它可以用一种非常简单的方式做代数计算。我只是把互联网当成一个完美且可靠的工具来使用。在我日复一日的科学家生活中（作为一个理论物理学家），我在大部分时间仍旧如此。

1996 年，我参与创立了一个软件公司，它的主要产品和经营业务都是在互联网上进行的；至于它是否比实体公司更有效率仍待商榷，但事实是通过这个媒介，一些极具天赋和才华的人能够参与到项目中来——他们是不会为这个工作搬家的。但是这个软件仍然是一个线性、可预测的并且本质上来说无趣的互联网应用。

不，互联网正在改变我的思维方式，因为总体大于局部之和——这都源于它广泛的连通性和因此簇生的现象。当我还是个孩子时，人们说我们长大后就可以住到月亮上，还会有反重力飞船和视频电话。除了视频电话，这些都是谎话。通过私人博客、Skype 和一个值 40 美元的摄像头，我可以和同事们进行合作，在我的黑板上写方程式，进而建立一个效率惊人的思想网络。我和我的学生通过互联网也能够很好地一起工作，随时在线的图书馆引发了我们的讨论，它可以帮助我们找到最尖锐的问题，并促使我们的研究和思考速度无限加快。

我的日常工作就是通过思考来探索，主要是对知识套利的相关行为进行类比研究。当我们找到两个此前被认为是属于不同领域的类比问题，而其中一个领域总会比另一个发展得好，我们就得到了一个研究契机。物理学家就是这样“狩猎”的。相比过去的纸质文献，互联网是一个更好的研究工具，因为它可以实时反馈。

要理解这对我来说为什么如此重要，就要考虑一下我下面要说的“家庭作业黑客”。你希望瞬间变成某一领域或任务的专家：也许是一项家庭作业，也许是正在折磨着你的亲人的致命疾病。你可以在互联网上用搜索引擎研究它——但是，正如你知道的那样，你可以搜索但你无法找到真正的答案。谷歌给你的是没有结构的信息，而且对于一个急性子的年轻人来说，这还很不够。搜索引擎是一个线性、可预测的且从本质上来说很无趣的一种互联网应用。

相反，你可以试试下面的黑客方式。步骤一：在维基百科上做一个这个主题的页面；步骤二：用根本没有任何道理的废话填满这个页面；步骤三：等上几天；步骤四：再看这个网页，你就可以收获一些慷慨的匿名人士（谁在乎他们是从哪里来的呢）充满义愤地提供正确且优化了的答案。你的仅仅一个推测却能被许多公正的答案填充。这真的很有效。我之所以知道是因为这个交易的双方我都见过。现在你知道了：全球化的集体性实体正从人类与互联网的结合中崛起。它是可以和你对话的。

这个家庭作业黑客在现实中不仅仅是普通的学术话语模式，用科幻大师威廉·吉布森（William Gibson）的名言来说，它是使用“一个永远按在快进键上的拇指”进行的。速度很重要，因为生命太短暂。下一代的思想家们已经对这个作为外脑的无限大的图书馆有了正确的本能意识，它可以实时接入，而且能够加速思想和知识的"拉马克进化"速度。我也开始理解这一点了。

大概是30亿年前，微生物创造了互联网和拉马克式的进化模式。对它们而言，信息被储存在分子之中并记录在基因里，再通过一些我们不知道的机制在准许接收的微生物中传播。想知道如何做一个有恶意的微生物细菌吗？下载基因！知道怎么给摩托车接线打火吗？上网查！这比随机试错的进化要快得多，而且它从现在开始就生效。孩子们永远在线的朋友社区，发送着LOL（哈哈）和其他快速信息，它真正传递的信息是"我在这儿，我是你的朋友，让我们一起开个Party吧"，这与微生物的群体感应没有任何区别——清点数量以便集体行动，比如侵入宿主或者从一个生物膜上长出子实体。

我开始像互联网那样思考，开始像生物那样思考。因为互联网，我的思维变得更好、更敏捷、更廉价，甚至更可发展了。你的思维也是如此，只是你还没有意识到罢了。

60

THT INTERNET MAKES ME THINK IN THE PRESENT TENSE

互联网让我用现在时思考

道格拉斯·洛西科夫（Douglas Rushkoff）

传媒理论家、纪录片制片人，著有《当下的冲击》。

互联网是怎样改变我的思维方式的呢？它将我的思维变成了现在时。这就像是把我用于认知的资源从硬盘转到内存一样。也就是说现在发生的事才是有价值的，而所有发生在过去或者将来的事情都没有那么重要。

互联网把我们所有人都推到了当下。所有问题都会马上有人回答，每一个事实或想法只在刷新页面之前才是新鲜的。结果是，从我自己的角度来说，互联网让我变得刻薄、愤慨、短视、反动。

在我被成堆的电子邮件淹没的时候，永无止境地刷新 Twitter 消息的时候，在 Facebook 上接受我不愿联系的“老朋友”为好友的时候，或者应读者要求出现在网络上时——我本该心怀感激，但相反我却觉得自己不得不如此。问题不在于这些伙计想要我做什么，而是要求我什么时候做，他们随时会提出要求。

这不是互联网本身的偏见，而是我们对它的使用方式从原来的“选择进入”变成了现在的“永久在线”。这种媒介偏见并不针对实时的活动，针对的是时间移位。UNIX 这种网络操作系统不能够实时工作，它只会等待人类的指令。相似的还有早期的互联网论坛和电子公告栏，人们都是在方便的时候才会去看。我若参加了一场讨论，我可能会选择在本周某个晚上或者推迟到下周才去看看有什么最新进展。我会花时间考虑我要说什么——我要深思别人的回复。互动的收获与我用于翻阅帖子的时间成正比。

当互联网从一台放在桌子上的资源搜索器变成了在我口袋里鸣叫、在我腿上振动的机器，那么事物的深度价值就会被伪装成相关性的即时性取代了。这就是为什么谷歌要把自己从一个单纯的搜索引擎变成了“实时”搜索引擎，为什么电子邮件发展成了SMS（短信服务），博客转向了Twitter。这就是为什么学生们再也没有能力开展辩论，为什么长篇小说的叙事结构被肤浅的电视剧情取代了，为什么几乎没有人愿意参加关于全球长期发展问题的有意义对话。互联网创造了这样一种环境：比起缓慢却重大的气候危机问题，科学家之间的几封控诉电子邮件能够创造更多的新闻。

这就好像互联网不断地要求我不管在何时何地都要保持在线，这阻止了我进入真正的生活世界。正是这种断网的欲望——避免分散注意力、多任务处理或远距离互动，让互联网变得更加讨厌。

从某种意义上说，这正是那些发明了我们今天所依赖的计算机和互联网的人的目标。万尼瓦尔·布什（Vannevar Bush）、詹姆斯·里克莱德（James Lickider）等技术先驱试图发展一种能够帮助我们记忆的机器。计算机将我们从过去的暴力中解放出来（例如第二次世界大战），让我们忘记一切并集中精力解决当下的问题。信息还在那里，它只是被存储在身体之外，在机器之中。

假如科技的发展能够促使生命的选择权与机器完全脱离，不需要随时接入机器的记忆库，那么记忆机器或许会成功。然而，我使用互联网的目的不仅仅是获取信息，我还要联系别人并让别人能够联系到我——不管我身处何时何地。

这种永远需要在线的生活状态压垮而非扩展了我的神经系统。相应地，涌向我的实时信息流阻止了我的大脑进行分析和思考。它变成了一种需要即时管理的信息流，并且永远如此。

互联网的当下性给人类带来了一种冲动、不考虑后果的应激反应，人们认为交流沟通只是下达命令或者躲避别人的命令。我愿意满足那些在我口袋里响铃、振动的设备，只是为了让它们停下来。我将数字化交流视为对神经系统的无意识触发，而不去寻找深度交流的机会。就和那些已经网络化的人类同胞们一样，我现在正承受着互联网出现之前航空交通指挥员、急救电话接线员才有的生理和心理压力。

在我的生理节奏向互联网的即时性投降之后，我正用科技来优化自己、优化思维，而不是反过来去优化科技。我觉得自己好像在加速，而实际上我越来越没有创造力，缺少思想性，越来越无法维持对所生活世界的主观能动性。这结果和未来冲击类似。但对我们这个时代来说，承受了更多冲击的就是现在。

我试着去看互联网积极的一面：由互联网引发的对当下的关注，可能会将我们从 20 世纪危险的意识形态中解放出来。几乎没有人会相信残忍的行为会被神话般的结局纠正。人们不太可能相信雇主和公司对他们的忠诚付出所作的、关于未来回报的虚假承诺。

但是对我来说，互联网让我更多地了解到身边正在发生什么。我的所悟并不是因为接近了禅的永恒境界才想到这些的，完全是因为我的生活环境、和别人接触时学到的经验，以及基础的自我意识。确切地说，我越来越处于一种容易分心的状态，一些外围的力量被放大，就在我眼前的东西被忽视。我制订计划的能力已经被毁掉，更不用说去兑现它了，只因我需要忙于应付一系列让我随时分神的外部影响。我停止去寻找一个当下的稳定立足点，我最终选择对实时冲动和命令带来的攻击作出反应。

互联网告诉我，我是在真实的时间里思考的，而它真正在做的事情是，逐渐带走“真实”，也带走“时间”。

伴随扁平、流动的世界而来的是一个更部落化、更碎片化、更分裂化的世界。人们挣脱了千百年来的传统和文化枷锁，开始寻找一种社会认同。

——斯科特·阿特兰（Scott Atran），《智人的第四阶段》

FOR THERE IS, TOGETHER WITH A FLAT AND

FLUID WORLD, A MORE TRIBAL, FRAGMENTED,

AND DIVISIVE WORLD, AS PEOPLE UNMOORED

FROM MILLENNIAL TRADITIONS AND CULTURES FLAIL ABOUT IN SEARCH OF A SOCIAL IDENTITY.

61

THE FOURTH PHASE OF HOMO SAPIENS

智人的第四阶段

Scott Atran

斯科特·阿特兰

法国国家科学研究中心人类学家，

著有《我们信靠神祇》（*In Gods We Trust*）。

我在大马士革收到了 Edge 的年度问题，那时我正从耶路撒冷传递消息，以探索和平的可能性。我开始思考我对世界和平和跨国暴力的思考是如何被互联网影响的，互联网的出现是如何塑造了我对人类历史和命运的看法。

我知道，我正经历人类历史上的第三个转折点，这多么幸运。

首先，我想象在 6 万年前我正随一小群人从非洲向中东的“新月沃地”迁移。那时，人类已经掌握了语言，开始想要征服地球。50 多万年前，尼安德特人和人类进化的其他支系从我们共同的祖先直立人中分离出来。就像之前的直立人那样，尼安德特人从非洲扩散到欧亚大陆。我们的祖先虽然在 20 万年前就完全进化出现代人的身体构造，但 6 万年前仍偏居在非洲东部和南部的热带草原。近期的考古学研究和 DNA 检测表明，我们的祖先在 7

万年前几乎灭绝，只剩下不到 2 000 人。然后，在 5 万至 6 万年前出现了一个近乎奇迹般的幸运转折—— 一个或几个人群永远走出了非洲。

这场人类大迁徙可能源于全球变冷，随之而来的是非洲草原的干涸，人类失去了猎物和粮食。但还有一种很大的可能性，由技术和人工制品引发的“文化大爆炸”的间接证据显示，一次基因突变重构了人类大脑的计算效率。这次突变使人类拥有了“递归”（recursion）的能力（即，将自己全部的知觉和思想嵌入他人的知觉和思想中），这是人类语言（句法结构）和心智解读（mind-reading）能力（即推断他人思想和知觉的能力，比如“我知道她知道我知道他知道的东西……”）的核心属性。

语言和心智解读对人类特有的思维方式和交流方式的发展至关重要，包括与陌生人共同拟定计划、进行合作，想象可能或虚幻的过去和未来，反事实推理及信仰超自然宗教。总而言之，语言和心智解读都需要人具有自我意识和他者意识。其他动物或许也有信仰，但它们并不知道自己有信仰。一旦人类可以针对想象的世界和关于信仰的信仰进行娱乐和交流，他们就能随心所欲地拆分、重组对肉体及社交欲望的表现形式，而毋需顾虑当下或未来的生理需求。

伟大的法国人类学家克劳德·列维 - 斯特劳斯（Claude Levi-Straus）认为，人类社会可分成“冷”文化和“热”文化两类社会。人类在地球上行走的大部分时间都处于前文字时代的“冷”社会，人们认为自然和社会实践是永恒静止或循环的。也就是说，当下的规律被认为是从神话时代就已经存在的规律的映射。对世界起源及社会发展的解读是用神话的方式生成的。每一个已知的宇宙元素都可以与千变万化的神话故事元素联系在一起，尽管充满了随意性和幻想性，仍能被人一代又一代地口头传承下来。

一个典型的世界神话阐释能“解释”游牧生活模式及源于星相的季节性迁移；星相如何从野生动物的身体获得了形状；以及人们是如何根据“自然秩序”分配任务和职责，将自己组织为一个更大的图腾社会。

因此，我想象自己身处古代的美索不达米亚平原，试图将自己踢出这个冷循环，因为人类历史正由于书写的出现而逐渐升温。我试着在脑海中幻想，这个看起来一成不变、周而复始、充满口头记忆和神话、拥有冻结和永恒历史的世界是如何经过几万年的停滞后，突然间从欧亚的丝绸之路冲出了文明和世界贸易、普世宗教和法治政府、军队，以及逐渐累积终会变成科学的知识。

直接的互惠关系——“我帮你挠背，你再帮我挠背”，在小社交圈子中很受用，因为人们彼此了解，一旦有欺骗发生，骗子难逃罪责。但随着社会逐渐发展壮大、日趋复杂，交易越来越多地涉及间接互利：陌生人之间达成协议，先收款再发货或者先发货再付款。公路、书写、金钱、合约、法律——使社会成为可能的传播和交换渠道，这极大地促进了间接交易的多样化、可信性、究责化的发展前景。随着族群规模的扩大、更大范围的居住地被开发，人们增大体力生产和脑力认知两种劳动分工就变得可行且必要了。

在 2 000 年前的耶稣时代，4 个伟大的邻邦横跨排列在欧亚大陆的中纬度地区：罗马帝国、以波斯和美索不达米亚为中心的帕提亚帝国、在中亚和南亚的贵霜帝国和中国的汉朝。贵霜帝国与其他 3 个帝国都有外交联系，并且这 4 个帝国都被繁荣的丝绸之路贸易路线连接着。沿丝绸之路，欧亚大陆的 3 种普世性宗教信仰——犹太教、拜火教（琐罗亚斯德教）和印度教，从它们各自独立的领土和部落中走出，相互影响、不断变化，最终发展成今日的全球性宗教：基督教、伊斯兰教和佛教。

三大全球性宗教创造了人类思想中的两个概念：个体自由（individual free choice）和集体人性（collective humanity）。从原则上讲，不是生而归属这些宗教的人可以选择加入（或不加入）这些宗教，而无须考虑种族、部落或领土。这些宗教的使命是拓展对普罗大众的道德救赎，而不仅仅是让一个“上帝之子”来照亮其他人的道路。

欧洲启蒙运动使人们世俗化，近代历史伟大的准宗教思想——殖民主义、无政府主义、法西斯主义和民主自由主义则促使工业和科学以全球化的规模持续发展，人类不可避免地走向了“竞争与合作”。

今天，我看到自己仿佛乘坐一束光线，驰骋在网络空间的信息高速公路上，丢掉了书籍、民族、国家这些过时的人类科技和人际关系。如果人类可以像超人一样飞，他们就不需要汽车和电梯——如果他们可以电子化地浏览知识和建立各种关系，实体图书馆和国家边界就变得无关紧要了。

我试着去想象，一个社会关系不受空间限制的世界会是怎样的？在一个所有人都能进入的全球社会化大脑中，记忆和知识的螺旋融合是怎样的？未来的人们将能够以多种形式和他们的祖先联系在一起，因为他们可以看到祖先、听到祖先，就如真实在场一般，而非阅读孤立的文本、画作和图片。知识网络中的多条路径和大量冗余信息将会让头脑最简单的人接触到天才的创造。

我真的无法预见知识、科技和社会的样态将发生怎样的变化，就像古代的布须曼人（Bushman）或苏美尔人根本无法预见原子的分离、月球漫步、破解遗传编码或者遭遇网络生活一样（谁要说他们能，就是大言不惭）。

但我十分确信不管出现怎样的新形式，它们都必须满足从石器时代开始就没怎么变化的基本人性：爱恋、憎恨、妒忌、愧疚、羞耻、骄傲、忠诚、友谊、竞争，以及对危难和风险的恐惧、对胜利和成功的喜悦、对尊重和荣耀的渴望，对我们接触和感兴趣的每一样事物的模式和成因的探寻，对流行观念和强大关系无法抗拒的需求，这些可以让我们抵消因宇宙随机流动产生的虚无感。

至于人类治理的未来形式，我认为在目前看来，政治自由和多元化的前景与共识下的死气沉沉的政治控制和同质化的前景有同样的可能性，并且也许会在自我毁灭的循环中交替出现。因为，互联网既是开放社会不可或缺的氧气，也是发展迅速的跨国恐怖主义活动的助推剂。

下面是体现这种二元性的两个片段：

> “在互联网上，没人知道你是条狗。”这是彼得·施泰纳（Peter Steiner）在 1993 年为《纽约客》杂志创作的漫画中的一句话。除此之外，在互联网

上，任何两个通信者都会认为他们就是全世界。

“媒体来了！”这是克什米尔伊斯兰武装组织“虔诚军”（Lashkar-e-Taiba）的指挥官在孟买的泰姬陵酒店通过 Skype 对“真主的战士们”说的话，他传递的信息是：现在是自我牺牲的大好时机。

文化的衰落

全球化让许多人情绪亢奋，个人、公司、市场、国家、科技和知识的相互融合日益加速和深化，人们普遍相信一个互联互通的世界会不可阻挡地缩小差异和区隔，让每一个人在快乐的大家庭中更有安全感，只要我们不被前现代化的狭隘偏见束缚：如宗教、种族、土语、民族、边界、贸易壁垒和历史遗留问题等。

这种情感在科学家（包括我）和达沃斯领袖中尤为普遍。有钱有势的环球旅行者在机场贵宾厅、米其林三星餐厅和五星级大酒店和朋友谈天说地，在红酒和马提尼酒的微醺下愉快地结束一天的生活。我不排斥这样的世界，有时我还会投入其怀抱。

但实地体验和身处不同文化的经验让我相信：这个星球上的很多人对全球链接的反应和权力精英迥然不同。经济全球化碾压、抛弃了一大批人，政治全球化让所有社会阶层积极地参与进来，甚至包括经济全球化中的弱势群体：难民、移民、边缘人，以及最不得志的人。

伴随扁平、流动的世界而来的是一个更部落化、更碎片化、更分裂化的世界。人们挣脱了千百年来的传统和文化枷锁，开始寻找一种社会认同——更个人化、更亲密化，但比单独的人和人类有更多的目的性和生存可能性。

相对于更正过去一直存在的错误，针对陈旧的帝国主义和殖民主义遗产进行的正义斗争正让位于有关当代文化认同的构建，以及媒体如何描绘历史真相的斗争。全球政治文化正在平行的历史时空中崛起，而不再像以前那样垂直地代代相传。

传统上，政治宗教与种族领土紧密相关，近期更是与民族和文化区域（或文明）联系在一起。此般光景终不复！宗教和政治正远离其文化起源地，这并不是由于人口流动（法国政治学家奥利维尔·罗伊 [Oliver Roy] 认为，只有 3% 的世界人口是移民），而是因为在世界范围内传播信息和思想更便捷了。因此，与那些从长期的“断层”和“文明的冲突”中看到全球冲突的人不同，这些冲突表明了传统的领土文化的衰落，而不是复兴。我认为这个危机最有可能在网络空间里解决。我不能确定，唯有祝福。

"On the Internet, nobody knows you're a dog."

62

SOCIAL PROSTHETIC SYSTEMS

社会假肢系统

史蒂芬·科斯林（Stephen M. Kosslyn）

心理学家，斯坦福大学行为科学高级研究中心主任，合著有《心理意象研究》(*The Case for Mental Imagery*)。

他人能够补偿我们的心理和情感缺陷，就像一条假腿可以弥补我们的生理缺陷一样。具体地说，他人可以延伸我们的智慧并帮助我们理解和管理我们自己的情绪。我曾认为这种关系能够变得很亲密，亲密到他人的行为从本质上来说就是我们自己行为的延伸，就像一条假腿的作用一样。当另一个人用这种方式来帮助我们，他就加入了一个“社会假肢系统”中。这种系统不需要面对面操作，而且我很清楚，互联网就在拓宽我个人社会假肢系统的范围。它已经是一个存储着大量思想成果的巨大智库了，不断进化的互联网及其互动元素正让它更接近人类的交流模式。

即使在现阶段，互联网也已经延展了我的记忆、感知和判断。

关于记忆：如果我在网上找一些东西，我不需要记住它以备后来使用——我知道去哪里能再次找到这些信息，并且这么做也很容易。更笼统地说，互联网就像我的记忆一样。互联网的记忆在我写作时会突显出来；如果不联网我就很难舒适地写作。边写边上网查资料对我来说已经很自然了，用一两分钟聊聊天、查查 PubMed 和维基百科，或者干点类似的什么。我在写作的时候会在后台开一个浏览器，仿佛那个浏览器就是我大脑的延伸。

关于感知：有时，我感觉互联网赋予了我以千里眼，我可以看到很远的东西。我特别震撼于使用视频的便捷性，它让我能够见证新闻中的特定事件。虽然是陈词滥调，但是这个世界真的变小了。

关于判断：互联网让我在大大小小的事情上都变得更聪明了。举个例子来说，当我在写教材的时候，查阅某个关键术语的十几个定义已经成了我的第二天性，这有助于我提取术语含义的本质。但除此之外，我现在会定期将自己的观点和他人的进行比较。如果我有了一个“新想法”，我会马上去看是否有别人已经想到过，或者是想到过类似的东西，然后我会将自己的想法和别人的进行对比。这必然会打磨我自己的观点。此外，我还会用互联网对其进行合理性检查，通过快速与别人的观点比较来试着判断我对一个事件的情绪反应是否合理。

自从我使用智能手机后，互联网在这些方面的应用效果都变得更加突出了。我现在经常拿出我的手机来查信息、看视频、读博客，这些活动填充了过去无聊的时间（比如等人来开午餐会议）。这是好的方面。坏的方面就是在以前那些无聊的时间里，我经常会让思想随意流动，而且常常会有一些意料之外的洞见和想法。这些机会现在已经少了很多，也远了很多。像任何其他事一样，保持在线也会带来各种各样要权衡的问题，天下没有免费的午餐。但是，在这个情况下——总的来说代价很小。将互联网整合进我的思维和情感处理体系后，我成了一个比过去的自己更好的思考者。

63

SEARCH AND EMERGENCE

探索与涌现

鲁迪·拉克（Rudy Rucker）

数学家、计算机科学家、小说家，著有《生活盒子》（*The Lifebox*）、《生命的意义》（*The Meaning of Life*）、《如何幸福》（*How to Be Happy*）等。

三十年以前，人们幻想着有一个洞悉一切、无所不知的全球大脑。在那个年代，我们想象着需要在人工智能上有巨大突破才能实现这个全球大脑的工作——我们觉得它应该像一个极度聪明的人。传统好莱坞的全球大脑的界面形象就是一面如墙大小的会说话的头像。

如今，在2010年，我们拥有了全球大脑。搜索引擎、用户创建的百科全书、所有事物的影像、可以进行简单计算的手机应用程序——一切都正在发生。但是，保守的人工智能却几乎没有参与其中。

如事实所示，重点是数据，而不是算法。把足够的信息输入全球信息云中，启动搜索引擎，然后你就有了一个无所不知的全球大脑。答案便出现了。

刚开始人们拒绝理解这个简单的事实，也许是因为把全世界的数据都放到网上看起来是个异常棘手的任务。曾经有人希望能设计些神奇而简单的人工智能程序从一些精心挑选的基本事实中推导出一整套信息——就像一个人能从一场简短的谈话中对另一个人进行推断一样。

就这点而言，看起来没有任何人工智能程序能够模仿我们如何思考。好消息是，这并不重要。只要有足够的数据，计算机网络就能仿造智能。而且，激进地讲，或许这就是我们的湿件大脑正在做的事情。我们用搜索和涌现现象来进行仿造，并从一个巨大的数据库中寻找模式。

看起来无法逾越的将世界数字化的任务已经被普通人完成，这得益于互联网的快速上传，而且上网费用很低。实际上每个人都可上网发布信息，不管是评论、照片还是整版网页。我们就像是全球殖民的工蚁，以各种方式拖拽着一小部分信息。同时，我们这么做是免费的，而且我们喜欢做这些事。

请注意，如果互联网是完全扁平的、混乱的数据海洋的话，它就不能成为一个全球大脑。我们需要一种准确且优雅的方法去定位我们最想要的信息。一个已经被抛弃的早期理念认为，我们需要一个信息“沙皇”，或给信息进行分级的委员会。但是，蚁丘是免费工作的。

那么现在看起来，唯一可行的对互联网内容进行分级的方式就是追踪每个用户的在线行为。现在已经很难回忆起我们对涌现现象的依赖曾经看起来多么的彻底和无力。追踪将变得无所不在，这是多么疯狂的想法！但是它很管用，没有任何中心化的系统可以和它并驾齐驱。

另一个更为惊人的成功就是用户生成的百科全书。当我第一次听到这个概念时，我很确定它不会成功。我以为煽动性文章和狂热分子会污染所有的帖子，但是互联网有一个比我想象中强大得多的保护系统。每个用户都是保卫者。

我们可以将互联网和生态系统做个比对，新的抗体出现以抗击新的病原体。恶意软件一直在变化，但是我们的防御能力也一直在进化。我从我的职业生涯中学习到的就是，我需要相信涌现，也就是灵感。我有一个写满笔记的文件夹，里面满是各种猜测、偷听来的对话、故事创意和闪光的句子。日复一日，我梳理着这些材料，将它们整合进我的思维网络，形成链接和分级。于是，很可靠地，我小说中的场景和章节出现了。这就是我的创作过程。

在我们最高的思维任务中，对一个有序流程的幻想不过是鬼火一般的捉摸不定。而且我们无须为此懊悔。搜索和涌现对全球大脑来说已经足够了——对我们来说也足够了。

64

MY FINGERS HAVE BECOME PART OF MY BRAIN

我的手指成了大脑的一部分

詹姆斯·奥唐奈（James O'Donnell）

乔治城大学古典学教授，著有《新罗马帝国衰亡史》(*The Ruin of the Roman Empire*)。

互联网改变了我的思维方式吗？我的手指已经变成了我大脑的一部分。这会带来什么？现在说还太早。

曾几何时，一个人知识的构成包括你自身习得的以及你所亲耳听闻的。如果你被问了一个问题，你想到的是你看到或听到了什么，自己做了什么，以及别人对你说了什么。就在写这篇文章的冬天我重读了修昔底德的《伯罗奔尼撒战争史》，想象着每件事都取决于你认识谁，送信的从哪里来，他们是否在穿越希腊的时候被耽搁了路程。修昔底德富有文采，但他的世界还没有吸收新的技术。

随着写作的发明，眼睛扮演了新的角色。此时我们的知识已并非仅存于记忆中，同时也存在于生活的视觉刺激中：各种形式的手写字迹。基于所有人类能够生产和眼睛能够学习的事物，我们建造了一个强大的文化。25 年前我们从传统的图书馆中读到的东西，都比一个人一辈子能够看到、听到或者被告知的东西丰富得多，且高出很多数量级。当代可与修昔底德的著作媲美的应该是丘吉尔的《第二次世界大战》，以及他们在战争各个阶段阅览的大量手写文件。但是想象一下，如果丘吉尔或希特勒可以通过互联网获取信息呢？

现在我们的世界又一次改变了。网络化的信息成为我们思维机制的一部分才不过20年。更多人可以实时上网获取海量信息，我们如今还不能自信地说这将意味着什么。原则上，这意味着改革和辩论的民主化。实际上，正如许多人已经证明的，它也意味着在这个世界中，人们可以忽略那些他们不愿意思考的事情，而选择他们需要的东西，并创造出明显比过去差得多的公共话语。

但是，就我自己而言，只是现在，我注意到的是我手指的变化。当你向我提出一个问题，我发现自己就开始浪费时间。如果我要离开桌子，我会迅速地、本能般地掏出手机，你也许认为我无视你的问题却开始读电子邮件和玩游戏——有时候，是的。但有时却不是的，当你问了我一个非常有趣的问题，我拿起手机是一种身体反应，意味着我需要开始操控指尖的信息来寻找数据以支撑起一个好的答案。我坐在桌前时是同样的模式：思考的信号是我开始握住鼠标；然后在鼠标垫上画圈，好让自己看到鼠标箭头在哪里；确定浏览器已经打开了，准备好搜索窗口。我的眼睛和手已经学会了用新的方式与大脑合作——点击、输入一些字、点击、快速阅读、再次点击。对我而言这的确是一种新的思维方式。

手指的运动是无意识的，就那么自然而然地发生了。但是，当我以自己的思考方式生活在可触碰的信息化社会时，恰好可以让我知道自己是怎样开始思考的。接下来我们会创造出三维虚拟空间吗？我可以在其中做手势、触摸，让手指在数据上奔跑么？我不知道，也没人会知道。但是我们已经踏上一场全新而且刺激的冒险历程，它的收获和损失我们只能慢慢去体会。

这一切都说明，我们现在已经生活在一个不同的空间中了。我们对这个空间还很陌生，即便我们自认为正在使用熟悉的工具（像一张从未被印刷的报纸，或者比任何书架上的硬麻布藏书都大得多的百科全书）。这个空间给现在的社会带来了快速的改变，并预示了未来是怎样的。我并不想预言互联网将如何发展，我只想等待着，看着我所期望的一切将如何到来。

65

A MIRROR FOR THE WORLD'S FOIBLES

一面找出世界弱点的镜子

约翰·马尔科夫（John Markoff）

《纽约时报》高级科技记者，普利策奖得主，著有《睡鼠说：个人电脑之迷幻往事》《与机器人共舞》。

30年前，斯坦福大学人工智能实验室的副主任莱斯·欧内斯特（Les Earnest）向我介绍了阿帕网。那是在1979年，在他可以俯瞰整个硅谷的家中，他通过一个终端和一个2 400波特的调制解调器连接到“人类网”（Human Nets）——一个研究技术将对社会产生什么影响的虚拟社区。

互联网打开了一扇窗，让我看到了一个难以驾驭的网络世界。用计算机音乐研究者作曲家约翰·乔宁（John Chowning）的话来说，它就像是苏格拉底的誓言。接下来的15年时间，我加入了一个互联网乌托邦阵营。互联网建造了一个远离弱肉强食世界的光辉山巅之城。在意识形态上，这个互联网乌托邦是一把由《连线》杂志举起的火炬，这一理想在约翰·巴洛1996年的“互联网独立宣言”中得以实现了。

我太傻了，我早就应该想到的，约翰·布鲁勒尔（John Brunner）的《震荡波骑士》（*The Shockwave Rider*），威廉姆·吉布森（William Gibson）的《神经漫游者》（*Neuromancer*），尼尔·史蒂芬森（Neal Stephenson）的《雪崩》（*Snowcrash*），弗诺·文奇（Vernor Vinge）的《真实姓名》（*True Names*），甚至较少人读过的经典，例如约翰·巴恩斯（John Barnes）的《风暴之母》（*The Mother of Storms*）等作品已经讲得很清楚了。科幻小说作者往往是最好的社会学家，在描述互联网的反乌托邦本质时他们又一次切中要害。

互联网的现实根本不是空洞的乌托邦，尽管有作家写出了种种布道式的未来观察报告，例如比尔·盖茨的《未来之路》(*The Road Ahead*)。在20世纪90年代，受凯文·米特尼克（Kevin Mitnick）事件的启发，我开始逐渐明白：互联网将整个星球的所有人直接连接起来，就像打开了潘多拉的盒子。

是的，互联网的确跨越了国界，但地方主义的死亡并不必然会带来更好的网络世界。它同时加速向好坏两个极端发展，结果必定会反映出这个世界的幻想和弱点。

欢迎来到冷酷的《银翼杀手》(*Blade Runner*)世界——一个由俄罗斯人、乌克兰人、尼日利亚人和美国网络暴徒主导的世界。在这里，我们的每一种情绪、每一个动作都被老大哥监视着。

我不仅变成了互联网悲观主义者，而且互联网开始让我感到恐怖。互联网倒不一定已经完全和人类一样，但是你不觉得互联网看起来有自己的思想吗？我们已经深深地进入这样的世界，它以半机器人为主导，利用每一个传统制度来榨取价值。我们是否会被它同化，还是我们已经被同化了？等一下！快阻止我！那是《黑客帝国》(*The Matrix*)，不是吗！

注：本文作者约翰·马尔科夫的《与机器人共舞》已由湛庐文化策划，浙江人民出版社出版。

66

A COMPLETELY NEW FORM OF SENSE

全新的感知形式

特伦斯·柯（Terence Koh）

艺术家。

我对互联网特别感兴趣，特别是现在。互联网是一种新的感知形式。作为人类，我和我的同类一样，在自我认知能力成熟之后就体验过，并借助视觉、嗅觉、触觉、听觉和味觉对真实世界有了总括性的认识。

但是谈到互联网，我认为它远超出了人们赋予它的由计算机组成的网络的概念（网站、电子邮件、博客、Twitter、谷歌等）。它变成了我不知该如何定义的“东西”，而且互联网正在超越这个“东西”，所以即便有些人没有电脑，互联网仍旧会对他们产生影响。

这很有趣，互联网正在变成一种人类从未见过的新的感知形式。

因为这影响到每一个人，我觉得要想思考互联网的现状必须要回归到作为个体的自我。因为我们个人的思想和行为对周边一切的影响正变得越来越重要。这些都由“我”开始。

这种新的关于“我”的集体感知就是互联网。

所以，现在有了一种新形式的“我”，它同时也是“我们”，因为我们都参与其中。

我不确定我的解答是否令你满意，因为我的确每天都在思考这个问题，但是目前仍未得出结论。

如果你觉得我的讲述方式听起来像一个糟糕的科幻小说作家的口吻，那么请原谅我。但是如果想让我能给出一个方向的话，那么我认为互联网很快就会自我进化，这会是我能给出的最精彩的答案。

我不认为互联网在自我进化时我会知道，那是一个很可怕的想法。

67

BY CHANGING MY BEHAVIOR

互联网改变了我的行为

塞利安·萨姆纳（Seirian Sumner）

布里斯托大学生命科学学院高级讲师。

我被这次的 Edge 问题难住了，因为没有什么工作或娱乐方式能让我离开互联网。我的兴趣、思考、工作以及娱乐的方式是随着互联网一起进化的。我想，如果我可以弄清楚没有互联网的生活是什么样子的，那会很有帮助。但是，放弃互联网不是一个可行的实验，即便是在个人层面也是如此。相反，我充分利用了这个正在被评估的资源库，也曾问过我在 Facebook 上的朋友，他们如何看待没有互联网的生活。如果我可以感知到在没有网络的平行世界里的另一个我，也许我可以理解互联网如何影响了我的思维方式。

Facebook 上的朋友们对没有网络的生活的第一反应是充满了惊骇。互联网在我们的生活中扮演了至关重要的角色——我的朋友们说，如果没有互联网，他们可能会"迷失""紧张""焦虑""孤僻"。他们担心：

"没有全天候聊天了吗？"

"我怎么结交新朋友？"

"我怎么和我外国的朋友保持联络？"

"我不得不亲自从活生生的人手中买东西！"

我们依赖互联网作为社交网络，需要它来联系朋友或陌生人以及获取资源。坐在我的电脑前，我就是组成互联网的上百万个节点中的一个。与互联网上的其他节点在物理空间中互动不太可能，但是我依然可以和他们所有人联结在一起。

对未知事物持谨慎和怀疑态度是我们人类祖先的特性，他们通过抵御外人对资源的抢夺和盗窃来确保生存。互联网的特别之处在于，它让我们高度善于接受陌生人，而且是不加分辨地接受。有一天我收到了一条信息，邀请我加入一个所有人的名字都是“塞利安”的 Facebook 小组。我能拒绝吗？当然不能！我本来永远都不会有机会见到 17 个叫塞利安的人，但现在我是塞利安虚拟网络上的一个节点。我为什么加入？因为我不会损失什么，这不会产生实际的消极后果，而且我也想接近这个与我完全没有交集的人群。我融入的圈子越多，可能收获的回报也越大。如果 Facebook 上的塞利安们真的来敲我的门，我会注册加入他们吗？不，当然不——太有侵入性、私人性，而且有可能要付出代价（他们知道我住哪儿，我没办法摆脱他们）。和我们祖先的行为相反，我们纵容在线的隐私侵犯，互联网的成功也正是基于这一点。

互联网的连接性是以泄露隐私为代价的，但是它的确促进了信息的快速获取和传递。尽管 Facebook 上朋友们的第一反应是害怕失去连接，他们更深思熟虑的回复则认识到了互联网所带来的丰富资源，传统的信息储存和传递方式将永远也无法取代互联网。

“我怎么找到答案呢？”

“根本不可能获得信息。”

“你是说我必须亲自去逛街或逛图书馆？”

“没有互联网就会太慢了。”

“生活圈太小。”

互联网依赖于我们对知识和连接的渴望，也依赖于我们在线时惊人的慷慨。我们在网上展现了无节制的利他主义，在聊天室里浪费时间给一个完全陌生的人出主意或者在维基百科上匿名提供知识只是为了增加别人的知识面。而且，根本就没有获得回报的希望或者保障。在网上交朋友、将个人信息交给陌生人（不管是银行信息还是音乐品位）是网民的主要特点，这与祖先们的谨慎小心特性差异很大。我们在 Facebook 上开心地给出的信息，正是极权政治的秘密警察希望通过审问得到的。通过放松我们对陌生人的怀疑（或观察）并且表现得无私（或随意），我们分享了自己的资源，并且获得了更多资源。

我原以为我的前互联网时代经历太少，以至于我没法回答这个问题。但是现在我意识到，我们每次登录互联网时，都经历了一次指向一个不同有机体的快速进化。互联网并不必然地改变了我们的思维方式，但是它的确**通过改变我们的行为，塑造和指引了我们的思维。**下了线，我们可能变得更神秘、吝啬、自私、多疑和以自我为中心。上了线，我们就变得博爱、大方、平易近人、友好且不警惕陌生人。在线行为有可能会在真实世界中格格不入，因为没有人会配合你。人们不想要不请自来的友谊和纯陌生人的慷慨。同样的，线下行为也在网络空间里表现得很糟糕：除非你给出一些个人信息，否则你能够获取的资源就非常有限。我们的个性之所以改变的原因是，互联网是逃避现实的入口：在鼠标的移动之下我们进入了另一个世界，我们的行为引发的后果看起来并不真实。

我们在线上和线下之间的悬殊程度也因人而异。最极端的，在线生活代表了一种追求无忧无虑的幻想：用一个完美的化身在《第二人生》的幻想世界里生活。还有什么更好的方式能够逃避现实生活中的沉闷和挣扎呢？

从线下到线上的行为改变需要适应能力吗？我们力图追求个体适应性的最大化。我们可以运用我们的沟通技巧（语言和写作）来做到这一点——我们可以劝服别人为了共同利益而改变自己的行为。早期原始人类的口头传播和象形文字就是我们祖先所使用的劝服工具。互联网是人类传播史上的第三次重大突破，人类行为的可塑性是开发和利用它的必要方式。我们需要调节行为中的这些转化吗？我的一个 Facebook 好友说，如果没有互联网，生活将会很“轻松”。我们对互联网的依赖让我们没有时间或空间去思考和处理我们从互联网上得到的复杂知识和互动信息。睡眠是“大脑归类”所必需的——也许线下生活（行为）也是。

总结一下：每一次登录互联网都改变了我的行为，并通过这种方式影响了我的思维方式。我大胆、厚脸皮、自发和互动的在线角色鼓励我去进一步思考线下生活之外的东西。我是和互联网串联在一起思考的，用它的知识来启发、挑战我的思想。我的声明如下：Facebook 启发了我的思考并促成了这篇文章，所以没有互联网我就无法写出这篇文章。

68

THERE IS NO NEW SELF

全新的自我并不存在

尼古拉斯·克里斯塔基斯（Nicholas A. Christakis）

哈佛大学医学博士，社会学学者，与詹姆斯·富勒（James Fowler）合著有《大连接》。

改变思维方式及增强认知能力的努力自古有之。对大脑的增强有几种方式，它们可以是硬件或软件，也可以在体内或体外。外部硬件包括洞穴壁画、手写文件、眼镜、手表、可穿戴电脑和大脑控制机等。内部硬件是一些可改变思维的发明，例如人工耳蜗、颅内电刺激等。内部软件包括教育、冥想、记忆法、认知疗法等。外部软件包括日历、投票系统、搜索引擎，还有互联网。

我亲身体验过这其中的大部分（除了壁画和神秘的硬件），我认为我可以自信地说它们并没有改变我的思维。

特别吸引我注意力的是，种类日趋复杂的外部软件——包括互联网，它们越来越多地包含传播和互动属性，也因此特别倾向于社交。它们更多地涉及思想、感受和很多个体行为，并以某种形式汇集在一起，且允许用户获取。人类拥有一个与生俱来的倾向，即与别人交流并受之影响，并从我们逐渐变成网络人的趋势中获取利益，这个倾向在互联网的作用下有所加剧。从这个角度来说，互联网既让我们开阔思维，又有些返祖。

互联网和之前同样具有里程碑意义的大脑增强技术没有什么不同，例如书籍和电话。而且，我怀疑书籍和电话是否真的改变了我们大脑的工作方式（也就是我提出这个摆在我们面前的问题的方式）。实际上，这么说会更准确，我们的思维促进了互联网的发展，而不是互联网促进了我们的思维发展。

另外一个恰当的比喻就是数学。人们花了几个世纪来积累数学知识，而我在高中的时候就学习了几何学和微积分，这种方式可能会让几个世纪之前的数学家们感到惊讶。但是，就像其他学生一样，我用于学习的大脑和几个世纪以来我们使用的大脑是相同的。数学当然影响了我如何看待世界，但是它改变了我的思维方式吗？答案恐怕是否定的。

说得更清楚些，互联网当然改变了一些与自我认知和社交互动有关的事情。在这两个方面，一个被广泛认可的例子是互联网如何引发了集体智慧现象，例如维基百科。它整合了人们利他的冲动和成千上万条来自遥远他方的知识。基于我参与这些事情的程度（我的确参与了），我和我的思维都受到了互联网的影响。

但是，我的大部分思考都服务于社交目的。这一事实的强有力证据是：大部分的对话内容都是琐碎的小事，而不关注复杂的哲学或者数学。实际上，若我们不是10岁的小男孩，我们多久才会思考或者讨论一次表面上看起来很重要的捕猎或者航海话题呢？大多数情况下，我们都会思考或谈论彼此，甚至对我们这些职业科学家而言也是如此。

的确，我们大脑的智力能力通常是为社交需求，而不是为环境的复杂性而进化的。灵长类动物中更大社会团体的进化需要并受益于更大的新皮层的进化（大脑外层中负责思考的部分）。反过来，管理社会的复杂性需要并受益于语言的进化。“社会脑假设”认为，我们思考的根本原因与我们在社会生活中的嵌入性有关。

科技在其中发挥了多大作用呢？答案是，非常少。试想一下，军事单位的实际规模几千年以来都没有发生改变，尽管我们的传播技术已经从烽火发展到了电报、广播和雷达。罗马军队的基本单位（步兵小队）是由120～130人组成的，相应的现代军队的单位规模仍然如此。

有效的人类小组规模没有发生太大的改变——即使传播技术已经改变，这暗示了科技并不是影响我们行为的关键因素。相反，最关键的因素是人类追寻社会关系的能力——在脑海中形成一份列表来识别不同的人，形成一份地图来弄清谁与谁有关以及这些关系是强大还是弱小、合作还是对立。我不认为互联网已经改变了我的大脑做这些事情的能力。我们可以用“朋友”来称呼我们在网上的交流对象，但他们当然不是我们真实的社会、情感或者生物学意义上的朋友。

不存在新的自我，不存在新的他人。所以，也不存在新的大脑和新的思维方式。互联网出现之前和之后，我们都是同一个物种。是的，互联网可以让学会做炸弹或找个性伴侣变得更简单，但是，互联网本身对我们思维方式的改变，不会比对我们的暴力倾向和与生俱来的爱的能力改变更多。

注：本文作者尼古拉斯·克里斯塔基斯的《大连接》已由湛庐文化策划，浙江人民出版社出版。

69

I ONCE WAS LOST BUT NOW AM FOUND, OR HOW TO NAVIGATE IN THE CHARTOOM OF MEMORY

我已迷途知返，我如何凭借记忆地图航行

奈丽·奥克斯曼（Neri Oxman）

麻省理工学院建筑师、研究员，“物质生态学”创立者。

> 他对我说：“我一个人的回忆抵得上开天辟地以来所有人的回忆的总和。”他也说：“我的梦境就像是其他人的清醒时分。”天将亮时，他又说：“我的记忆，先生，就像垃圾场。”
>
> ——豪尔赫·博尔赫斯，《博闻强记的福内斯》

《博闻强记的福内斯》讲述了一个引人深思的故事：在乌拉圭，一个名叫伊雷内奥·福内斯（Ireneo Funes）的男孩遭遇了一次事故，从此产生“超强记忆”的极端情况，这是一种记忆过度精确的精神反常症状。福内斯的记忆极为逼真，不费吹灰之力就可以想起自己看到过的任何物体的确切外观。他永远生活在“现在时”中，充斥着细节信息的历史影像，如同无尽的记忆之泉一样喷涌而出。“他甚至记得 1882 年 4 月 30 日黎明时南方朝霞的形状。”福内斯的记忆精确得像正在发生的事情一样，每一段视觉记忆伴随着触觉与温度的感知都被记录下来。他可以重构自己经历过的每一件事。他的记忆如此精确，以至于需要整整一天来重现过去的一天。在福内斯的世界里，思考根本毫无意义，因为他完全没有思考或解释的时间和意愿。

结果，福内斯无法抑制住记忆细节的冲动，任何进行想象或控制思维的尝试都被无情的机械记忆所抑制。（“一眼望去，我们可以看到放在桌子上的

三个酒杯；福内斯却能看到一株葡萄藤所有的枝条、一串串的果实和每一颗葡萄。”）福内斯无法对自己经历过的事情进行概括或推论。事物只能是它们本身的样子，被一一排列起来。严密精确的记忆如同诅咒，福内斯只能远离社会、与世隔绝，在“暗室”中度日，这样就不会有新的影像进入头脑，他可以一动不动地陷入对一根艾草枝条的冥想。

超强的异常记忆之于福内斯，恰似互联网之于人类。互联网是一个取之不尽、用之不竭的信息集合，它无时无刻不在记录着世界各处的一切事物。互联网取代了记忆，同时消除了误差。对于任何一种经历，我们能够想象到的各个方面的一切细节不是被记录下来，就是被消费在现实的另一个碎片中。我们似乎没有时间思考了。或者，这正是一种新的思考方式。那么，互联网是一种新的现实模式吗？还是说，现实正在变为互联网的一种模式？

在短篇故事《论科学的精确性》（*On Exactitude in Science*）中，博尔赫斯也表达了类似的想法：有一个帝国的制图技术极为精准，以至于国家地图就像国家本身一样辽阔。比例，或者说差异，都被复制所取代了。这张地图体现着现实与再现的矛盾。地图成了领土本身，而原本的领土则失去了真实性。地图达到了比真实更为真实的层面，因为没有比它更真实的东西了。

毫无疑问，不论是从字面意义还是象征意义而言，互联网都已经成了一张“世界地图”，以 1∶1 的比例记录着发生的每一个事实。在这样一个完美还原一切细节的、可预知的空间里，迷失自我是一件太过危险的事情。物理导航已经实现了，哪怕是最爱乱逛的人，也能通过在线地图完成路线制订任务。但是，这幅世界地图远比其字面意义有着更多的精神意蕴。

我们轻而易举就能获得一切我们需要的、想要的信息来理解和观察世界，但我们自己的感知力却随之枯萎，进行抽象的批判性思维的能力也随之衰退。我们重构的现实成了现实原型本身。

如果我们认为精神生产的事件源头，不论在文科还是理科领域，都是由批判性的现实重构能力、信息衡量能力和抽象思维能力所指导的，那么在网络时代我们的前路在哪里呢？我们是否正在成为自己发明物的牺牲品？互联网或许是社会发展的灯塔、复合型知识建立的基础——但它目前的等比例化是否阻碍了具有深度性和创造性的人类思维的认知本能？

福内斯被描绘成一个自闭型天才，他能够记住一切事物。这项天赋最终使他抓狂，但据说博尔赫斯创造福内斯这一形象是为了暗示“奇迹的浪费”，并指出了我们人类拥有的巨大潜能。让互联网长此以往地替我们思考，是否意味着我们在鼓励智能的退化？互联网是否正在让我们的意志不自觉地昏昏欲睡？

在记忆的联想特质与地图的精确指示之间有一张大脑的蓝图。在未来的气息中，无处不在的技术编织了一幅人们痴迷于连接的图景（或许这就是吉布森与斯特林对新意识兴起的预言）。如果说这种关于互动性增强的看法是不太准确的（肯定如此），那就是同源存在的缺失抹杀了将互联网转化为一个新的现实、一个强化思考的全球平台的成就。如果互联网可以成为人类意识的替代品，那么同源存在如何用经验和反思启发无限记忆的特性？一切都被装进了米奇的魔法帽里。

在博尔赫斯的故事里，福内斯引用了普林尼在《博物志》（*Naturalis Historia*）中写的有关记忆的章节中具有揭示性的一句话：“（人类）做不到将听过之事用同样的话进行复述（Ut nihil non iisdem verbis redderetur auditum）。”

70

THE GREATEST PORNOGRAPHER

“最棒”的色情作家

阿伦·安德森（Alun Anderson）

高级顾问，曾担任《新科学家》（*New Scientist*）杂志总编辑和发行主管，著有《冰：生命》（*After the Ice: Life*）、《死亡》（*Death*）以及《北极的新地缘政治》（*Geopolitics in the New Arctic*）。

互联网或许没有改变我的大脑的工作方式，但如果你将思维定义为个人思考、别人的思考以及与周边的环境之间的互动，那么互联网无疑改变了一切。在我所从事的行业中——作为作家和记者，“改变思维方式”已是势在必行而非可有可无：如果你不改变，你就可能被淘汰。

强大的新技术会对旧有的工作方式产生无可避免的毁灭性打击。被互联网分流了广告收益之后，报纸和杂志发现它们在资金上难以为继，因为大众并不愿意直接为广告付费。纸媒记者的工作开始被认为像烟囱清洁工一样稀松平常，而许多雇用这些记者的报纸和杂志，恐怕很难在网络媒体的冲击下生存下来。

书本也有可能消失。我可以想象一个21世纪末期的维基百科词条写道：

> **书**：一种传递信息的形式，由文本组成，围绕某个独立主题讲述一个特定的故事，平均每本大约有10万字，由个人或多人合著。从15世纪中期到21世纪末期，书以印刷品的形式出现；2012年后，书更多地以电子方式传播。至21世纪中期，书大范围地消失了，因为人们清楚地认识到，书不过是一种容量有限的知识载体，它被印刷技术束缚，其构成形式，如文本、图像等都可以无限地转化为其他表达形式。在21世纪早期，新的叙事模式脱离了印刷技术的束缚，并且激发了大众前所未有的创造力。即使在那之前，书本用于解释特定主题（参阅“课本”词条）的功能也迅速消亡了，因为人们越来越明显地认识到，单一、孤立的声音缺

乏权威性、智慧和广度。

这些变化以及那些已经或正在到来的创新机遇，是我们思维方式变化的外部体现——我们正从信息稀缺、人际互动水平低、言论难以得到反馈的时代，进入一个信息充裕、互动性强、反馈极多的时代。

作为一名记者，我还记得当时我最重要的财产就是记录着“联系人”的笔记本。我从联系人那里搜刮到的信息，在几个亲近同事的帮助下进一步被完善。但这已经是过去的事情了。有了互联网、搜索引擎、众多机构、压力集团和生产免费信息的个体，几乎所有事情都已经储存在那里并且对所有人开放。

我的工作不再是挖掘信息，而是提供连接信息的叙事线索。在泛滥的信息中，寻找更大的图景、更深的意义才是要事。你不再是寻找事件，而是要挖掘事实背后的意义。这种新的思维方式并不轻松。即使是强大的美国国土安全部，也未能把浮出水面的尼日利亚激进分子的信息碎片与近期发生的事件线索联系起来。结果，一架坐满乘客的飞机差点在空中被炸毁。

要很好地完成这项工作，仅仅与几个亲近的同事合作是不够的。我将自己从本地思维中解放出来，通过电子技术延伸到世界各地。（美国国土安全部应该也这么做过。）利用互联网，我通过与有相似兴趣的人彼此分享来逐步发展思维；我与很多从未见过面，甚至不知道年龄、背景、性别的人建立了虚拟的友谊，一同交流着想法。他们的慷慨令我惊喜。现在，我写的每一部分内容都能得到迅速修改。我不再独自思考，而是利用互联网提供的全球对话机遇来发展思维。

杂志、书等有固定物理形态的媒介无法很好地获取这种信息流，这也是它们前景不明的部分原因。它们中的幸存者或许会因其物理形态得以保存并作为实际物品一直存在而狂喜。实体的美会与虚拟世界一同繁荣。我期待着杂志的重生，希望它们在触觉、感觉、外观和嗅觉上能让人感到将其持于手中是一种乐趣。

“乐趣”一词可以很好地改变我们的思维。互联网也许在大脑功能方面改变了我的思维方式，但它也许还在以一种更为物质的方式改变着世界的思维方式。互联网上充斥着性。通过互联网，仅仅几个小时内，一个知之甚少的人就能大规模、近距离地看到性的乐趣和扭曲，其信息量比 18 世纪的放荡男子一生的风流经历还要多。互联网是史上最佳的性教育机器、最棒的色情作家。我曾在一所穆斯林大学任教，网络性爱的潮流在那里是一个热点话题，让人无法低估互联网对传统社会的影响。完全未经审查、充满着性愉悦的照片能够流传到世界上的每一个角落，撼动着传统社会的年轻男女的思维。这种挣脱限制的情感将会怎样发展，我很难预料。

WE, THE METAPHORIC NEURONS OF THE GLOBAL BRAIN, ARE ON THE BRINK OF A WHOLLY NEW SYSTEM OF

SOCIETAL ORGANIZATION, ONE PREPARING THE GLOBE WITH THE METAPHORIC AXONS OF THE INTERNET LINKING US TOGETHER.

我们是隐喻性的全球脑神经元，正处在一个全新的社会组织体系的边缘地带，这个组织体系将连接你、我、他的互联网神经轴突布满全球。

——特库姆塞·菲奇（W. Tecumseh Fitch），《全球脑的进化》

71

EVOLVING A GLOBAL BRAIN

全球脑的进化

W. Tecumseh Fitch

特库姆塞·菲奇

奥地利维也纳大学认知生物学系教授，

著有《语言的演化》（*The Evolution of Language*）。

每当思考互联网对我思维的影响时，我总会想到同一个比喻。互联网的根本创新之处在于它允许“多对多”的拓扑学连接。突然间，两个上网的人可以流畅而高效地传递各种信息。我们可以在任何时间向任何人分享文字、代码、方程式、音乐或视频，而且基本上都是免费的。我们不再依赖出版商或媒体制作人来连接我们。这与动物进化中发生的情况一致，我们进化出复杂的大脑控制我们的行为，部分性地取代了以前基于荷尔蒙的“一对多”系统。通过与过去5亿年间动物进化发生的信息革命（即大脑的进化）进行比较，我们从长期进化的角度对新的信息拓扑学进行了思考。

我们的星球已经存在了45亿年，早在40亿年前就出现了生命。但在接下来四分之三的时间里，生命形态全都是单细胞组织，类似于今天的细菌、酵母菌或阿米巴虫。在生命产生之后，最具深远意义的有机体革命是单细胞组织向多细胞组织的转化，例如形成了树木、蘑菇和人类。

让我们从单细胞组织的角度考虑一下这种转化。阿米巴虫是一个自给自足的个体，可独立于其他细胞独自移动、感知、进食和繁殖。在 30 亿年的进化中，我们的祖先曾经也是这种自由生活的细胞，独立地“做自己的事情”。漫长的时间将我们打磨成比人类身体中的任何细胞都更全面、更有力的微小生物组织。如果阿米巴虫有幽默感的话，它一定会嘲笑红血球不过是一个愚蠢的装细胞质的袋子，它毫无生气，而且过分屈服于多细胞组织的暴力。

尽管如此，这样的细胞多面手在哪一方面都不精通。合作的多细胞体能让细胞组织实现专业化，即专注自己的本职工作：供养、进食和繁殖。专业化和分工使细胞队伍迅速壮大，在规模、效率和复杂性上超过了它们的单细胞祖先，形成了全新的生物组织。但这种新组织又制造了内部沟通的问题：如何确保彼此独立的细胞进行平稳、有效的合作？这一困境与专业化的人类社会的起源类似。

我们的身体用两种方式解决了组织协调数十亿半独立细胞的问题。在荷尔蒙系统中，主控细胞发送其他细胞必须服从的强大信号。类固醇荷尔蒙（如雄性激素和睾丸激素）进入人体细胞后，直接控制基因表达。内分泌系统就像一个无比强大的独裁者，所有细胞都必须遵守它的法令。

另一种方式涉及专门负责处理信息的新细胞类别：神经元。对植物和真菌而言，其内分泌模式运行良好，而后生动物（metazoans，多细胞生物）的移动、感知和行为则需要更精准的神经控制。从一开始，神经元就被组织成一个网络：它们是一个团队，共同处理信息并且作出决定。只有最后输出阶段的神经元，例如运动神经元，才保留了控制全身的直辖权。但是，运动神经元也必须共同工作才能产生协调的动作，而非不受控制的抽搐。

在人类社会中，语言是传播组织系统的起点，它将个体统一为更大的有机整体。所有动物都会沟通，但它们的信道非常狭窄，不支持任何思想的表达。语言让人类可以任意地将思想从一个人传递给另一个人，创造出一种新的文化团体组织。在人类进化的大部分时间里，这个系统的进化都是区域性的，这使小群体成了地方性的小型组织。口语使狩猎 - 采集者能够组织采集和收割时的互动，但也仅此而已。

书写的出现催生了最初的大型等级社会（通常是专制的）：一些强有力的国王和书吏控制着传播渠道，对所有人发号施令。这种“一对多”的拓扑学结构本质上就是一种内分泌模式。尽管存在技术上的复杂性，广播电视都共享这个拓扑学结构。统治者（或电视制片人）的公告和法律条文与我们体内荷尔蒙携带的生殖指令一样：命令传达给所有人，所有人都必须服从。

从古登堡时代开始，人类社会就开始缓慢探索新的组织规则。读写能力、书信、电报和民主是通往新组织的隐喻的阶梯。与荷尔蒙系统相比，它更接近于神经系统。互联网完成了这一进程：现在任意两个距离遥远的人都能彼此连接，共享信息，并基于这个新的共享信源做决定。就像我们大脑皮层中的神经元，每个人都有可能被来自任何人及任何地方的信息影响。我们是隐喻性的全球脑神经元，正处在一个全新的社会组织体系的边缘，这个组织体系将连接你、我、他的互联网神经轴突布满全球。

协议已经就位。**TCP/IP** 和 **HTML** 就相当于全球脑的神经递质和环腺苷酸：信息传递的通用协议。很快，一些主要语言，比如英语、汉语、西班牙语便可以提供全球信息交换。互联互通的集合实体（例如谷歌和维基百科）会扮演脑干细胞核的角色，其他所有的信息连接都必须适应。

这里有两个主要问题会质疑这种“全球脑”的比喻。第一，现在的全球脑与国际权力“器官”之间的连接还很微弱。政治、经济和军事力量仍然被隔绝在全球脑之外，有权力的个体可以紧紧依附于内分泌模式进行信息交换和控制。第二，我们的神经系统在自然选择之下进化了超过 4 亿年，在此期间数十亿错误的或有误导性的个体都被无情地淘汰了。但今天只有一个全球脑，并且没有一个试错程序能够从数万亿种可能性中提取出一个有效的配置。这个可怕的设计任务留给了我们。

72

THE INTERNET REIFIES A LOGIC ALREADY THERE

互联网具化了一个古老的逻辑

汤姆·麦卡锡（Tom McCarthy）

艺术家、小说家，著有《C》。

“互联网是否改变了你的思维方式？”“并没有。”西方文化一直关注网络。看看在《奥瑞斯忒亚》（*Oresteia*）中克吕泰墨斯特拉（Clytemnestra）关于“灯塔电报”的言论，或者是俄狄浦斯不得不设法穿过的电磁继电器系统和隐秘。看看丹尼尔·史莱伯（Daniel Schreber）关于电线和神经系统的预测，或者卡夫卡和里尔克关于连接凡人与上帝和天使（并拒绝他们靠近）的巨型交换台的想象。或者是海德格尔和德里达的作品：网络、传输、无尽的动力。

互联网具化了一个古老的逻辑。

73

INSTANT GRATIFICATION

瞬间满足

彼得·戴曼迪斯（Peter H. Diamandis）

麻省理工学院航空航天工程学士和硕士，哈佛大学医学院医学博士，著有《富足》《创业无畏》。

2009年年中，我进行了一场为期7天的环游世界商务之旅，从美国洛杉矶出发，途经新加坡、印度、阿联酋和西班牙。这次旅行的主要任务是四处演讲，全部行程都是工作。每当我到达一个新的国家时，我都会进行试验，在Twitter上说我已着陆，询问是否有朋友在这个国家。我的Twitter信息会自动推送到Facebook账户上。每到一个国家，每次发这种信息，都会有人回复："嘿，我正好也在这里，一起喝杯咖啡吧。"这真是一种即时而令人意想不到的满足感。只要发问，你就会有同样的收获。

在另一项试验中，我正在思考自掘金产业开始，人类挖掘出的黄金总体积。之所以对此感兴趣，是因为我对从几十年前坠落的小行星中挖掘稀有金属这一想法很着迷。我做了一些封底计算，结果令我吃惊。我在Twitter上发出了如下内容："从地球上挖掘出的所有黄金的总和是161 000吨，相当于20立方米……请核对一下我的计算！"

几分钟内，我的计算得到了3次验证，还得到了白金（约6立方米）、铑（约3立方米）、钯（约7立方米）的数据。只要发问，你就会有同样的收获。

曾有多少次，尽管我对某些问题颇感兴趣，却又把它们置之一旁。现在我发现，即使复杂的问题也可以被轻易解决（甚至伴随着更为深入、全面的知识），我只需要在社交网站上抛出一个数字请求就行了！我的问题越好、越令人感兴趣，得到的答案就越吸引人。以此类推，我可以想象这一经验同样适用于艺术品、视频、制成品领域的问题。重点是，近乎瞬时的满足变得可行了，但诱因的质量则至关重要；在这种情况下，诱因就是机缘巧合和吸引人的问题。今后，这种情况的诱因也可以是金钱、提问的人，或者待解决问题的重要性。

注：本文作者彼得·戴曼迪斯的《富足》《创业无畏》已由湛庐文化策划，浙江人民出版社出版。

74

THE INTERNET AS SOCIAL AMPLIFIER

互联网是一个社会放大器

戴维·迈尔斯（David G. Myers）

霍普学院社会心理学家，著有《社会心理学》（第11版）、《迈尔斯直觉心理学》。

在社会心理学研究中，我对群体极化实验非常熟悉。群体极化（group polarization）指的是，面对面讨论时群体成员原先的观点有被放大的趋势。但我并未想到在虚拟群体中极化所潜在的危险性或创作的可能性。

电子传播和社交网站使茶党、否认全球变暖者、阴谋论家可以表达自己的观点，并为他们的主张和质疑寻求支持。互联网将思维相似的人联系在一起，将他们的想法汇集在一起。种族歧视可能会更加严重，反对派会更加充满敌意，武装组织成员会更有暴力倾向。虚拟世界的回音室就和现实世界一样：隔离＋对话＝极化。

但是，互联网作为社会放大器也有好的一面，它可以将经历相似的人们联系在一起。和平主义者，癌症幸存者，失去子女的父母可以从有相同经历的人群中找到力量和慰藉。

互联网也可以通过放大人们共同关注点和想法的方式，来培养社会创业精神。例如：作为一个失聪者，我推广了一项简单技术，它可以双倍加强助听器的功能：点击一个按钮之后，将助听器变为无线扩音器。从天主教堂到邮局窗口再到出租车上，我在英国的无数地点试验了这项“听力回路”技术后，将其推广到了密歇根州西部地区。在包括大急流城会展中心和机场的所有登机口处的几百个地点都能找到这项发明的应用设备。然后，通过网站、失聪者门户、电子邮件，我与其他推广助听技术的人取得联系，我们相互帮助汇集了一定的力量。

借助于网络虚拟社区的集体效应，兼容的听力辅助器被推广到了其他社区和州。纽约在 488 个地铁问讯处安装了它。美国听力学学会和美国失聪者协会还在讨论如何将这项廉价、无线的听力辅助器继续推广。几个州的失聪者协会都在推荐这项技术。现在，大部分助听器产业生产的助听器和人工耳蜗都装有这种听力辅助器需要的磁性接收器。新的公司也开始生产和营销我发明的“听力回路系统”，这太好了，美国的听力辅助产业正在经历由草根发起、互联网推动的转型期。

我的观点是：通过联系和强化同类人的想法，互联网可以产生极坏的效应，也可以产生极好的效应。

注：本文作者的戴维·迈尔斯《迈尔斯直觉心理学》已由湛庐文化策划，浙江人民出版社出版。

75
NAVIGATING PHYSICAL AND VIRTUAL LIVES
穿梭于现实与虚拟生活之间

琳达·斯通（Linda Stone）

高科技产业顾问，苹果电脑与微软公司前任执行官。

在网络时代之前，我更常去图书馆，打的电话也更多。我虽然读的书多，但视野狭窄，消息也不灵通。我走路、骑车、登山、游玩的时间多，甚至做爱的频率也更高。

网上充满智慧的贤者、学者、创意启发者，带领我好奇的思绪快乐地走向任何需要去的地方、任何能想象到的地方、任何我想去的地方，而这一切是充满欺骗性的。我钟爱的屏幕提供了无限多的、迷人的、有趣的、强大的、信息量极大的社会窗口，让我看到了全人类的经历。

互联网，这个在线虚拟世界是我的游乐场。我从一处荡到另一处，去了解写作是如何或充满孤立或拥抱社会的，了解创意嘉年华的无人驾驶飞行器，了解在哪里能找到自我量化见面会，学习怎么做柬埔寨鸡汤。我可以通过图片搜索查询“希望”“成功”或者“游玩”。事实上关于任何事情我都可以在网上找到相关的视频：在这个充满神奇的互联网上，我还学会了如何安全地打开一只泰国椰子。

我望向窗外欣赏西雅图不同寻常的美丽天空，意识到自己今天还没有出过门，香甜的“互联网果汁”正从我的下巴上流下来。我必须将注意力放在钟表上，才能回归真实世界。

物质世界是我可观、可感之地：谈话中朋友关心的目光，在外走路时我四肢的节奏和吹拂在脸上的微风，游戏之夜和参加百乐餐时朋友的陪伴。互联网支持着我的思考，而物质世界则不仅支持着我的思考，还为我带来了丰富的感知和情感体验。

我们当今的生活越发沉浸于食品与农贸市场绝非偶然——它们带动了我们的感官，将我们与他人联系在一起。

互联网怎样改变了我的思维方式呢？我越是喜爱和了解互联网，对比就越清晰，现实生活与虚拟生活之间的对抗就越强。互联网占据了我的身体，如今它不过是一具盘踞在显示器前缺乏生命力的躯壳。随着我贪婪的思维变成了“互联网”这一全球大脑的一部分，我的感知却变得麻木了。

我很自信，我可以在网上找到几乎所有的事情，也自信能在不上网时保持充分的活力。要平衡两者，我找到的唯一方法是自控。

线上与线下生活之间的反差感使我意识到物质世界的种种美好。我现在可以更为坚定地在两种世界中来回转换，选择一个世界，然后再转向另一个世界，两种生活都不放弃。

76

NOT EVERYTHING OR EVERYONE IN THE WORLD HAS A HOME ON THE INTERNET

不是世上的所有人、所有事都在网上

巴里·史密斯（Barry C. Smith）

伦敦大学高等研究院哲学研究所主任、教授。

互联网的发展逆转了我们此前的预想：私密的信息变成了公开的，地方的事物变成了全球的，信息变成了娱乐对象，消费者成成了生产者，每个人都成了专家，过去与社会隔绝之人成了热爱虚拟世界的巨大群体中的一员。这些改变带来了什么呢？

起初，它们显得非常强大。每个人都有发言权，观点民主化，当自然资源逐渐匮乏、环境问题要求我们减少排放物时，互联网似乎成了一种不断扩张、趋于无限的资源。在互联网上，我似乎发现了一个平行世界，在这个平行世界里，规整的模式代替了繁杂的现实，自由得以声张，错误被纠正，命运被改写。我为这种可能性感到高兴。

然而事实是，这一虚拟世界是从真实世界中产生的，最终也必将依赖真实世界而存在。它吸取着真实世界的元素，消费着真实世界的资源，也无可避免地继承了真实世界的缺点。我在互联网上发现了一切真实世界的东西：好的，乏味的，重要的，琐碎的，迷人的，令人讨厌的。网络世界中既有创新作家、现场记者，也有网络暴力者、仇恨煽动者和跟踪狂。随着我的信息越来越多地呈现在网上，这些信息也就越来越多地被利用，结果好坏参半。更多的网络身份意味着更多的身份盗用，不论我怎样加密，黑客都会试着解密。在这种情况下，政府和其他机构常常用更古老的技术传递最机密的信息，甚至还会把信息写在卷轴上，放进充气管中的小容器里。当然，这也进一步引起了网络阴谋论者的怀疑。

看看我通过互联网得到了什么：我现在可以听到来自四面八方的各种声音，发现新的有才华的人，比如小众作家、收藏家、音乐家、艺术家。我可以看到更多的书、期刊文章、报纸、电视节目、纪录片和电影。之前所缺少的实时内容互联网也会提供。这些人和平台大多会提供一些有趣或重要的内容，通过互联网推送到全世界。在这里，我们有现成的内容供贪婪的互联网来消费和展示。

但是，新媒体也出现了。其内容来自互联网，也作用于互联网。包括博客、维基百科和 YouTube，以及其他许多共享、沟通的新工具，如 Facebook、谷歌社群和 Twitter。这些新的工具会代替现有的一切吗？我们还不清楚。在互联网提供的精神与物质内容中，我们需要高质量的内容，需要去粗取精的方法。正如计算机编程员们喜欢说的：垃圾进来、垃圾出去。有些人会认为，这是我们的选择。不过，我发现自己对人们发布在网上的事物有着深深的怀疑和嘲讽之情。最有趣的是，那些展示美好生活的博主，有些日记作家希望在互联网上与每个人成为知己。写出独特观点和良好主题的博主会吸引大批粉丝，当其声望在全球传播时，他们的文章便可以签约发表，经过简单编辑后成书，回过头来还是供读者在网上阅读。

依托于互联网产生的新现象有什么呢？例如不设权限的开源编程、虚拟的社交网站、知识生产，这些都为我们带来了益处，体现着人类的希望，是人们集体协作和共享精神的产物。这些现象所体现出的包容性令人鼓舞。我想要参与其中，也喜欢人们为更大的目标贡献微薄力量。但是，新技术也使我看到了它们给人们带来的虚妄而扭曲的影响：互联网让人们产生了人人都能成为明星的虚妄幻想，让人们以网络身份活在虚拟现实中、在聊天室里塑造第二人格，让人们幻想自己总能在互联网上某些地方赚到钱。

我该怎样应对这个不断加速的信息时代呢？信息负载具有压倒一切的力量，我希望知晓一切、不错过一切的欲望也是如此。我想要对所有事都涉足一点，寻求着来自可靠信源的、经过处理的、简明的、格式规整的内容。我的阅读习惯已经改变了，我意识到打包好的信息是多么重要。现在，浏览科学期刊中上千个摘要、快速搜索值得精读的文章已经成为必要的阅读方式。学术争论似乎都是基于对摘要的理解，根据文章标题和几百字的介绍就可以对学术观点进行否决。当然，完整的作品也依然存在，但我们希望互联网为我们带来直接的结果。这使我涉猎渐多却知之渐少。同时，建立联系、整合信息等令人眼花缭乱的新功能使我惊喜。我的学习变得更为快捷了，不过这种制造关联话题的意愿与精神病人搜寻规律的行为有着危险的相似性。我们是时候该慢下来，去花更长的时间进行学习。

互联网不断深入地向我展示着其参与者，但我确信这一事实：并非所有事、所有人都在互联网上有归属之处。我们忽视了不能读写的群体、没有电脑的群体，以及那些选择不通过网络连接这个世界的群体。认为在互联网上找不到的就是不存在的，以及把虚拟世界当作真实世界的想法极其危险。虚拟世界并非真实世界。不论网民有多么古怪、令人难以置信，他们都是与我类似的，都是掌握着计算机操作知识的人。当然，我们之中也存在着多样性、层级性以及来自不同领域的各类信息，但除非互联网用户开始将注意力转向那些主动或被动地脱离于网络世界之外的人，否则所有参与信息时代的人看到的都是镜中的自己。我对这个世界的粗浅了解也就仅限于这些了。

77

EPHEMERA AND BACK AGAIN

昙花一现

克里斯·迪博纳（Chris DiBona）

谷歌开源和公共关系部主任。

我常常觉得我的大脑不过是一个具有创造性的情感网络存储终端。除了极少数的几个特例（我的孩子、妻子和家庭），我没觉得有任何实际需求像过去那样，用几天、几个星期、几个月甚至几年来进行长期记忆。我开始认为，我进行记忆主要是为大脑健康着想，而非基于需要掌握这些信息的实际需求。例如，十进制的 32 是美国信息交换标准代码（ASCII）中的空格，《少将之歌》（*Major General's Song*）中的第二段歌词显示了斯坦利少将对二项式定理的了解。

现在，我几乎从来不背记除直系亲属以外的人的电话号码，而我过去能够自豪地把所有号码都背下来。如今，由于网络生活之丰富，我一般会记住不同地方的区号，这样我就能猜到是谁打电话来了。这或许是通讯录同步功能带来的。不过，我仍然觉得很多音频对话或音频记录信息密度过小，听起来效率不高，除非我还在同时做别的事情，比如开车或者洗碗。

特别是一些文化元素，我不会长时间考虑某部电影中昏迷的女人是谁。我只要上网一查就能找到。我不会花时间思考《星际迷航》里“时间变成了一个循环”这句台词来自哪首歌曲，我也不难在网上找到那本描述主角绕着中子星做太空旅行寻找外星人并发现了其潮汐变化的书，更不需要好奇是在哪个游戏里一只狗可以陪着我度过后末日时代的加州生活。就像巴甫洛夫学说那样，随着我不断滚动屏幕，知识的大潮向我席卷而来。

在我旅行时，我不再去拍外面的景色，除非是为家人拍照。如果我想回忆某次旅行的话，网上肯定有更好的风景照。

我甚至并不担心自己在哪里，因为正如计算机数据包那样穿梭于客机—路由器—服务器—回路—对等机—主机—客机之间，我也在家—车上，在飞机上—车上—酒店—车上—办公室或在会议室—车上—酒店—车上—飞机—车上—家之间往返着，伴随我的只有我唯一的朋友——时差反应，以及我电脑中的娱乐资源：书、电影、游戏、音乐，以及蜂窝式数据、耳机、电路等。

有些人会把这种信息处理方式当作一种加强和接受无知的手段，抑或一种空虚的生活。尼古拉斯·卡尔（Nicholas Carr）在 2008 年的《大西洋月刊》上发表了《谷歌正让我们变蠢吗》，吸引了很多人们的注意。作者根据自己注意力下降的情况（也许是在为这种情况找理由），指责谷歌的产品正在消弭深度思考。同时作者还沉浸在一种荒谬的怀旧情绪中，认为应该让知识难以找到、难以获取。

不过，那篇文章中有一个观点是值得探究的，现在的人们有一种浅薄逐渐加剧的危险。我开始理解、预见和接受人们把网络与信仰联系在一起的事实。这一点无法改变，除非扭曲互联网的创造性；而正是创造性使互联网如此有用，例如，在维基百科拓展和存储有关一切的人类知识时，保守百科（Conservapedia）则在改写更适合自由市场的《圣经》。

但是，无知的人在互联网内外都是无知的。我不认为互联网创造了更多无知的群体。互联网改变的是“独特思维”的定义。我想，地球上有 67 亿人口，超过 10 亿人可以在互联网上表达自我，上亿人可以用手机上网，我所产生的关于专业领域外的想法大概已经有人探究，甚至应用到实际生活中了。委婉地讲，即使在我的专业领域内，也有很多内容产生于非独特性的思维。这并不是说世界不需要实践者。我认为自己就是一个非常好的实践者，但只是很少在自己专业领域内思考出我以为真正独特的方法。

我曾经绝望地认为，我们只是连接“冲动—动手—网络—工作”之间的导管。但是，在过去 10 年中，我认为它给了我安慰。不是所有的想法都必须由自己想出，我可以把互联网的高级功能更多地用在有价值的事物上，例如我的家庭，我的工作，以及我喜欢和珍惜的事物，而非用于加载浏览器、打开标签页浏览今日实时热点上。

为完成这篇文章我搜索过的词条如下：

现代少将　谷歌　愚蠢

花园　削皮　处理　裂开

密集　反义词

少将之歌

歌曲小节的定义

ASCII 表

游戏，一只狗陪我度过后末日时代的加州生活

绕着一个中子星做太空旅行，发现了潮汐变化

做太空旅行，发现了潮汐变化

在外星人制造的飞船里环绕中子星

绕着中子星做太空旅行，眼睛长在手上的人

时间变成了一个循环

电影中一个昏迷的女人

每年印刷的书

保守百科

能上网的智能手机

能用手机上网的人

地球人口

78

WHAT DO WE THINK ABOUT? WHO GETS TO DO THE THINKING?

我们在思考什么？谁来负责思考？

叶夫根尼·莫罗佐夫（Evgeny Morozov）

《新共和》（*The New Republic*）特约编辑，多家报刊的专栏作家，著有《技术至死：数字化生存的阴暗面》（*To Save Everything, Click Here: The Folly of Technological Solutionism*）。

互联网真正实现改写我们大脑处理信息的方式可能还需要好几十年，就其当下的影响力而言，我们应该期待改写将发生在社会层面而非生物层面上。当然，这两者都让我担忧。一个与互联网如何改变我们的思考对象有关，一个与谁来负责思考有关。

关于思考对象的问题，让我尤其担忧的是：在数字化生活中，人们回忆和反思的能力快速消失而无可挽回了。所谓的“即时网络”的到来让一切新的内容都可以被即时编目、读写和分析，这是 2009 年最显著却最易被忽视的互联网发展态势之一。这一态势提醒我们，我们的生活愈发关乎“当下”与过去，即使是不久前都呈现出了完全分离的状态。对于如今大多数全球信息代理人而言，过去的信息都只能强买强卖。

从某种意义上说，这并不令人惊讶。这头掌控了我们数字生活的猛兽需要我们不停地喂给它最零碎的新鲜信息。我们迎合其需求，喂给它无数的状态更新和泽字节量级的多媒体信息（每秒钟都有近 1 000 张照片被传上 Facebook）。网民对于“当下”的饥渴，已经深深影响了社交网站的底层建构和商业模型。Twitter 和 Facebook 并不在意我们 5 年前在做什么、想什么，它们只想知道我们现在在做什么、想什么。

这些网站如此极端地偏好“当下”是有原因的——这会提高网站将我们的生活卖给广告商的筹码。毕竟，大多数时间我们思考的无非都是如何满足自己精神或物质上的需求，这些需求越早被传递出去并与我们相应的社会群体相匹配，我们就越有可能被迫在网上买些什么。

我们回忆和处理过去生活的能力是这种思维具象化的不幸牺牲品之一。在社交网站时代，由遗忘的消亡而引发的种种歇斯底里极为常见。其中，回忆的消亡是最让我担忧的。数字时代为我们打开了另一个潘多拉魔盒：尽管我们的大脑有近乎无限的空间来存储我们的记忆，就像GPS定位、360度全景记录一样有着丰富的功能，我们给予大脑回忆和处理这些记忆的机会却减少了。

这一存储当下生活的“无底洞”蒙蔽了过往记忆对我们的治愈作用。如今，对于大多数人，“重新与过去建立联系”仅仅意味着多年前做的某件事出人意料地重新出现在社交网站上，只会令我们感到尴尬。但是，可供回忆的并非只有尴尬的事情。研究表明，回忆（特别是关于积极事件的回忆）与快乐之间有着复杂的联系：我们越是追忆前者，越能体验快乐。将我们与过去的联系替换为Facebook上的个人信息和Twitter的更新则会使我们不知道该如何欣赏自己的成就，会将我们变为亢奋、压抑、易怒的生物。

关于谁来思考的问题就更加微妙了，最明显的是：互联网平等地赋予了每个人获取知识的途径，我们都是俯身键盘上的思想家，就像罗丹著名的雕像一样。但这个答案是错的。

我最大的忧虑之一是，互联网会加深散漫的大众群体与严密的精英群体之间的鸿沟，进而妨碍到需要集体讨论的全球问题的解决（如气候变化以及更好的金融管理方式）。互联网可能就这些话题会引发更多的“思考”，但这些“思考”无法被平等地传播。

今天，我们正面临着低素质网民大量涌现的状况，这些人被卷入了由八卦网站、垃圾游戏、言论偏激的社交网站组成的数字漩涡中。另一方面，知识分子和精英群体则继续在新的数字环境下发展壮大，他们开发着一流的科学研究与协作工具，通过网络软件看艺术片，通过在线阅读软件看书，通过iTunes欣赏过往岁月遗留下的音乐瑰宝，最重要的是，通过巨大的在线图书馆寻找资料，谷歌即将推出的在线图书馆就有这样的服务。一旦低素质网民鼓吹自己在某些极端争议话题上的主张，那么他们与精英群体之间真实存在的鸿沟就会不幸变得更加深邃。（瑞士进行的有关禁止清真寺修建尖塔的全民公投就是一个典型的例子，同样的例子还有，网民在奥巴马的政府改革网站上推动大麻合法化，也成了焦点话题。）

说句题外话，考虑到日渐重要的版权问题以及世界上许多国家都在进行着的国家文化遗产数字化，这一知识宝库全部集中于北美的风险日益加大，这也就导致了另一种鸿沟。如果无法连接谷歌数字图书馆，欧洲和亚洲最负盛名的大学可能都不如美国中等的社区大学。这一现象似乎表明，互联网并不会将知识的生产与思想扩散到全球，而是进一步将其集中到一个地方。

79

THE INTERNET IS A CULTURAL FORM

互联网是一种文化形式

弗吉尼亚·赫弗南（Virginia Heffernan）

《纽约时报》专栏作家，“雅虎新闻”国家通讯员。

历史学家和科学家等研究真实世界的人可能会觉得，互联网的现实性改变了他们的思维方式。但是对于我们研究符号系统的人（包括哲学家和文学评论家）来说，互联网只是另一个符号系统，尽管不得不说它引人入胜、非同寻常，但它仍属于我们熟知的研究模式。

不管怎么说，无论真相蕴藏在什么事物中（包括神经细胞、气候变化、无神论），新的符号规则都不会扰乱真相。对于我们这种读小说比读磁共振成像扫描片更多的人而言，互联网——特别是万维网看起来就像我们已知的事物：一个主要由文字组成的虚拟世界。

哲学家和评论家必须训练有素、非常谨慎，不将互联网高度程式化的人造秩序混淆为现实本身。归根结底，具有传播力和影响力的文化词汇，如史诗、天主教弥撒、大英帝国、摄影作品等，总是声称自己真实而通透，以生活本身再现或延展了生命。作为高端艺术、流行艺术、民间艺术形式的延伸，互联网没有什么特别之处。对这一点一定要有清晰的认识，特别是当“互联网”代表着并不严肃的、高度商业化的、被称为“万维网”的空间时。

当投票选举、大屠杀、高速公路系统、文艺复兴风潮、男女同校的普及、The Phill 网站的流行、家用电器的应用、登月成功、刺杀肯尼迪事件、摇滚风潮等重大事件永久改变了我们的生活后，若我们想保持头脑清醒，便不能再踟蹰不前。这次，我们不能戏剧性地改变我们的思维方式，我们必须保持清醒的头脑。对我来说，这意味着必须继续阅读，不把新的文本误认为新的世界，不把新的表现形式误认为新的思维方式。

80

WALLOWING IN THE WORLD OF KNOWLEDGE

沉湎于知识的世界

彼得·施瓦茨（Peter Schwartz）

未来学家，商业战略学家，软件服务公司 Salesforce 主管全球政府关系与战略规划的高级副主席，著有《未来在发酵》（*Inevitable Surprises*）。

我于 1973 年开始在斯坦福大学研究院工作，有幸成为阿帕网最早的互联网用户之一。我们当时的实验是远程协作，最终生产出了手提箱般大小的 TI Silent 700 移动终端，其后背（没有屏幕）装有声音耦合器和热感型印刷机。我把它安放在了家里的书桌上。那时我正在奥林匹亚与华盛顿州的未来愿景州长丹·伊万斯的助理起草州发展规划。从那时起我便有了自己的身份认同感。

在 20 世纪 80 年代，我也是 WELL 的参与者，WELL 是第一批真正意义上的在线社区。几乎所有参与了 WELL 的人都有这样一种感觉：一系列丰富的多重感知被源源不断地、即时提供给我们。同时（尽管不是因为这一社区大部分浏览者是免费的网络游客），我的感知中萌生出了自主、独立思考的意识。

随着互联网、万维网和知识大爆炸的到来，新一层次的转化随之发生。我曾经习惯于查字典、翻阅年鉴。我很想知道得更多，事实上，我想知道所有事情。我也以研究、写作、演讲和提供咨询为生。知识的深度、广度和丰富性是吸引我投入热情、从事专业工作的关键因素，不过在网络时代之前，它们受到了我大脑容量的限制。现在，我有了一个近乎无限的、可随时获取信息的源泉，这些信息可以以每秒 1 比特的速度记在大脑里成为我自己的知识。对于我们这些沉湎于知识的世界中寻求乐趣并以此为生的人来说，互联网已经成了我们大脑功能的巨大延伸。

现代网络已经大部分实现了泰德·尼尔森（Ted Nelson）几十年前在“仙那度计划”（Xanadu project）中的预言，也证实了道格·恩格尔巴特（Doug Engelbart）在斯坦福研究院提出的“人类拓展设想”。如今，几乎所有知识都可以从世界上大部分地方即时获取。我们的个人有效记忆现在被大幅度拓展了，已趋近于无限。我们的身份植根于我们所知的事物，我们的思维方式则是我们身份的表达。

就我而言，互联网给我带来了自主意识及无所不在的知识，它们促进了我在更深层次的协作方面的技能。这意味着我的思路可以不再受大脑这一肉体机器的限制，可以让我的思想从我所处的地点和时间中解放出来。

互联网是我的第六感，它改变了我解决问题的方式。同时，它也从
改变了我思考的内容，这一点可能更有意义。

——**艾伯特-拉斯洛·巴拉巴西**（Albert-László Barabási），《**我的第六感**》

THE INTERNET IS MY SIXTH SENSE, ALTERING THE WAY I APPROACH A PROBLEM. BUT IT HAS JUST AS FUNDAMENTALLY CHANGED WHAT I THINK ABOUT, AND THAT MAY BE EVEN MORE SIGNIFICANT IN THE END.

81

MY SIXTH SENSE

我的第六感

Albert-László Barabási
艾伯特–拉斯洛·巴拉巴西
美国东北大学教授、全球复杂网络研究权威，
著有《链接：商业、科学与生活的新思维》
《爆发：大数据时代预见未来的新思维》等。

对我来说，互联网不仅仅有搜索引擎：它已经成为我研究的对象，成为我们身边诸多复杂系统的代表。

我知道这一转变是何时开始的。那是 1994 年 12 月，当时我就职于 IBM 公司，正打算学习计算机。我从托马斯·沃森研究中心借了一本有关计算机科学的书，以备假日充实头脑。那是我第一次接触互联网。几个月后，我提交了第一篇有关互联网的研究论文，但很快就被 4 家学术期刊拒绝了。没人说我的研究错了，他们只是认为："我们为什么要关心互联网？"（我的论文从未发表，但人们仍然可以读到——除了互联网，它还能在哪里呢？准确地说，它储存在洛斯阿拉莫斯的预印本电子档案馆里。）

互联网最终拯救了我，不过是在等了 4 年多之后。与此同时，我向搜索引擎提供商发出了无数封电子邮件索要有关网络拓扑学的数据。所有这些请求一定还在 V4641 射手座的双星系统中（离地球最近的黑洞里）徘徊，有的大概还滞留在银河系。最终，在 1998 年，一位优秀的博士后学者郑河雄（Hawoong Jeorg）对我说，他知道如何建立搜索引擎。他向我们提供的数据地图使我多年的坚持和数次挫折最终有了回报。1999 年，在这些数据的基础上，我首次发表了有关互联网的论文，研究对象是万维网的结构。

今天，我的工作根本无法离开互联网。互联网不仅是我获取信息的手段，还从根本上改变了我研究问题的方式。我的大部分研究都是为了寻找多元复杂系统和普适性组织原则，即所谓的规律和机制。如果这些规律真正普遍适用，它们就能同时适用于我们的网络世界，不仅包括互联网，还包括万维网的在线社区。因此，我们常常在互联网上而非实验室或经济系统中试验我们的想法，这样更便于监控和测量。

互联网是我的第六感，它改变了我解决问题的方式。同时，它也从根本上改变了我思考的内容，这一点可能更有意义。

注：本文作者艾伯特-拉斯洛·巴拉巴西的《链接》已由湛庐文化策划，浙江人民出版社出版;《爆发》已由湛庐文化策划，中国人民大学出版社出版。

82

ONE'S GUILD

我的行业协会

斯图尔特·布兰德（Stewart Brand）

《全球概览》创始人，The WELL 虚拟社区与恒今基金会的联合创始人，著有《地球的法则：21 世纪地球宣言》（*Whole Earth Discipline:An Ecopragmatist Manifesto*）。

离开他们我就无法做事，我想几乎所有人都是这样的情况。“他们”指的是最亲密的智能协作者。在我的社会思维、延伸思维中，他们是主要影响因素。我的思维方式很大程度上都是由他们的思维方式所塑造的。

我们之间的联系比团队松散，却比同行关系亲密，我们并非俱乐部、工作组织或者某种精英团体，我把这个组织称为行业协会。协会成员有各自的工作，并不需要相互报告。我们有时直接合作，不过多数时候不会这样。协会中的每个人还有其他的协会，并且与我的也不相同。对于他们，我可能并不是他们心中的协会成员。现在，我的协会中有丹尼·希利斯（Danny Hills）、布莱恩·伊诺、彼得·施瓦茨、凯文·凯利、约翰·布罗克曼、亚历山大·罗斯（Alexander Rose）和瑞安·费伦（Ryan Phelan）。偶尔，我们会有组织地通过恒今基金会（Long Now Foundation）、全球商务网或 Edge.org 联系。

我的行业协会是一个经过多年，甚至几十年才建立起来的对话平台。我会留心自己所处团体的想法，因为我们有着共同的兴趣，而我的团体不断地为我带来惊喜。尽管我们非常熟悉，但我仍然难以完全了解他们的想法。他们持续不断的创造力不断地激发着我，我也努力服务于他们。我常常与协会中的人们换位进行思考：“丹尼会认为这是浪费时间吗？”“布莱恩会怎样在其中发现有趣之处？”“凯文或者约翰会继续探索这一想法吗？他们会怎样探索呢？”

我很少面对面地见到行业协会中的成员（除了我的妻子），我们也很少打电话。不过，我们会每周通过电子邮件和 Links 等互联网工具进行互动。（毫无疑问这反映着我们的年龄，更年轻的协会成员大概会用 Facebook、Twitter 或者其他社交工具。）

多亏了我与行业协会成员间的网络对话，我的思考能力在他们数字思维的帮助下获得了无限量的增长。

83

TRUST NOTHING, DEBATE EVERYTHING

质疑一切，辩论一切

贾森·卡拉卡尼斯（Jason Calacanis）

Mahalo.com 创始人，互联网企业家。

作为一个当过记者的人，我曾坚持在“所有事实”浮现之前不做任何评判、不进行任何爆炸性新闻的猜测。我曾习惯在脑海中围绕某个话题对其确定的事实进行清晰的整理和客观的记录。然而，鉴于信息流速渐增，互联网处理信息的工具渐强，我开始用推测代替客观记录。实时的网络平台要求我们开始转换自己的立场，对争论中的各方都进行质疑，并检验各种理论。与获取的真相相比，我们正被更频繁地欺骗、操控。所以我开始不再试着厘清事实，而是在社交网站中进行猜测并等待反馈。

当 2009 年 11 月胡德堡枪击案发生时，我立即在 Facebook 和 Twitter 上猜测：尼达尔·哈桑（Nidal Malik Hasan）的名字大概是一种恐怖主义暗示，这肯定不是巧合，对吗？这也是你的第一反应，不是吗？我收到了大量的回复，大家都愤怒地指责我竟然对 8 万粉丝发布“尚未证实”的猜测信息。多数人声称我们应该等待官方调查工作结束。一些人则认为我表现出了对穆斯林的偏见。

当看到相同证据的时候，任何调查者都会想到激进者的套路，CNN 的新闻记者也应如此。胡德堡枪击事件与恐怖主义的联系如此明显，结果 CNN 的记者认为：我们不应该仅仅因为犯罪者的名字听起来像是“9·11”劫机者就急着下结论。真的吗？这不正是调查者们所做的吗？或者是互联网所做的？而 CNN 的主持人在尴尬地混时间，他试图随便拿些什么填满播出时段，只要不是播报有关激进者的猜测就好。

调查者追踪到哈桑曾去过弗吉尼亚州的一处清真寺，而两名“9·11”劫机者也去做过礼拜。在这次，网民的猜测是正确的，CNN 却做着“负责任的事情”不参与其中。这样对吗？不正是猜测引发了讨论，而讨论将带我们找到可能的答案？

“妄下结论”是收集信息的关键一环，我们应该更多，而不是更少地这样做。网络的建立就是为了有效地传播与接近真实。哈桑的名片上写着“SoA”，这代表了他的信仰。要是有人“妄下结论”，在 Twitter 上发布这一事实就好了。

在 2003 年到 2004 年期间，人们对负面新闻的消费被博客评论所取代。现在，我们都可以通过手机客户端登录博客——即使是 Facebook、Twitter 这样的微型博客。我们不应等着事实确定，我们应该在新闻和知识逐渐显露的过程中猜测和验证假设。当然，事实是珍贵的，但在我看来猜测则能更深远、更好地建设网络。

我们的身份由评判者转变为了调查者，受众也走到了台前。请支持思维炸弹和那些将思维炸弹扔向你社交关系网的人！这种新的互动方式尽管混乱，却非常重要。我们要仔细研究各方对于事件的反映，因为人们的反映有时比事实更能说明问题。这就是互联网对我思维方式的改变：吝于相信，质疑一切，辩论一切。

84

HARMFUL ONE-LINERS, AN OCEAN OF FACTS, AND REWIRED MINDS

有害的笑话、事实的海洋和重构的心智

哈伊姆·哈拉里（Haim Harari）

物理学家，魏茨曼科学研究所前主任，著有《来自暴风之眼的观察：中东的恐怖和理性》（*A View from the Eye of the Storm: Terror and Reason in the Middle East*）。

很有可能，互联网对我们思维方式的影响比我愿意承认的大得多。其影响起码明显地体现在三个方面。

第一个变化是，消息日趋简短。

在发 Twitter、网络聊天、用黑莓手机发邮件等活动中，“传统”形式的60 秒电视新闻报道主体变成了试图描述想法、规则、事件、复杂情境和道德立场的网民。即使消息本身要长一些，我们接触的消息也比过去都要多，这意味着分配到每一条消息上的注意力是极少的。对于普通大众而言，造成的结果是关于每件事都会有极端观点泛滥。不只是政治方面——在政治上能够以一言蔽之的只有极左或极右的疯狂想法，还有很多关乎科学的观点。

说出一句谬论很容易，比如“进化论是错的”“全球变暖只是个神话”“疫苗接种会导致孤独症”，以及“上帝知道所有问题的答案”。而在真正的科学中，则需要很长的论文来解释和探讨关乎真实生活的“如果”和“但是”。

我发现这种趋势让我成为一个狂热的反极端主义者。每当我看到这种对想法和事实的电报般的（用过时的术语来说的话）阐述时，我就怒不可遏。因为他们明知这是错误的、具有误导性的，却还有这么多人从心理上、意识

上接受。更糟糕的是，那些仍然热衷于深入研究的人，那些对科学、社会、政治或其他话题保持平衡观点的人，却被看作旧时代的遗老，被极端分子们贴上“极端分子”的标签。

第二个变化是，思维过程中事实性知识的作用被削弱。每个人在判断不同事物时所需要的事实信息和思维模式有所差异，人们可以建立事物间的联系、创造新想法、区分事情的重要程度、分析事物变化过程、分辨如何遵循纯粹逻辑或生活常识，以及进行无数其他的复杂脑力工作。

网络让我们不必知晓很多的事实，因为我们都知道，动几下手指就可以获取事实，也就轻视了它们对思维锻炼的重要性。计算器的普及使算术的重要性下降了，互联网对思维过程中事实性知识的影响也是同样的道理，不过要比前者深远得多。但是，我们不应忘记：在科学发现中，通常最大的挑战在于提出正确的问题而非回答现成的问题，在于想到人们从未想到过的事实之间的关联。在这种努力中，知道那些事实在互联网无边海洋中的某处存在着是没有用的。我发现，尽管那些日益增加并为我所用的知识可以丰富我对社会、经济、政治话题的理解，但我的科学思考并未因为这些可获取的知识而产生什么改变。在这里有必要做出一个警告：可用事实泛滥的情况下，思维过程的一个重要能力被强化了，即对事实和类事实的可靠性进行判断评估。网上有大量的事实和类事实，将它们分辨清楚并不像看起来的那么容易。

第三个变化是，教与学的整个过程发生了改变。很显然，这种改变是深远而多面的。不过同样要注意的是，由于教育系统具有极端保守的本质，这种改变尚未大规模发生。互联网为我们带来了艺术珍品、模仿复杂实验的能力、通过实践和试错进行学习的机制，为我们免去了记忆事实和数字的必要，提供了世界上最优秀的老师们的讲解和课程，还对有特殊需要的孩子进行特别帮助，并带来了无数祖辈们无法获得、无与伦比的宝贵资源。从幼儿园到研究生院，任何参与其中的人都应意识到其中潜藏的无限机会和危险。这些学习上的改变成为现实后，可能会在学生的头脑中形成完全不同的知识、理解方法和思考模式。

我很惊讶，教育领域的变化竟如此之少。但不论我们是否喜欢，变化必须发生，也必将发生。它可能需要10年或20年的时间，但它将来肯定不会和现在一样。

另一个有趣的问题是：在基于互联网的教育系统中长大的孩子们，他们的思维和大脑会不会被生理性地“重构”，而有别于他们的先辈呢？我倾向于肯定的答案，但是这可能要留给2040年的Edge年度问题来解答了。

85

WHAT OTHER PEOPLE THINK

别人在想什么?

马蒂·赫斯特（Marti Hearst）

加州大学伯克利分校信息学院计算机科学家，著有《搜索用户界面》（*Search User Interfaces*）。

读研究生期间，作为一个在网络时代之前就研究搜索引擎的计算机科学家，我一直梦想着有一种网络可以代替低效率的图书馆，让人们可以轻易从网上获取所有的重要信息。尽管在过去看来，这一想法面临着不可逾越的阻碍，但令人惊喜的是，如今它实现了。

然而，我没有预料到的是，网络竟变得如此社会化。互联网发展之初，我只是想到可以在网上查菜谱。但是今天，我还期望看到别人对菜谱的看法，包括他们会在菜中加入什么佐料、配什么沙拉，他们哪些家人喜欢吃这道菜、哪些不喜欢。这些多角度的信息能让我成为一个更好的厨师。

如果我喜欢某个电视节目，在最新一期播出之后的几小时甚至几分钟之内，我就可以参与到某个由专业网站或高质量用户发起的讨论中，愉快而且信息量丰沛。这不仅增加了我对电视节目的兴趣，也为我带来了新的理解。

我不仅可以在线下载付费软件，而且近几年还能下载令人眼花缭乱的免费软件。这使在过去需要花几个月、几年才能达到的研究进度在几天内就可以完成。网上一直有讨论软件的在线社区。事实上，在早期的在线社区中，编码是最常见的话题。但那时候大家无私奉献出的信息之丰富、详尽程度令人难以置信。而且，在线问答网站的设计在几年内就从粗糙变得很精致。

与参与回答 Edge 问题的科学家和研究员最相关的是：我们认为互联网的主要用途是加强虚拟学术机构中的交流、召开在线学术会议、在博客上协作完成数学论证、多个实验室在线协作并在几周之内将致命病毒隔离。

当然，我们在 80 年代早期就开始用电子邮件了。至少在互联网出现的 10 年前就有了在线电子公告栏，但只有很少一部分人使用它们，而且通常是通过一个速度极慢的调制解调器来运行。在网络时代早期，普通人的声音主要被局限在 GeoCities 等小众网站上，大多数的文本都出自学者和商人，信息交换极为有限。与之对应的是，2009 年的皮尤调查显示，现在有 51% 的网民在网上发布他们自己创作的内容，10% 的美国人每天都会在网上发布内容。

当然，参与性的增强意味着许多其他网络内容也在同时增加，例如我们过去所说的“口水战”、粗鲁的行为、错误信息，人们策划和鼓励破坏性活动的聚集地也在增加。一些人认为，这破坏了网络环境，但我不同意。人人都参与之后就会变成这样。

有趣的是，尽管 Edge 的年度问题在初创的形式上具有革新性，但 Edge 的网站还是不允许读者就其提供的观点进行评论。我并不是在评论这是一件好事或者坏事。Edge 基金会成立的目的是，通过鼓励知识分子“用读者能够理解的方式表达他们最深切的思考”，以加强大众对科学的理解。我只是在想，现在是否还没到拥抱新的互联网、让大众进行反馈的时候。

86

THE COLLECTIVE NATURE OF HUMAN INTELLIGENCE

人类智慧的共同本质

马特·里德利（Matt Ridley）

著名科普作家，牛津大学动物学博士，国际生命研究中心创始主席，著有《理性乐观派》。

互联网是思想观点的终极杂合场所，是文化基因的最高求偶竞技场。文化和知识发展就像生物进化一样依托于性。不然，它们就永远只是垂直的传输系统。性使生物得以有效利用种群中时常发生的基因突变，而互联网则使人们得以有效利用世界各地其他人的各种想法。广播和印刷媒体也能做到这点，再往前追溯，文字、语言也承担着这样的功能，但互联网使这种活动变得更加高速而激烈。

思想交流和知识专业化是推动文化和知识发展的动因，而互联网鼓励思想交流的功能也促进着知识的专业化。也许某个地方的某个人可以回答我的问题，在网络时代找到这个人比以前容易多了。能回答我问题的人常常是新闻界和学术界以外的业余爱好者，他们碰巧知道某些特定知识。例如：我怀疑温暖海域（而非正在迅速升温的海域）不适宜生长珊瑚礁，于是在网上搜寻，找到了这样一个问题："海洋中有哪些区域温度太高，使珊瑚礁无法生长吗？"一位刚从波斯湾靠近伊朗地区回来的司机在博客留言中回答了这个问题，他说在那里看到了在35℃的水中生长着多样且繁盛的珊瑚礁（那里比大堡礁的温度高10℃）。

这改变了我对人类智慧的传统认识。之前，我从未花太多时间对智慧进行学术探究。智商极高的人们有时极其愚蠢，愚蠢的人有时比聪明的人更适合做领导者，类似的悖论还有很多。我发现，其原因在于人类智慧是一种集体现象。如果 50 个愚蠢的人相互交流、专攻某个领域，产生的集体智慧会比 50 个不这么做的高智商之人所得更多。正因为如此，某个种族比其他种族智商更高、某个公司雇用的员工比其他公司员工智商更高这种事情无关紧要。如果我被困在一个孤岛上，我希望与中等智商却善于沟通的普通人相处，而非一群天才。互联网是人类智慧集体性特质最新、最好的体现。

87

SIX WAYS THE INTERNET MAY SAVE CIVILIZATION

互联网拯救文明的 6 种方法

大卫·伊格曼（David Eagleman）

神经科学家，贝勒医学院认知与行为实验室主任，著有畅销书《生命的清单》(*Sum*)。

互联网改变了我对社会崩溃之威胁的看法。当我们学习过去帝国崩塌的历史时，常常不由自主地认为，我们的文明也会重蹈覆辙，最终因某种顽疾而终结，例如传染病或能源枯竭。但是，互联网的快速发展彻底地（也令人愉快地）改变了我长期以来有关文明留存之威胁的观点。下面，我将介绍 6 种方式，分析快速而庞大的通信网络会如何以这 6 种方式拯救文明，以证明我们比祖先更为幸运。

1. 传染病危害减弱

较为可怕的文明崩塌原因之一就是，感染性疾病的流行。细菌或病毒性传染病造成了雅典、罗马帝国，以及美洲原住民诸多帝国的陷落。互联网可能会成为我们生存的关键，因为远程呈现的功能可以减少人与人的肢体接触，从而抑制微生物传播。如果再次面临毁灭性的传染病，现代企业可以让大多数员工在家工作，并同时保证供应链的运转。虽然互联网无法做到让所有人都不出门，但可以使微生物的寄主密度降低到爆发点之下。如果传染病暴发时我们准备充分，我们便可以流畅地转型为自我隔离式的社会，这样微生物便会因寄主过于稀少而消亡。不论这种隔离产生什么负面效果，对微生物的影响都比对人类的影响大得多。

2. 知识获取更便利

历史上的重大发现总是有区域性的。比如，天花疫苗接种技术至少过了100年才从印度、中国和非洲传播到欧洲。等到它到达北美，北美的文明早就崩塌了。那时信息不仅难以分享，而且难以保存。从亚历山大图书馆，到玛雅文集，人类知识饱受侵略者的战火侵袭和自然灾害的风雨侵蚀。那时知识总是难以获取，易于流失。

互联网比我们以往的任何技术都更好地解决了知识共享的问题。新发现会即刻为全人类所获取：信息得到广泛的传播，不断复制避免了流失。这样，社会可以快速运用知识的最新成果以抵御生存威胁。

3. 信息传播去中心化

我们正在见证媒体中心化管理的衰败。新闻故事正越来越多地成为动态更新的用户自制内容。在加州火灾中，当地的居民想通过电视台关注身边的邻居是否遭遇了危险。但是电视新闻更为关注名人豪宅的情况，所以加州人改变了策略，他们发 Twitter 消息，上传有定位信息的手机照片，更新 Facebook 状态。互联网对新闻的传播比任何电视台都更迅速、更准确。在这个去中心化的体制中，每个社区都有当地报道员，新闻的传递比火势蔓延更快。在适当的情况下，这种领先优势可以为我们的自救赢得宝贵的时间。

4. 审查制度作用降低

过去的一个世纪里，政治审查制度是一个我们熟知的社会阴影。互联网可以为世界各地的报纸、各个国家的摄影师和不同政治体系下的博主所用，实现信息传播的民主化。一些网络发言充满了说教和欺骗，另一些则争取独立和公正。所有这些言论都可以被终端用户获取，再进行理性的筛选、分析。

5. 教育面向更多人群

世界上的大部分人无法享受少数群体所能获得的高等教育。在每一个爱因斯坦、马友友、奥巴马背后，都有无数人无法得到相同的教育机会。大量的天赋浪费直接导致了经济输出的减少。在这个经济衰退能够引发社会结构崩塌的世界里，每一个社会都应该尽可能地发挥人才的作用。互联网给所有能够接触电脑的人打开了教育之门。这不是一件琐碎的小事，因为微小的可能性也会重新定义游戏规则。从维基百科到麻省理工大学公开课，地球上每位上进的少年都能畅游全世界知识的海洋。

6. 能源消耗减少

有人认为，能源问题可能导致社会崩溃：当能量消耗开始超过能量回收时，社会崩溃会接踵而来。互联网则可自然而然地解决能源问题。试想，从纸质邮件到电子邮件节省了多少能源。就在 10 年前，信息还是通过几立方米的档案柜而非字节来传播的。从纸张到电子技术的进步不仅便利了我们的生活，对人类未来也有关键性的影响。当然，网络背后的电脑也会产生能源消耗，但对于等量的信息流来说，网络消耗的能量远远少于依托于森林、煤矿、油田开采的原始传播方式。

导致社会崩溃的事件非常复杂，有一些现存威胁是互联网无法化解的。不过，网络传播能够解决许多最为常见的、致命的文明疾病。巧的是，我们现在也有能力自我隔离、保存知识、加速传播、减少审查、培养人力、节省能源。所以，下次如果再有同事对网络上瘾、Twitter 无聊、面对面交流减少等现象持悲观态度时，我会非常乐观地表示：即使有诸多弊病，互联网仍然可能是最终拯救人类的技术。

88

BETTER NEUROXING THROUGH THE INTERNET

互联网上的“头脑复印”

塞缪尔·巴伦德斯（Samuel Barondes）

加州大学心理学教授，神经生物和心理治疗中心主任，著有《人格解码》（*Making Sense of People*）。

多年以前，图书馆刚有施乐复印机时，我们很多人都松了一口气。我们不再需要把期刊上的文章段落抄写成难以辨认的手稿，只须把重要的书页放在扫描仪上复印，就可以随时使用这些素材了。后来复印的成本越来越低，我们可以把感兴趣的文章整篇复印下来，再后来发展到了直接复印所有我们可能感兴趣的文章。很快，我们走到哪里都能看到堆积成山的复印件。

生物学家西德尼·布莱纳（Sydney Brenner）喜欢研究并观察人类的种种愚蠢行为，他很快意识到：这项新技术在提供便利的同时也可能会浪费时间。因为很多人复印和存储了大量无关的论文，而不是认真阅读和记忆重要论文中的关键论点。他开玩笑地警告道，“头脑复印”比“施乐复印”重要得多。

布莱纳著名的警告并未缩短等待复印的队伍，不过互联网做到了。互联网让我们不再一次一页地把文件放入复印机复印，而是点击链接，生成PDF文件建立个人图书馆。通过互联网，我们还能设置重要事件提醒，持续跟进我们特别感兴趣的内容，或者按照自己选择的深度探索新领域。

好消息是，这项新技术可以减少我们对图书馆和复印机的依赖，同时为用户提供友好的信息访问端口，从而促进而非阻碍学术活动。这并不是说互联网上不存在浪费时间的诱惑。但如果你想获得自己关注话题的最新相关数据，互联网可以在眨眼之间将其带到你的面前。所有的东西都可以被“头脑复印”。

89

A GIFT TO CONSPIRATORS AND TERRORISTS EVERYWHERE

送给世界各地的阴谋论者和恐怖主义者最好的礼物

马塞尔·金斯波兰尼（Marcel Kinsbourne）

美国新学院心理学教授，小儿神经科医师、神经学家，合著有《儿童学习及注意力问题》（*Children's Learning and Attention Problems*）。

互联网解决了一个长期困扰我的问题：当我去了天堂以后，怎样才能打发无限的时间而不感到无聊呢？现在，只要天堂提供网络连接，我就可以不无聊。

互联网对每个问题或对或错的即时回应，产生了一个知识界的庞氏骗局。解答会激发更多问题，而问题在无限的问答过程中继续增多。我过去是以一种“串行”的方式工作，在大部分尚未探索过的图书馆中开掘新思路。现在，我不需要与任何人进行互动，除了手指我甚至不需要动弹身体的任何部位。只要我愿意，我可以平行地进行多项思考。唯一的障碍是，信息提供者有着种种商业考虑，要求我为所得的信息付费。如果有一天每个人的大脑中都植入全球互联网，这也就不是问题了。因为我们将在思维中进行交易，而众所周知，思维即使不是无偿的，也是自由的。

随着广度的不断扩大、时间的不断酝酿，思维的繁衍会让发明来促进发明，并达到连科幻小说都无法预见的成就。幸好互联网还有这些优点，因为另一方面，互联网也会带来负面的威胁，原因如下所述。

进化总的来说是件好事，但会产生两个棘手的问题：进化的过程极为缓慢，且极为缺少前瞻性（也就是说，其机制是非常缺乏智慧的）；我们的子孙后代会承担难以预料的后果。

人类祖先以小群体的形式分散在不宜居住、充满掠食者的热带草原。无情和冷酷的个体战胜了与之争夺稀有资源的个体，赢得了自然选择，种群得以存活。与生俱来的狂暴特性使得他们心中并没有界限的概念，但由于一些外部原因——他们的破坏能力有限，这在当时并不是问题。他们的武器射程短（棍棒）、交通低效（走路）、传播方式弱（嗓音），因此无法与群体以外的其他类似群体联合实施大规模破坏行为。但是，随着文化革新以指数级的速度超越了种群进化，人类的破坏力开始发挥出效果。同时，破坏者在每个人类群体中仍然小规模地存在，随着资源变得不再那么稀缺，他们帮助群体生存的用处变得越来越小（或许早应如此）。

武器的发展使我们具有迅速毁灭世界各地的能力。但传播媒介的发展相对滞后于武器发展，尽管广播和电视的确已经开始渗入、调度更广泛的人群。尽管这些武器可能会带来大规模性杀伤，但全世界人口还是不断增长。历史似乎发展到了一个群星璀璨的阶段，建设性力量正超越了破坏性力量。但事情并没有都朝着这一方向前进。

全球各地都有一些想法相似的破坏者，他们会如何协调这种力量使之联合起来造成大规模伤害？他们会运用互联网，招募、制订计划。互联网是一份献给世界各地阴谋论者和恐怖主义者的礼物。军备竞赛的速度正在加剧，而人类进化的速度则落后许多。恐怖主义蔓延全球，未来的终点是全球性毁灭。为什么人类会想要这样的结局？因为这是他们的天性。

想想青蛙和蝎子的故事。蝎子请求青蛙载它过河。青蛙回复说：“可你会蜇我，那样我就会死。”蝎子争辩道：“如果那样，我自己也会被淹死。”青蛙答应了，载着蝎子游到河中，却还是被蜇了。青蛙问：“你为什么这么做？”蝎子说：“因为这是我的天性。”

大自然进行选择，却不解释原因。毕竟，也没有任何人能解释。所以，不论是过去还是现在，被自然选中的生物偶尔会顺应天性行事（但范围急剧扩大了）。要怪就怪缺乏智慧的进化机制吧。

人脑中有着累积创造发明的活力，也有与生俱来的非理性的破坏欲。互联网就像一把双刃剑，帮助和激发着人类正负两方面的活动，它所带来的终极军备竞赛已经达到了白热化阶段。这会进一步完善我们的种群，还是使我们灭绝？蟑螂会见证一切。

90

THE ANT HILL

蚁丘

伊娃·维森（Eva Wisten）

记者，著有《在曼哈顿单身》（*Single in Manhattan*）。

当你在飞机上看着下面灯光斑斓、车水马龙的城市时，你可能会觉得每件事都是相互联系的，它们都是同一系统中不断变化的部分。如果你是在地面上开车的人，当从 B 处到 A 处时，你的视角自然会不一样。开车的人会觉得自己是独立的个体——车是符合自己性格特点的，目的地也是自己选的。开车的人不会觉得自己是众多排队人中的一个点。

互联网有时让我觉得自己就是那个“开车的人”。多个彼此分离的系统相互融合（通常不可见），将我的行动引向多条不同的道路，而我只能希望这一切是有益的。互联网带来的可见关联或许没有改变我的思维方式，但它使更多人的想法进入了我的脑海。借助互联网，越来越多的人（包括计算机）的迷因（meme）和计算经过了我们的头脑。不论结果好坏，这种新形式的联系有时让我觉得如果我能飘起几英尺高，一定会看到一个蚁丘。所有蚂蚁近看都是不同而独特的，但从人的高度看它们都非常相像。产生这种联系的新工具让我每移动一个树枝时都会发现更多的蚂蚁，想放下野餐篮时也会看到更多碍事的蚂蚁。

但是，随着越来越多的想法和图像经过我的头脑，随着我在互联网上检索一个话题想看看之前有多少人和我有相同的想法，随着越来越多的系统相互配合并完成了一切的物流工作，我确实认为这种联系颇有益处，它将我们推向了原创化和本地化。

我们可以在创造力和管理上原创化，在蚁丘上开拓出一条新路，或者我们可以吸取蚁丘某方面的优点，将其应用到本地。一些蚂蚁具有足够的原创能力，可以造福整个蚁丘，但其他蚂蚁也可以学习和模仿其优点，应用到它们各自的蚁丘。在来回交流，试着完成任务、沟通、厘清思路的过程中，我认为蚂蚁最需要的不是领导者而是管理者，管理者能够有效地指出好东西的方向。

互联网为我带来的资源或许并没有改变我的思维方式，但确实代替我进行了一些思考。尤其是，互联网改变了我看待自己的方式。现实世界的活动和联系对我来说仍然是最重要的事情，而互联网则能记录我的行为。互联网让我认识到，我的思想和行为以超乎我想象的程度集合了众人的思想和行为。

AS THE FIRST GENERATION TO CONTEMPLATE THE FACT THAT HUMANITY MAY HAVE A SEVERELY TRUNCATED FUTURE, WE LIVE AT ARGUABLY THE MOST PIVOTAL MOMENT IN THE SUBSTANTIAL HISTORY OF HOMO SAPIENS.

面对人性失落的未来，作为深刻思考这个事实的第一代人，我们正生活在“智人”发展史上最关键的时刻。

——斯科特·桑普森（Scott D. Sampson），《真实体验的灭绝》

91

THE EXTINCTION OF EXPERIENCE

真实体验的灭绝

Scott D. Sampson
斯科特·桑普森
恐龙研究专家，科学传播者，
著有《恐龙的奇幻历险：生命之网中的化石纹理》
（*Dinosaur Odyssey: Fossil Threads in the Web of Life*）。

和很多人一样，我个人的体会是，互联网既是绝佳的信息来源，也是分散注意力的重要因素。它培养了我们保持联系的需求，却以牺牲生活中其他更宝贵的元素为代价。我不认为互联网像改变我的工作方式那样改变了我的思维方式。当然，手边有一个绝佳的信息来源是让人无法抗拒的，我常常在笔记本上开一个浏览器窗口，以备临时产生什么想法需要搜索信息。

然而，比起像我这样在网络时代之前长大的“游移在两种状态之间的人”，我更担心在网络时代出生的孩子，即所谓的“数字原住民”。我想知道互联网是否改变了他们的思维方式。这个问题尚未有定论。尽管相关研究可能还要耗费多年才能完成，但如果人一生中每天都被发光屏幕上快速流动的信息主宰，那他们很可能会产生大脑和思维方式的变化。人们最常说的网络造成的潜在影响包括思维的碎片化和注意力下降，以及反思（更别提兴趣）、内省和深度思考能力的减弱。另一个常被提到的担忧是有关传播的本质，即人们之间的交流变得愈发简短，面对面交流逐渐减少。

但是，我更担心的是上面未提到的一个问题——真实体验的灭绝。这一术语是由作家兼博物学家罗伯特·派尔（Robert Michael Pyle）提出的，意指亲近大自然的体验的缺失。显然，任何一个每天花 10 多个小时盯着屏幕的人都不会投入太多时间体验“真实的”世界。长此以往，真实生活的体验将被虚拟生活取代。至少在我看来，这是一个严重的问题。

面对人性失落的未来，作为深刻思考这个事实的第一代人，我们正生活在“智人”发展史上最关键的时刻。下一代做的决定和采取的行动将对人类及地球上其他生物的未来产生失衡性的影响。如果我们在今天的发展路线上犯错误，如增加人口、制造贫穷、加大温室气体排放和破坏生物环境等，我们面临的后果将不亚于文明的崩塌和生物圈的毁灭。鉴于目前的严峻情况，任何具有深远影响的新文化现象都必须经过审慎的评估，都要考虑它对我们完成紧迫任务到底是有促进还是阻碍的影响。当然，这一考量也适用于互联网如何影响人类思维这个问题。

生态可持续性需要绿色科技和绿色生活方式的支持。不过，除此以外，我们还需要改变我们的世界观，重新建构我们与人类世界以外的自然世界的关系。我们目前的视角是失调的，一个很明显的例子就能说明这个问题：我们把自然看作经济的一部分，而非相反，在这样的认知基础上怎样做到可持续化发展呢？自然不是可供我们开采的资源集合，而应被看作值得我们尊重的亲缘社群；或者被看作可以寻求灵感和顿悟的老师。与现在的社会相反，可持续化社会将建立在本地食品、物资和能源的基础上。可持续化社会应该由热爱本地区、理解环境需求的人们来管理。在我看来，要具备管理热情以及深刻地理解其含义，除了直接与本地区接触、获得第一手体验外别无他法。

所以，我的担忧是：如果我们只盯着电脑屏幕，而电脑屏幕只将我们与一个无形的全球“社群”联系在一起，我们如何能发展新的、更有意义的方式来连接自己和本地社群？任何走入森林、漫步海边的人都知道，照片或录像与真实的风景相去甚远。是的，我理解互联网的伟大潜力，它可以帮助我们寻找事实、分享信息，甚至让志同道合的人们建立自己的社区。我还为激进的信息民主化惊叹，而互联网正是其典型代表。如果我们的生活被全球媒介的虚拟体验消耗殆尽，我们如何建立有效的本地连接呢？我们需要的是免受打扰的独立的户外活动，把足够的时间花在身边的风景、声音、气息、味道和质地上，让这些渗入我们的意识。但我们看到的是，孩子们在户外体验真实世界的时间越来越少，在室内沉浸于虚拟世界的时间越来越多。

实际上，我的观点是，互联网持续不断地对我们的注意力进行约束，这将导致非虚拟体验最终的死亡（起码是衰退），从而间接影响人类的思维方式。如果我们关心可持续性发展的大问题，必须首先关心自己身边的世界，这就需要我们直接体验身边的世界。正如派尔观察到的："如果一个孩子从来都不知道鹪鹩，那他怎么理解秃鹫的灭绝呢？"

有一件事是肯定的：我们集体行动的时间所剩不多了。正如人们常说的，自然最终会反戈一击。最后，我可以想象，在为可持续发展做出的重要努力中，互联网的作用有好有坏。但是，任何积极的结果都需要我们关闭屏幕，花大量时间走向户外，与真实的世界进行互动——特别是人类之外的社会。

92

I CAN MAKE A DIFFERENCE BECAUSE OF THE INTERNET

我因互联网而不同

布鲁斯·胡德（Bruce Hood）

英国布里斯托大学认知发展中心主任，著有《自我幻觉：社交活动如何影响大脑的发育》（*The Self Illusion: How the Social Brain Creats Identity*）。

有谁没有在网页上搜索过自己的名字呢？多数人都会通过身边人看待自己的方式来建构自我认知，而互联网能轻易地满足这一需求。现在，人们可以通过多种平台评估自己的影响力，如Facebook、Twitter，当然还有博客。

去年，应一位出版商的邀请，我开设了一个博客，专门评论世界各地有关超自然思维的千奇百怪的事例。起初，我认为开博客是件纵容自己的事情，但为了宣传我的书，还是同意试试。尽管最开始比较勉强，但我很快就对看回复上瘾了。仅仅给看不到的读者写博文是不够的，我渴望从浏览者那里得到肯定，确认我的努力和观点是受人欣赏的。几周后，我开始对数字上瘾，疯狂寻求点击量。

不过，互联网既让我认识到自己的渺小，也认识到了自己的强大。在博客世界里，我不再是任何一个问题的专家，因为我的观点会被大量读者分享或反对。但是，渺小的个体因同一个原因而团结起来的时候也大有可为。在我写这篇文章的时候，一家英国公司因被指责向伊拉克安全部队销售伪劣炸弹探测棒而饱受公众指责。一些怀疑这家公司的人们在博客上发起了一场指责这家公司的活动，他们运用互联网把人们的注意力引向他们认为可疑的商业活动上。在网络时代之前，这种活动是很难发起的，街上的普通人难以承担这种工作。互联网以这种方式使个体变得强大了。因为互联网，我能够有所作为。现在，我要去谷歌上看看有没有人分享了我的观点。

93

GO VIRTUAL, YOUNG MAN

年轻人，进入虚拟世界吧

埃里克·温斯坦（Eric R. Weinstein）

数学家兼经济学家，泰尔资产管理公司（Thiel Capital）常务董事。

很奇怪，互联网至今仍然是隐形的，以至于许多严肃思想家还在继续怀疑它是否改变了现代人的思想。

在科学中，我们通常会首先从具体系统的非正常现象入手，以探寻其中的隐形结构。在 1930 年，沃尔夫冈·保利（Wolfgang Pauli）预言了与可见颗粒相当的隐形“中微子”的存在，它是 β 衰变中保持能量与动量守恒定律的必要误差项。1976 年，理查德·道金斯提出，DNA 上存在着不可见的迷因。这是因为，为了保持有效性，自然选择必须包含与传统基因交换时所传递的所有自我复制单元。

按照这个思路，普及的互联网甚至可以被小心地定义为，物理世界作为闭合的自足系统失败的结果。如果瑞普·温克尔（Rip van Winkle）生活在现代且足够聪明的话，他或许最终会从音乐商店倒闭、CD 滞销、唱片工业盈利模式坍塌等现象中，预见文件的在线分享趋势。

印证这一思路最为重要的例子与市场和地理有关。互联网引导我把自然地理与思维地理看作并蒂之花。随着香料、丝绸、黄金等传统物质商品的开发与交易逐渐联系起来，思维的市场也带有自己的思维地理并不奇怪。所谓“旧思维世界”的图景已拓展完毕。期刊、奖项和讲席教授给了我们一个“地标”，让我们知道如何向特定的思想家提出请求。对那些希望沿着熟悉的海岸线航行的人，这提供了巨大的帮助。

尽管转变过程相对稳定，科学世界的中心在20世纪已开始从欧洲的研究机构转向了北美。尽管目前人们常常谈起科学中心从美国到亚洲的第二次转移，实际上下一次大转移会主要发生在向虚拟空间的转化中，从停泊在物质世界转为在虚拟世界中飞行。

2006年的菲尔兹奖（数学界最高奖项）颁给了庞加莱猜想（Poincaré Conjecture）的证明者。这一受到世界广泛肯定的研究并未发表在任何期刊上，所以这项研究获奖是极不寻常的。拒绝菲尔兹奖、同行评议、发表、受聘之后，此前不为人知的格里戈利·佩雷尔曼（Grigori Perelman）选择将其伟大的成果只发表在网络数据库上，而网络数据库的用途只是暂时存储那些等待在著名期刊上发表的论文。通过这样做，他向人们传达了一个新的事实：我们完全可以将一项无可争辩的学术成果从图书馆成堆的期刊中解救出来，投入一个新型的、尚未探索的虚拟知识空间中。

不过，尽管市场可以推动人们去探索答案，但解决真正的前沿问题有时还需要人们对个人自由的求索，这正是网络新世界的闪光之处。人们普遍认为我们这一代人中出不了DNA之父弗朗西斯·克里克（Francis Crick）、量子力学奠基者保罗·狄拉克（P. A. M. Dirac）、数学家亚历山大·格罗滕迪克（Alexander Grothendieck）或经济学家保罗·萨缪尔森（Paul Samuelson）等顶尖人物，因为科学本质发生了某些改变。我不认可这一说法。可以说，学术自由的话题让我向往加入那些聚集在知识市场的效率边界、勤恳开拓的人群中。我的思想旅行箱几个月前就已打包好了，我试着鼓足勇气，抛开所谓的“有效边际思想”，按照我给下一代人的建议行动起来：“年轻人，去往虚拟世界吧。”

94

MY INTERNET MIND

我的互联网心智

托马斯·巴斯（Thomas A. Bass）

纽约州立大学奥尔巴尼分校英语教授，著有《越南美国人》。

我用互联网做了些什么？我会用它发送手稿、接发邮件、买东西、听音乐、读书、搜寻信息和新闻。互联网是观点和事实的绝佳熔炉，是一个百科全书式的奇迹，它改变了我的世界。毫无疑问，它也改变了我的思维方式。

但是，如果像马歇尔·麦克卢汉说的那样，人类是技术的性器官，作用是繁育并扩展其领域和功能，那么我也许应该把问题反过来看。我对互联网产生了依赖，每天会花几个小时将自己沉浸在互联网中，我是否因此开始像互联网那样思考了呢？我是否因为接近互联网而转化了思维，产生了互联网思维呢？

那么，互联网是怎样思考的呢？在我不断分心、满足其需求时，互联网想要从我这里得到什么呢？在这里我将继续引用麦克卢汉的分析，用他的整段论述来描述我的外部大脑和暴露的神经系统：

> 电磁技术要求人绝对恭顺、沉思默想。对于脑子业已转到头颅之外、神经业已转到皮肤之外的生物体来说，这些要求是很适合的。人曾经以高度的忠诚伺候他的柳条船、独木舟、印刷术和其他一切人体器官的延伸。他现在要以同样准确的伺服机制去为自己的电力技术服务。①

① 引文摘自麦克卢汉《理解媒介——论人的延伸》，商务印书馆2000年版，第93页。——译者注

我曾用“分心”一词来形容我的互联网思维。在互联网周围，我们都有过神经质、不安、紧张的感觉。随着时间加速流转，空间不断压缩，语句更加简短，思维更加迅速——甚至说，更加浅薄？在这点上，麦克卢汉再次体现出了他的前瞻性。50 年前他就说过：“不同程度的精神崩溃是，新的信息与没有止境的新信息形式颠覆和泛滥的常见结果。”我们内部的“电子爆炸”会带来一个“焦虑的时代”。

麦克卢汉说，当我们的机器开始自行思考时，这种“分心”的状态会结束。机器会变得比我们聪明；而现在，机器已经在很多方面比我们聪明了，比如计算数字、驾驶飞机等方面。“我们已经将自己的中枢神经系统延展，或者说翻译成了电磁技术，不过更进一步的是，将我们的意识也注入了计算机世界。”麦克卢汉认为，这种由人类向机器的最终转化会让我们能够进行“意识编程”。

当我们浏览新闻标题时，发现鼠标有时会停留在明星的绯闻照片上。幸运的是，目前在人类思维以外进化的计算机意识将会更加独立。麦克卢汉让我们确信，这种新的意识规避了以下情况：“人类在自己创造的技术中看到自己时，会被娱乐世界的幻象所困扰。”

作为一个受乐观精神感召的天主教神秘主义者，麦克卢汉对我们互联网思维的前景有着光明的预见：“简而言之，计算机通过技术给人类带来了五旬节派成员所信仰的普世理解与大联合。”计算机充当着翻译机，让我“用普遍、广阔的意识越过语言障碍”，使我最终达到“永恒的共同和谐与安宁”。与此同时，我要去看看今天的新闻，付一些账单，试着不去分心点击太多“今日十大新闻”。

95

IF YOU HAVE CANCER, DON'T GO ON THE INTERNET

你如果得了癌症，就别上网了

卡尔·萨巴格（Karl Sabbagh）

作家，电视节目制作人，著有《记住童年：记忆是如何背叛我们的》（*Remembering Our Childhood: How Memory Betrays Us*）。

英国剧作家哈罗德·品特（Harold Pinter）得食道癌期间，他的妻子安东尼娅·弗拉泽（Antonia Fraser）女士在网上发现得这种病的患者死亡率高达92%。“如果你得了癌症，不要上网。”她在2010年1月接受《星期日泰晤士报》采访时说。

这让我想到了自己与互联网的互动，开始思考这与我对其他信息来源的使用有何根本性的不同。

我想，安东尼娅女士本可以说：“如果你得了癌症，不要看《默克手册》（*Merck Manual*）。”或者说不要看其他医学指南，但问题并没有这么简单。首先，上网是非常轻松的。我曾开玩笑说，如果我有一个疑问，既可以在书桌对面书架上的一本书中找到答案，也可以在网上找到答案，那么上网找答案肯定会更快、更不费精力。现在这一点儿也不可笑了，因为上网显然是做事情最高效的方法。我是信任维基百科的少数人之一，尤其是维基百科的科学条目做得极为深入、可靠、来源翔实。相信书本（过时两三年的书本）而不相信维基百科的人就像是因安全问题不愿意网购却高兴地在餐馆用信用卡付账的人，要明白不道德的侍应生完全可以复制你的签名，在你还没反应过来的时候用你的卡进行巨额消费。

弗拉泽女士的言论其实是对互联网可靠性和全面性的赞扬。如果在关于食道癌的最新信息中，她恰巧碰到的是一则乐观的病情预测，而非悲观且可靠的病情预测，情况也许就有所不同。当然，这并不代表精确。她或许没有咨询所有的癌症网站，或许没人能确定她看到的病情预测是针对食道癌的。但是，她仍然像我一样假定，我们在运用互联网时，只要有一点技巧和判断力，你就能得到比其他地方更可靠的信息。

当然，这与思维无关。如果我用羽毛笔写书，只有《圣经》、莎士比亚的作品和《约翰逊词典》可以参阅，我也有可能思考同样的内容。但是互联网一定限制了我思考的内容，它让我不再想参考那本很棒的书，那本书不过是几年前由蒙大拿州一个不知名的高校出版社出版的。

互联网还巩固了我对自己想法和观点的自信，因为我可以更快速地通过互联网检验它们，特别是一些新想法。在互联网上，任何人都可以在遵守法律的前提下发表任何东西，我也可以了解有关一个话题所有人的观点，并从留言的语言、理性及其他方面进行推测。当然，在没有接触那些推广“智能设计”（Intelligent Design）的古怪网站之前，我只是倾向于不相信这一学说。但是现在，我可以毫无保留地认为，这个理论是“胡说”。

但这仍然与思维无关。我现在整天坐在电脑前做什么呢？我在码字，读自己写的段落，进行评判，如果必要的话进行修改提高，然后把它们打印出来，或者把它们发给别人。在这一过程背后，是我关于什么是有趣、新奇事件的判断或者解读，以及为了清晰表达这些概念而在头脑中进行的文字游戏。所有这些内容，据我所知，都没有因互联网而改变。

不过上文所述都只是关于互联网的一个方面：对事实内容的提供。互联网还可以提供众多服务，如电子邮件、附件、博客、软件下载、YouTube、Facebook、购物、网上银行、天气预报、谷歌地图。但在此之前，我知道世界上很多人都能运用语言发表或聪明或愚蠢的言论。过去我看不到这些内容，而现在我能以一种前所未有的方式看到了。但是，这仍然只是信息的提供，而非对思维方式的改变。

也许互联网改变人类思维的关键因素是速度。在过去，我开始写一本书时，我会先从大致的框架开始，再章章深入。这些工作需要进行一系列的研究，通常要花几个月的时间：在图书馆中查阅资料，向专家写信，寻找一本书，找到一个文件。现在，工作的顺序改变了。在我进行上述需要几周或几个月才能完成的工作的同时，我对这本书的基本想法也在不断形成。我的研究对象可能会改变，研究工作也会随之改变。我会做更多概要性的思考。现在，文件几秒钟内就可以被找到、下载下来，在书桌上就可以得到图书馆书目清单，若给专家写电子邮件，24 小时内就能收到答复，这样的话，想法就能更早地确定下来。

但是即使到了这一步，也不能显示出互联网对思维造成了多少影响。如果在研究期间，一些文件揭示了不同的角度，那么这一改变在几小时或几天内出现要比几个月之后出现好得多。现在我的概要性的思考是以充足信息为基础的，而非推测。

总之，互联网并没有改变我的思维方式。它对我而言只是一个工具。电钻不会改变我在一块木头上钻多少眼，它只会让钻眼的过程更轻松、更快捷。汽车不会改变我去邻近城镇的事实和目的，它只是缩短了时间，并且相对于走路，我可以开启更多旅程。

但是，安东尼娅·弗拉泽女士的例子说明了什么呢？我们是否应该避免用互联网告知真相的力量？事实是，互联网的恐怖之处在于它揭示了人类的真正本性——人性的困惑、无聊，人性对逻辑或理性的蔑视，人性的残暴，资本家的权利，以及我们对他人的褊狭。但任何觉得这算是新闻的人，都是因为他所知过少。互联网放大和细化了已经为我们所知的人类本性——如果我们还不知道，那我们就太天真了。我的思维唯一有可能被所揭示的真相改变的就是，像伏尔泰笔下的潘格罗斯博士那样，相信一切已经发生的都是最好的安排。但是我并不相信这些。

96

GO NATIVE

入乡随俗

霍华德·加德纳（Howard Gardner）

发展心理学家，哈佛大学教育研究生院霍布斯教席教授，研究领域为认知与教育，著有《多元智能》《改变思维》《重塑真善美》等。

互联网极大地改变了我的生活，不过改变的方式既不是我曾预料到的，也不是这一问题所暗示的。简单地说，就像发现一个尚未有文字的部落会挑战我对人类语言和人类文化的信仰一样，互联网改变了我关于人类发展和人类潜能的观点。

几年前，我有机会与时任麦克阿瑟基金会主席的乔纳森·方东（Jonathan Fanton）进行过一次谈话。他提到，基金会正斥资 5 000 万美元，资助一项有关年轻人如何被互联网等新兴数字媒体所改变的研究。当时，作为 GoodWork 研究项目的一部分，我涉足了伦理学研究的部分，主要研究年轻人的伦理取向。所以，我问方东："你是否在寻找年轻人在伦理方面可能受到的影响？"他告诉我，基金会并没有考虑这方面的问题。经过几次谈话，我与同事申请了研究经费资助，开发了 GoodPlay 项目，这是一项针对数字媒体伦理学的社会科学研究。

尽管我自己就是一个数字时代的移民者——有时我也把自己称为数字时代的老古董，我现在每周会花很多时间思考人类受到互联网的影响。这些影响来源于上网、在线社交、网上冲浪，以及每天花大量时间在社交网站上发布自己的生活信息。我深信，"数字革命"就像文字的发明、印刷术的发明或广播的发明一样具有划时代的意义。尽管我也同意一些人所说的，现在下结论定义其影响为时尚早，不过我们完全可以开始思考、观察、反思或进行重点观察和实验了。的确，我认为在过去的时代，几种新媒体刚兴起时，当时的社会科学家和其他社会观察者本应有所作为。

如果有人问及我目前的看法，我会做出如下回答：现在年轻人的生活和思维都比过去碎片化了。社交、互联网、虚拟身份、信息的复制或许没有干扰他们，但一定使人们的身份更具流动性而缺少稳定性了。人们进行反思、内省、独处的时间变得极少。长期以来人们对于隐私、所有权和知识产权的概念被削弱了。或许最有戏剧性的一点是，由于任何人都能24小时即时上网，上一个千年里"归属于一个社区"的意义被重新定义了。这会对隐私、想象力、民主、社会活动、公民权及人类社会的其他种种元素造成什么影响就可想而知了。

对于老年人来说，数字世界是神秘的。对于我们中老年人，我们则继续生活在前数字时代与数字时代两个世界中，我们一方面怀念着没有智能手机的日子，一方面庆幸自己不用一路跋涉到图书馆去查资料了。但是所有想要理解自己儿女或者孙辈的人都必须努力成为"数字原住民"。在这种时候，我们这些移民者或老古董也会体验到碎片化。就像15岁的孩子那样，体验到了隐私的不确定性，体验到了被多样的、或许与我们格格不入的在线社群所驱使的感觉。

97

THT MAXIMIZATION OF NEOTENY

早熟的极端化

杰伦·拉尼尔（Jaron Lanier）

音乐家，计算机科学家，虚拟现实先驱，著有《你不是个玩意儿》（*You Are Not A Gadget: A Manifesto*）。

互联网发展到世纪之交，为我带来了极大的慰藉，并从多个方面对我的思维产生了积极的影响。互联网加速了信息获取和传播的过程，实现了人们期待已久的日常便利。但更大的欣喜来自很多人决定创建网页表达自己。这证明，20世纪末人人坐在电视机前的沙发上的消极社会已然成为一个过去的噩梦。

然而在过去的10年中，互联网产生了一些令人不快的特质，并且被一些否认现实的人类意识形态所控制。

目前支配互联网的主流文化来源于网络早期的激进文化。不幸的是，这些想法在很大程度上倾向于否认人格的生物学属性。这些新的狂热分子试图将自己看作抽象、不朽的信息机器，而非混乱、平凡、具体的生物。这是对一个古老谬论的又一次尝试，即在心理上否认衰老和死亡。今天，要想成为一名生物学的现实主义者便意味着要在深刻、过载、被技术丰富了的群体思考中坚持少数派的观点。

在我20多岁时，我和我的朋友为一种永远困扰年轻人的挫败感而激愤不已：年轻人为什么不能立即全部成为世界的主宰者？比如，这令我的音乐家朋友们嫉妒恼火——同样是大明星，迈克尔·杰克逊在发行专辑之前就能得到上百万美元的预付款，而像他这样不为人所知的小艺术家则只能挣到10万美元的预付款（这还是20世纪90年代的物价）。

所以我们应该做些什么呢？应该把这个该死的系统整个毁掉！让音乐可以免费共享，每个人都应该在所有人都能发言的互联网而非广播网络上建立声誉，这样才是公平的。然后，我们全部出去表演挣钱，最优秀的音乐家获胜。

作为一名现场表演者，巡回演讲对我来说是极好的经历。我是最早通过互联网来推动职业生涯的演讲者之一。（过去，我蹩脚的个人网站常常登上《纽约时报》等主流媒体的新闻报道。）当时，钱似乎很容易赚。

当时，这是一个推动文化发展的好方法。但从长远来看，这是一场灾难。只有很少、很有限的音乐家适应了新的互联网乌托邦世界，并且也只相当于我在旧世界里取得的成绩，而我在当时并不算成功。所有跟我交流过自己真实处境的音乐家们，包括很多极为有名的音乐家，都因我们这一代人的破坏性行为而备受煎熬，而我们这种破坏性行为的原因不是抽象的，而是生物性的。

我们否认的是我们身为人类、身为凡人的事实，否认的是或许我们某天会想要孩子，尽管这种事情在当时是难以想象的。在人类这个物种中，幼态持续（neoteny），即少年特质褪去极慢的现象，使育儿成为一种令人疲惫的长期义务。

这就是现实。我们都对父母生气，嫌他们没有以某种方式安然度过这一时期，但进化拓展了人类为人父母的需求，使他们永远无法足够好地抚养我们。每个孩子都会因幼态持续而产生某种程度上的失望，但经济系统和社会系统则旨在尽可能弱化这种挫败感。很不幸，正如互联网已经做到的那样，使幼态持续最大化了。

幼态持续与网络退化相关的是：作为父母，你真的不能总是整天四处跑着做现场演出。一个有创造性的人要在生活中保持我们称之为“尊严”的东西，唯一的方式就是有一种知识产权系统，在你整夜照顾生病的孩子疲惫不堪、无法思考时为你提供保障。

或者，配偶可能会被要求放弃他们自己的事业抱负，但是，与此同时又有另一种名为“女权主义”的运动常常发生，使这种解决方法不那么好使。

或者，还有另一种更大程度上的社会主义可以缓和生物学上的挑战，但互联网在美国的兴起正好伴随着一种强烈的自由主义倾向。于是，其他选择都被排除了，结果就是真正的成人期与创造性生活之间产生了分离。

互联网目前最时髦的作用是，通过社交网站召集人群，它只在实时和特定的物理地点重视人的价值，这通常是远离他们的孩子的。现在，曾经占据马斯洛需求模型金字塔顶端的人类情感已被视作无用之物。

但是，尊严是现实世界的反面。在某种程度上，尊严意味着你不需要担心自己能否通过唱歌换取每顿晚餐。尊严应该是一种我们可以赢得的东西。我一直在谈为人父母，是因为这正是我现在经历的。但这个道理在人们生病时更为适用，在衰老时也更适用。所以，由于上述内容及其他种种原因，目前流行的网络设计，特别是所谓的社交网站，有着反人类的特质。但赞同我目前观点的人非常少。

尊严也许还意味着，有能力不受身边同龄人一致意见的影响，可以坚持自己的观点。

98
WISDOM OF THE CROWD
大众的智慧

基思·德夫林（Keith Devlin）

斯坦福大学H-STAR研究所执行主任，著有《数字人：斐波纳契的算术革命》(*The Man of Numbers: Fibonacci's Arithmetic Revolution*)。

在这次Edge的年度问题中，关键的词组显然是“你的思维方式”，而其中的关键词则是“思维”。

如果我们想在网络论坛上参与这一话题的讨论，我们就要对互联网已经改变并将继续改变我们的工作方式这一事实进行说明。互联网也改变了我们做决定的方式。现在我选择航班时所掌握的信息比航空公司希望让我知道的多得多（也许西南航空公司例外，他们正受益于网上购票）。我选择酒店也是基于其他客人的网上评价，我的原则是对评价者进行辨别（我承认有时候这个方法不太准）：我会观察他们的语言习惯，判断他们是否与我是“同类人”，决定是否考虑他们的评价。

但是，上述情况是否算得上我思维方式改变的表现呢？我不这么认为。事实上，对于这次的年度问题，我们这些Edge评论员大概并非是最适合回答的社会群体，因为我们都经历了多年的训练，以某种分析的方式进行思考。特别是我们都习惯性地从收集信息入手，再质疑信息和我们的假设，并考虑其他可能的情况，并基于眼前的事实得出结论。

我们还习惯于将自己的结论公开给同行并接受检验。当然，这就是为什么很少有训练有素的科学家相信《圣经》的神创论，或者怀疑全球变暖是真实而危险的自然现象。有趣的是，这些情况并非完全没有，不过我想这未尝不是一件好事。

当我反思自己近来是如何进行脑力工作的时候，我发现互联网已经对我造成了大幅度的影响。但是它改变的是执行过程（例如在某些场合下，我得出的结论或者我呈现它们的方式），而非背后的思考过程。

为了人类的未来发展，我希望所有与我一样接受过良好训练的专家们都应这样。探寻结论的科学方法已经服务了好几代人，它使我们获得了祖先们无法想象的生命长度和质量。如果这种思维方式被互联网所提供的盲目的“群体智慧”所取代，那么我们就真的将面临严峻问题了。群体智慧，以谷歌搜索为代表，在几乎多数情况下都可以为我们提供几乎最佳的答案。

正是由于这两个“几乎”，人们总是运用群体智慧而不对其进行质疑，也许在网上订机票、酒店很方便，但实际上还是存在危险的，即便是局限于专家群体内部。举例来说，在几十年前，科学团体的群体智慧还说板块构造论是无稽之谈，而现在这已经是被广泛认可的理论了。

很明显，传统分析方式的好处在于：一旦有足够的证据支持板块构造论，科学研究者们的态度就从排斥转变为基本上全盘接受。

上述例子也解释了为什么我认为一些训练有素（前提很重要）的人去质疑全球变暖与基于自然选择的进化论是一件好事。我们的结论需要不断被质疑。关于选择哪一方的问题，我的态度是开放的。不过，若要做出选择，我需要看到令人信服的证据，而迄今为止，证据还是非常缺失的。与此同时，我将继续接受双方的理论。

对我而言，真正的问题在于，这次的Edge年度问题所暗示的现象是：互联网是否改变了出生于网络时代的人们——所谓数字原住民的思维方式？只有时间可以回答这一问题。

生物可以逐渐改变以适应环境，大脑也是具有高度可塑性的器官，因此我惊奇地发现，这一问题的答案也许会是肯定的。另一方面，我在斯坦福大学的同事克里夫·纳斯（Cliff Nass）等人最近的研究显示：数字环境对我们思维方式的改变是有一定限度的。

另一个更为有趣的问题是：互联网是否引领着社会的整体发展，也构造了一种全球共有的思维（至少是使用互联网的人）？对于“思维”的概念，我能想到的最实际的定义方式是，将其区别于情感和自我反思意识等大脑活动。基于这一认识，我想问题的答案也是肯定的。这种发展必然会以我们难以想象的方式改变人类的未来。

99

WEIRDNESS OF THE CROWD

大众的诡异

罗伯特·萨波尔斯基（Robert Sapolsky）

斯坦福大学神经科学家，著有《猴子爱情》（*Monkeyluv*）。

首先，我要声明我并不适合回答这个问题，因为我是一个极不熟练的网络用户。我从来没有在 eBay 上卖过东西，也没有在亚马逊上买过东西，更没有在 YouTube 上发布过任何东西。我没有 Second Life 账户，也没有“见”过任何网友。我从来没有成功地诈骗过尼日利亚独裁者富有的遗孀。所以，在互联网方面我并不是专家。

不过，正如大部分人一样，我浪费了大量时间在网络世界里漫游。作为我职业工作的一部分，我常常思考灵长类动物的行为，包括人类的行为。而人们在互联网上展现的行为让我的想法有了微妙的改变。这在很大程度上来源于互联网出现的新特征，最典型的代表当然是维基百科。

几年前，《自然》杂志发起了一项研究，结果表明：对于真正严谨的科学事实，维基百科的准确性与《大英百科全书》相去不远。更令人惊叹的是，仅仅几年后，一套具有自我纠错功能、自下而上建立的高质量管理系统正独立于权威文化，在监督着一切知识之源。这就是众所周知的“群体智慧”。上述现象会引发一些非常有趣的结果。如果一代人在自下而上的体系中成长起来，如果“群体智慧”现象可以比专业影评人更准确地告诉你什么电影适合你，那么人们也很可能意识到：生命可能是从复杂系统的自适应性中产生的，而非来自制定游戏规则的神。

同时，我认为互联网还可以使被压迫群体有稍多一点的机会去发出自己的声音，也就是群体效应。举一个简单的例子，在近期的政治选举中，参选人都需要在互联网上展开竞选。当然，更明显的例子是人们得以通过网上投票来决定谁能赢得“美国偶像”。不过，我开始考虑更进一步的可能性：某一天，被压迫的民众开始崛起，只要坐在电脑前进行黑客行动就可冻结政府资产、推翻独裁者。别再惦记丝绒革命了，想想在线革命吧。请注意，在这种乐观主义背后，我们很难不对群众的愚昧感到失望，看看互联网上充斥的疯狂流言就知道了。

不过，最大程度上改变我想法的是，互联网上的种种怪异之事。所谓“怪异”，我指的并不是普通的怪异，例如我在写这篇文章的时候，1.47 亿人观看过《查理又咬了我的手指》，而另外 2 000 万人正在看各种各样的衍生视频。这只是其中很小的变化。我真正指的是那些奇怪的网站，比如为针对“慕残者”群体的网站——这是一种精神疾病，患者希望自己被截肢。

有人在网上以 263 美元的价钱卖出一块布兰妮·斯皮尔斯嚼过的口香糖；还有人为喜欢嚼冰块的人们开设网站；有一个在线图书馆以世界各地航空公司的呕吐袋为主题；还有一个网站服务于那些喜欢买花园地精然后把尖形工具刺入它们头顶，然后拍照的人……大众真是有种种诡异之处。

多年来在网上浪费时间的结果就是让我更加了解这一事实：人们有着寻找同类的可怕欲望，越是不合常规的人，这种欲望越强。我还发现，如果这个物质世界充满了喜欢呕吐袋和花园地精的群体，未来真是令人难以想象。最重要的是，通过这些边缘世界，我更为深切地了解到人类精神生活令人惊奇的多样性和丰富性。所以，也许这并不是浪费时间。

100

THE SYNCHRONIZATION OF MINDS

心智同步

贾姆希德·巴鲁查（Jamshed Bharucha）

美国塔夫茨大学常务副校长兼教务长，心理学教授。

不论好坏，思维同步与行为同步都能促进群体的凝聚力。人们喜欢分享自己的经历和情感。我们在协作活动中感到愉快时，会希望保持行动一致，并且相互关照。同步化能创造出一种群体能动性，使这个整体比个体之和的能力更为强大。

互联网能够支持大范围的同步活动。人们能如此大规模地相互联系是史无前例的。新技术工具的发现总会改变我们的思维方式。我们是社会动物，而互联网则是人类大脑运用过的最为强大的社会工具。

借助互联网，有着相同背景、兴趣或者问题的人们可以找到彼此，并以前所未有的方式用新的身份创造新的群体。随着不同领域的人们重新相互联系，原本缺乏秩序的群体将会充满能量。和一切新技术一样，这一强大的社会工具既可用于建设，也可用于破坏。但不论怎样，它肯定已经改变了我们对自我的认识。

人们渴望成为群体的一分子。许多人感到自己归属于多种不同群体。群体身份是我们生活的重要部分，它有着将我们联结在一起的力量。群体归属感令人踏实、振奋、充满动力。网络带宽的增加实现了无间歇的实时交流（与面对面的交流有很多细微差异），它的这种团结众人的力量将变得越来越难以抗拒。

在这个规模上，同步的负面风险是产生从众行为和网络暴民。不过，网络的透明性和匿名性使相反的情绪都能得到表达，这可以平衡群体思考的窄化效应。

在互联网发展早期，没有人预想到它会像今天这样介入我们的社会本能。互联网的联结力量不仅改变了我们对自己和世界的思考方式，还催生了一种仅在个体思维被同步时才产生的新的认知模式。

HUMAN CHANGE TAKES PLACE ACROSS GENERATIONS RATHER THAN WITHIN A SINGLE LIFE. THIS IS BUILT INTO THE VERY NATURE OF THE DEVELOPING MIND AND BRAIN.

人类的变化不会在一代人中发生，而是跨越代际的。这是因为它建基于发展性的心智和大脑的本性。

——**艾莉森·高普尼克（Alison Gopnik），《来自技术未来的奇异访客》**

101

INCOMPREHENSIBLE VISITORS FROM THE TECHNOLOGICAL FUTURE

来自技术未来的奇异访客

Alison Gopnik

艾莉森 · 高普尼克

美国加州大学伯克利分校心理学家，

著有《宝宝也是哲学家：学习与思考的惊奇发现》等。

我的思维无疑被一种相对现代的信息技术大幅度改变了，不过这种技术不是互联网。我常常身陷这种难以抗拒的媒介，一坐好几个小时：一动不动、全神贯注，不与身边的人交流。走上街头的时候，我会不自觉地看那些最琐碎的信息（电影广告、路标）。比起世界本身，我更关注人们描述世界的方式（博物馆解说、菜单）。我不再能用先辈们习以为常的方式运用自己的注意力和记忆力。

是的，我知道，阅读为我提供了一种强大的获取信息的新资源。但是，这值得让我们付出与世隔绝的代价，或者值得让我们毁掉对话和记忆（苏格拉底曾预见）吗？事实上，研究表明，我是在非自愿的情况下被动地进行阅读，我无法停止对字母进行解码。阅读甚至重塑了我的大脑：我们用于处理视觉和语言的大脑皮层被印刷品绑架了。我不是通过实践和当学徒来学习，而是依赖课堂和书本。看看阅读导致的问题：读写困难、注意力紊乱和学习障碍——这都表明，我们的大脑设计不是用来处理非自然的技术的。

和很多人一样，我怀疑互联网使我的体验更碎片化、分裂化和间断化。但是，这种现象不是互联网本身造成的，而是因为我以成年人的方式在运用互联网。为什么我们对阅读、上学的感受和对互联网不一样？获取信息方式的改变让人类的认知和思想产生了全面性的变革，而普及读写能力和基础教育也才刚刚实现了 100 年左右。这是因为人类的改变不是在有生之年中发生的，而是跨越代际发生的。这种改变是构筑在人类心智和大脑的发展本质之上的。本书中所有伟大的头脑，他们学习如何使用网络时代的大脑早在发出第一封电子邮件之前就已被充分开发了。我们所有人都在孩提时代就学会了用开放而灵活的思维进行阅读。因此，不会有人既像 2010 年之后出生的孩子那样，自然而然地体验数字世界，又像我们那样自觉自发地体验印刷媒介。

孩子与成人学习的方式有着本质的差别。比起成人的大脑，孩子的大脑可以接受更大范围的改变、更强的重塑。年长者与年幼者大脑之间的区别是技术和文化革新的动力之源。成年人比其他动物具有更强的重塑周围环境的能力，但成年人的革新是缓慢的、有目的和有意识的。成年人生活中发生的改变，例如互联网的发展，是具有破坏性、引人瞩目、令人忧虑和激动人心的。但对下一代人来说，这些变化只是他们的第二天性。年轻的大脑毫无痛苦地接受了他们父辈创造的世界，这个世界对他们来说是永恒和不朽的，即使这个世界只是在他们出生的前一天才被创造出来的。

我对于互联网的体验是碎片化和间断性的，需要付出艰苦的努力，但也情趣盎然。因为对成年人来说，学习一项新技术是一个有意识的、专注的和有目的的过程。在成年人中，这种有意识的关注是一种稀缺资源，即使在其神经层面上也是如此。当我们将注意力集中在某事时，我们的前额叶皮层（我们大脑负责有意识、有目的的计划的功能分区）控制着胆碱能递质（帮助我们学习的化学物质）向大脑特定区域的释放。所以，在努力学习新技术时，成年人只能一点一滴地改变他们的思维。

年轻大脑的注意力和学习过程则非常不同。年幼的动物比成年动物拥有更多、分布更广泛的胆碱能递质，它们的学习能力也不依赖于有计划、有目的的注意力。年幼的大脑在构造上有利于学习一切新的、惊人的和丰富的事物，即使这些事物并非相关或有用。所以，和互联网一起成长的孩子掌控互联网就像我们掌控阅读方式一样，完整而自然，但这并不意味着他们的体验和注意力不会被互联网改变。这就像在 20 世纪沉浸于印刷品生活的我像目不识丁的 19 世纪农民的生活别无二致。

我们自然而然地接受了识字和上学所需的特殊的专注力策略，因为这种策略如此普遍，我们在幼年期就掌握了。但在不同的时间和地点，不同的专注力控制策略具有相同的价值，感觉上同样自然。例如，在玛雅的印第安人文化中，人们教育孩子要同时把注意力分散在多个事物上，正如印刷媒介和学校教会我们专心致志做一件事一样。我永远不能像狩猎 - 采集者那样拥有分散而机警的专注力。但幸运的是，我小时候经常照顾别人，这让我掌握了一门同样古老的艺术，可以兼顾工作和孩子。

也许，我们数字时代的子孙看待善于阅读的人就像我们现在看待善于打猎的人，以及能够照顾 6 个孩子的母亲一样，充满了怀旧之情。20 世纪这“超级阅读时代”的很多技能或许会完全消失——或者，至少成为一种高度专门化的兴趣爱好，正如狩猎、诗歌、舞蹈等过去非常普遍的技能一样。有人说，度过了幼儿期的亲密关系后，我们的孩子最终会成为某种古怪神奇的访客，他们来自技术未来。但从好的方面想，我们后代子孙的数字体验不会像我这样碎片化、间断化和孤立化。互联网对于他们而言，就像阅读陈旧的企鹅出版社的平装书的感觉一样——那是 20 世纪书写文明的代表，根深蒂固地永存着。

扫码获取“湛庐阅读”APP，搜索“人类思维”，观看本文作者的TED演讲视频。

注：本文作者艾莉森·高普尼克的《宝宝也是哲学家》已由湛庐文化策划，浙江人民出版社出版。

102

MY JUDGMENT ENHANCER

我的判断增强装置

杰弗里·米勒（Geoffrey Miller）

新墨西哥州立大学进化心理学家，著有《付出》（*Spent: Sex, Evolution, and Consumer Behavior*）。

对于常常上网的人来说，互联网改变了其思维的每一个方面：认知能力、分类方式、注意力、记忆、空间认知力、语言能力、想象力、创造性、问题解决方式、心智理论、判断力，以及决断力。在认知心理学中，这些方面是重点研究领域，构成了人类大脑的大部分活动。BBC 新闻频道网站与《经济学人》杂志的网站拓展了我的认知，成为我关注世界动态的第六感。在我处理新信息的过程中，谷歌邮件引导着我的注意力：我要决定删除、回复、加入星标标签还是晚些回复。维基百科延展了我的记忆。在线日历改变了我规划生活的方式。谷歌地图改变了我在所生活的城市乃至整个世界的出行方式。Facebook 拓展了我的“心智理论”，使我更好地理解了他人的信仰和渴望。

不过对我来说，最具革命性的改变在于，我的判断力和决策方面，也就是我如何衡量好坏并从中做出选择。我发现，我可以把大部分的判断工作交给网上相应的同行评价。总的来说，这种方式通常比我独自做出的判断更为准确。在决定往 Netflix 的菜单里添加哪些蓝光 DVD 之前，我会上 Netflix、IMDb 和 Metacritic 网站查看电影的平均评分。这三个网站都可以反映出评分人的较高水准：Netflix 上的电影出租商，IMDb 上的电影爱好者，Metacritic 上的影评人。在这三个网站中都得到高分的电影基本上都是令人兴奋、画面精美、思想深邃的。

通过查看同行评价，我原来不可靠的、古怪的、情绪化的判断力得到了提升：亚马逊网站上的图书和音乐评价，Edmunds 上的二手车评价，TripAdvisor 上的国外酒店评分，Google Scholar 上科学论文的引用。我们终于可以运用大数定理来提高我们的决断能力：同行评价样本越多，平均评分就越准确。随着打分数量的增多，误差幅度随之减少，可信区间精确，评估效果也得以增强。普通消费者能够得到比市场研究员给出的更好的产品评价数据。

在线同行评价使我们几乎所有的决定都有据可依。对于大部分商品和服务——它们也确实覆盖了生活中的大部分领域，网络评价提供了信息的综合分析结果，所有数据都源自相似的消费者已经完成的分析结果。评价不再是个体的观点、趣闻的记录，而是社会化传播的统计数据。

理性选择的经济学家可能会认为，相对于网络评价，销售量能够更好地反映真正的消费偏好，因为人们是用美元来展示其偏好的。这忽略了买家会后悔的问题：消费者常常买到令他们失望的产品。他们消费后对产品的打分比消费前的判断更重要。Consumer Reports.org 关于车主满意度的调查数据（“你还会再买这种车吗？”）比新车销售量更能说明问题。Metacritic 网站上关于《暮光之城》电影系列的评分比第一周票房更能说明电影质量。比起流行指数、销售量、市场份额和品牌知名度，信息充足的同行评价是更有用的指南，能够带来更理智的消费。

你可能认为，消费后的评价会因自我合理化的心理而出现偏颇（“我买了产品 X，所以必须说它好，不然我就显得很蠢”）。毫无疑问，当我们和朋友、邻居聊天时这肯定会发生。但大多数在线评价是匿名的，也就缓解了人们承认自己判断不佳、决定有误的尴尬。

当然，就像选举中的选票一样，任何产品的同行评价都会被愚蠢、无知、时尚圈、暴民效应、游说、营销、既得利益歪曲。现在网上消费者的平均智商只比 100 高一点，平均受教育程度也不高。短暂的流行可能被误解为持久的高质量。聪明的广告、明星的推荐和品牌的声誉，能让哪怕最具有独立思考能力的消费者判断失误。评分网站也会被零售商摆弄和操控。然而，在线同行评价仍然比 20 世纪其他任何消费者权益运动都更有力。

要有效地运用同行评价，我们需要放下自己知识上、审美上的自以为是。我们必须认识到，我们的一些消费判断主要是为了故意展示自己的智力、眼界、品位或财富，而这并不是进行最佳选择的最有效方法。我们必须学会谦卑。我最近最好的几次观影体验都是充分考虑了 Metacritic 网站的观影评分，而非我自己的推断、偏见、预先判断。在这一过程中，我对群众的集体智慧产生了新的敬意。认识到自己的思维方式并非与众不同，也并不高人一等，是互联网给我上的最好的道德课之一。在线同行评价强化了平等主义观念、相互尊重的道德感和社会资本。在反抗市场强制推销和游说的同时，它们将人性铸造成了具有可怕力量和智慧的集体决策系统。

注：本文作者杰弗里·米勒的《超市里的原始人》已由湛庐文化策划，浙江人民出版社出版。

103

SPEED PLUS MOBS

速度加暴民

艾伦·阿尔达（Alan Alda）

作家、演员兼导演，美国公共电视网（PBS）《大脑实验》（*Brains on Trial*）节目主持人，著有《自言自语之时，我无意听到的》（*Things I Overheard While Talking to Myself*）。

出于某种原因，电话使我感到焦虑——因此，自从能够在网上交流后，我就很少再依赖电话了。但是，奇怪的事情发生了。每天至少有一次，我都会停下来思考我写的东西会不会被人错误地解读。电子邮件不像电话那样有即时纠正错误音调的功能，我给人发邮件时通常会避免反讽，除非对方是职业喜剧演员或脾气很好。尽管如此，我有时仍然会发第二封邮件解释自己的用词，以防惹恼对方。当然，任何文字沟通都存在这种问题。但是，电子邮件、网络信息、短信让我们乐于进行高速沟通，而这种高速沟通则以牺牲表达的清晰性为代价。这不是一件好事，因为交流速度越来越快，而没有声音的辅助。甚至我和对方就在同一房间里也会选择发邮件沟通。

并且，互联网将成千上万的人连接成匿名的在线暴民，仿佛人们转发量够大就能将某件事渲染成真似的。在缺乏其他信息的情况下，拥挤的餐厅常常比空荡荡的餐厅更能吸引顾客，而这并不总是食物质量的问题。

速度与暴民组成了一个可怕的组合。它们是否会大幅降低信息的准确性，以及我们使用时的思考深度？

有时，我们需要慢速沟通：表达观点前充分思考，在给予信任前进行质疑。

我很好奇，人们头脑中是否存在某种运行方式，可以抑制我们愈发膨胀的急躁与暴动心理？我希望如此。如果没有，我可能不得不重新开始用电话了。

104

THE ARMED TRUCE

全副武装的休战

艾琳·佩珀伯格（Irene M. Pepperberg）

哈佛大学心理学助理研究员，布兰迪斯大学心理学副教授，著有《我与亚历克斯》（*Alex & Me*）。

互联网没有改变我的思维方式，我仍然运用着本科和研究生时学习理论化学所习得的科学训练思维。即使是评价我的日常生活也是如此：基于一定量的初步信息，我提出一个假设，试着将其完善，直到这一假设在其他看起来同样有道理的假设中脱颖而出；我会对假设进行试验；如果假设被证明成立，那么在这一假设所限制的范围内问题得到解决，但我知道我可能只解决了问题的一部分；如果证明假设不成立，我就修改我的假设并重复上述过程。

其实，这的确产生了一些变化，我与互联网的关系一直持续改变着——从不加掩饰的迷恋，到幻觉破灭，再到一种武装休战状态。不，我没有在回避问题，因为在互联网真正重塑我的大脑之前，它无法改变我的计算能力。当然，这种重塑或许即将发生，且很可能比我们预期的更快，但现在还没有实现。

所以，我与互联网之间不断变化、爱恨交加的关系是这样的：

首先是蜜月期。这世上再没有什么东西像互联网一样神奇，我赞叹着互联网带来的、难以置信的、丰富和简单的生活。我无须再忍受冬天的大雪、夏天的高温，而走到校园另一头的图书馆，甚至不需要去学校就可以获取信息、与世界各地的朋友和同事联系。

我需要为国际会议举行研讨会吗？只要发几封邮件，一切就完成了。我需要在柏林、北京、悉尼或萨尔茨堡的机场休息室，为明天的PPT展示查阅并不清晰的参考资料或搜寻最后一点数据吗？不用。我需要在遇到难题时咨询同事，或者在他们遇到难题时为其提供帮助吗？不用。如果你忘记了朋友生日或某个纪念日，需要快速找到并送出一个礼物，也不用担心。你亲近的朋友搬家到了澳大利亚，想与他保持联系也不再是什么问题了。不过，唯一改变的事情是在一定的逻辑范围内，我所能获取的信息种类有各种各样的限制。

接着是幻觉破灭期。我意识到，更多、更快并不永远代表着更好。我与互联网的关系开始令我郁闷，因为互联网过量消耗着我的时间和精力。我确实可以一年365天，一天24小时地工作，但我必须这样吗？因远离互联网节省下的时间和提高的效率开始产生负作用。我再也没有这种奢侈的享受：走到图书馆的路上欣赏大自然，在机场候机厅读一本小说，或者让大脑充充电。

代替了电话的电子邮件有时会造成误解，因为它不包含声音情感。他人要求我做各种事情的请求开始呈指数级增长。因为对请求者而言，直接把问题抛给我显然比自己花时间找答案简单多了，即便是他只需在网上找。我在号称具有无限资源的数据库中无法搜索到我想要的一份资料，我知道它是存在的，我10年前读到过却没有保存，因为我觉得我总能再次找到它。

我与互联网的关系本应满足我所有的需求。但它怎么反倒提出了无尽的需求？它怎么会最终耗费了我这么多的时间和精力？互联网似乎使我患上了一定程度的注意力缺失障碍。它是真的改变了我的思维方式，还是仅仅让我没有时间思考？我想后者可能更有道理，所以明智地关掉互联网能让人回归正常。

于是，我进入了全副武装的休战期。我试着欣赏互联网的好处、接受互联网的坏处，设置个人与互联网之间的界限，并防止这一界限被破坏。当然，或许正是这种教条的方法防止了互联网对我思维方式的改变。

105

MORE EFFICIENT, BUT TO WHAT END?

效率更高，但目的何在？

伊曼纽尔·德曼（Emanuel Derman）

哥伦比亚大学金融工程学教授，曾先后在贝尔实验室、高盛集团和所罗门兄弟公司任职，著有《宽客人生：从物理学家到数量金融大师的传奇》《失灵：为什么看来可靠的模型最终都会失效》等。

一位工程师、一位物理学家和一位计算机科学家在开车兜风，他们即将到达山顶时，汽车抛锚了。

“肯定是汽化器出了问题。”工程师说着，打开了工具箱，“我看看能不能检查出问题。”

“我们可以把车推到山顶，重力会把我们送到修理站。”物理学家说。

“等一下，”计算机科学家说，“我们都到车子外面，关上门，再打开门，重新进去，点燃火，看看行不行。”

我喜欢编程，一开始编程就停不下来。因为你起身前总觉得还可以完成一件小事，比如试着修补一个小漏洞，再试一次看看能不能找到问题的原因，再试一次看看能不能继续完善某个部分。由于编程的互动性——编辑、转码、运行、检查、重试，你总能很快地做些初步尝试，看看是否有效。你无须全面理解问题就能试着解决它。

如果你像我一样，把一天中大部分时间花在电脑前面，那么互联网就已经为你提供了一个随时待命的配合者，将这种看起来微小却永无止境的互动性带入了你的生活。它讨厌空虚，它会占据你所有可利用的时间，并将其分割成一小段一小段的。如果你有一小会儿的时间，你可以回复一封邮件，检索维基百科，查询天气，浏览星座运势，读一篇影评，看一段视频，忍受一段广告。一切都非常快速。

不过互联网有一个实实在在的大好处，那就是它提供的联合储存器。如果你记不得15年前在《纽约时报》的一篇文章上读到的抽象表现主义画家的名字，或者20世纪50年代时曾与妻子住在纽约Old Slip大街的艺术家，或者（你认为）在电影《去年在马里昂巴德》（*Last Year at Marienbad*）里出演的法国女演员，你可以上IMDb网，查询电影，找到她的名字，在维基百科上搜寻她，然后发现她的丈夫是杰克·扬格曼（Jack Youngerman）。我为了验证这些信息再查一遍的时候，选择了另一条查询的思路，我发现她在电影《拔出雏菊》（*Pull My Daisy*）中和艾伦·金斯伯格（Allen Ginsberg）合作过。她被安葬在巴黎的蒙帕纳斯公墓，这是一个静谧之处，就在海明威曾经饮酒写作之处不远的地方。

但是这完全是离题的。

有些人说，互联网让我们更有效率了。不过，它让我每天浪费了很多时间来变得有效率。效率是手段，而非目的。最大且永远的问题是：我应该怎样生活？

互联网并没有改变我对这个问题的看法。一直以来，改变我对重大问题看法的都是我与之交流过的人和读过的书。

106

I HAVE OUTSOURCED MY MEMORY

我寄存了自己的记忆

查尔斯·塞费（Charles Seife）

纽约大学新闻系教授，曾任《科学》撰稿人，著有《数字是靠不住的》（*Proofiness: The Dark Arts of Mathematical Deception*）。

我寄存记忆的过程是循序渐进、非常自然的，以至于我刚开始都没有发觉。反思起来，早在互联网到来之前这一过程就开始了。我最早的症状到现在还在毁坏我的阅读习惯，书上每一页折角之处都是我记忆中的漏洞：我不去背诵书上的段落，也不记忆重要的数据，只是记住我想要记忆的位置，而非记忆本身。书中每个折角之处都是一个元记忆，指向某个我想要获取却懒得记住的观点。

互联网将这种之前偶尔才有的习惯变为了我存储知识的主要途径。随着互联网的发展，我的浏览器开始充满了网址书签，我很快依赖上 AltaVista、HotBot、谷歌，来帮助我寻找和回忆。我的元记忆和记忆标签开始被更多的元记忆和记忆标签取代。每天，我的大脑都充满着这些类记忆。指针，指针的指针……每个都是落满灰尘的借条，其背后本应有一个（我想要记忆的）事实或观点。

现在，当我努力去储存记忆时，我将它们存入杂乱的硬盘，就像存入我那迷宫一般的大脑那样。结果，我在整理记忆、确保在需要的时候找回它们上所花的时间，和我搜集它们的时间一样多。我的记忆被放在层层套叠的文件夹中，极易获取、很好寻找，以防我标记记忆位置的元记忆被毁坏。而当文件夹坏掉时，我唯一剩下的只有指针，一个本应存储着想法的空洞，一个已经离去的想法的鬼魂。

107

THE NEW BALANCE: MORE PROCESSING, LESS MEMORIZATION

新平衡：更多过程，更少存储

费尔瑞·库什曼 (Fiery Cushman)

美国布朗大学认知、语言与心理科学系助理教授。

通过减少寻回信息过程中的加工成本，互联网改变了我的行为方式，大概也改变了我的思维方式。我现在更专注于如何获取和运用网上的信息，而非去记忆信息。

这种加工与存储之间的交易让我想起了我父亲最喜欢的一个故事。这个故事有可能是他杜撰的，讲的是他在高中化学课上学习元素周期表时的事情。在一次考试中，老师给了学生一个空的元素周期表，让他们填入元素名称和原子量。所有学生都被这道题难住了，只有一个学生没有。他写道："元素周期表可以在我们课本封底上找到，里面包括了每个元素的全名和原子量。"

这个自作聪明的九年级学生大概没有意识到，他掌握了一项最基本的权衡取舍的能力，可以管理大脑、计算机及其他计算系统的表现。老师认为解决化学问题最有效的方法是内存密集型解决方案，即将有关元素的知识都存储在头脑中。学生则认为，用加工密集型解决方案解决化学问题是更为有效的方法，即从书本上寻回有关元素的知识。

在很难得到化学书的世界里（也就是说，加工过程比较昂贵），老师的方法是正确的。而在轻易就能得到化学书的世界里（也就是说，加工过程非常便宜），学生的方法是正确的。几十年前，你会走到图书馆来寻找词典、书本、地图。今天，我从衣兜里就能得到这些资源。指出这些事实很容易，但更重要的是，认识到加工成本在这两种情况下差距极大。假设走到图书馆需要 20 分钟，从衣兜里拿出苹果手机并打开网络浏览器需要 5 秒钟。我的加工成本是我父亲时代加工成本的 1/240。以此类推，我的电脑装有 2.4 千兆赫的处理器，运行能力是其 1/240 的处理器以每秒 10 兆赫的信息处理速度运行着——只比 1984 年出产的初版麦金托什手机快一点。今天的计算机运行方式完全不同，因为它们的处理速度大大加快了。如果我做事的方式不随之改变的话，就非常奇怪了。

互联网是怎样改变了我的行为方式呢？当我拎着手提箱走出门时，我通常不知道我将乘坐哪个航空公司的飞机，住在哪个酒店，怎样到酒店，我的第一项会议将会在什么时候及在哪里召开，离酒店最近的参观处在哪儿，等等。几年前，我会花几分钟把这些细节记下来。现在，我会花几分钟寻找“有这种功能的应用程序”。

听完一次精彩的演讲后，我会忘记很多细节，但我会记得向演讲者发电子邮件，请他把幻灯片发给我。当我找到一瓶上好的红酒时，我会给标签拍张照片。把一篇看起来很有趣的论文放进文件夹前，我不需要仔细阅读它，只要在文献管理器上记下几个关键词就行了。我会在到达超市后临时查询食谱。当我的朋友做出一盘好菜时，我更关心的是食谱在哪个网站上，而不关心做菜的具体步骤。美国心理学会有关引用格式的规定我大部分都不知道，但我的电脑知道。对于我每次进行的“计算”，我都不需要拥有与之相应的知识深度，因为我能够进行更为深刻有效的信息检索。

所以，互联网显然改变了我的行为方式。它一定也在同样程度上改变了我的思维方式，因为我的行为是我思维的产品。它大概没有改变我基本的脑力活动，但它改变了各种不同脑力活动的使用频率。我们心理学家喜欢用这个事实来引起学生的注意：出租车司机有着比常人更大的海马（大脑中被认为是感情和记忆中枢的部分）。但是，如今的出租车司机有 GPS 导航系统，记忆地址对司机们来说也就相对没那么重要了，而迅速读取地图的能力则变得重要了。我们有依据猜想：GPS 改变了出租车司机大脑中的存储区域与加工区域之间的比例。我们也可以假设，互联网也改变了我们的大脑。

通常，互联网的变革意义是通过存储功能，也就是互联网存储的信息来展现的。我们很容易惊叹于维基百科、谷歌地球或古登堡计划的庞大数据规模。但是，真正让这些网站对我具有变革意义的却不是数据。在词典、地图和书本的标题被装点之前，它们都被保存已久了。真正让它们具有变革性的是它们的可获取性，即一种新的信息获取方式。

108

THE ENEMY OF INSIGHT?

远见的敌人?

安东尼·阿吉雷 (Anthony Aguirre)

加州大学圣克鲁斯分校物理学副教授。

最近，我想要了解一下 20 世纪的中国，不需要深入而学术性地了解，只需要保证我写的东西不那么离谱就行。维基百科真是完美！更多时候，我在天体物理学和宇宙学方面的工作需要用到 arXiv、ADS（天体物理学数据系统）和 SPIRES（斯坦福物理信息检索系统）等数据库。这些数据库能帮助我便利而有序地获取所有研究和写作中可能用到的文章和信息。

和我大多数的同事一样，我会经常运用这些数据库，也不得不花费相当多的时间处理电子邮件，而这些事情都需要连接网络来完成。网络是我学术研究生涯的核心工具。不过对于我来说，最有价值的事情是偶尔产生的、真正有创造性的领悟和洞见。回顾我的一些研究成果时，我意识到没有任何一个领悟和洞见是在上网时产生的。

考虑到我上网时接收的信息与知识量是如此之多，这一点显得非常奇怪。并且，由于网络是无处不在的，我也因此会产生担忧。领悟正如快乐与金钱：有了希望、运气和努力，你就能得到一些。但是，要使其最大化，就要以更加慎重的方式小心观察对其有利或不利的因素，在此基础上做出明智的决定。

就这样，我进行了一项小实验。我们来回顾下我的研究，我挑出了 10 个我认为比较重要的想法或领悟，现在我还能回忆起来它们产生时的情景。

根据我的记录，有 2 个想法是谈话时产生的，有 1 个是听人讨论时产生的，还有 1 个是走路时产生的，有 2 个是坐在书桌前研究和思考时产生的，还有 4 个是写作时产生的。没有一个是浏览网页、看文章、写邮件等网络活动期间产生的。这种现象说明了两个明显的问题：互联网为什么像是领悟和洞见的敌人？如果有办法的话，我能做点儿什么改善这种情况吗？

仔细查看了我的记录后，就第一个问题我想到了几种可能性。第一种，来自互联网的信息输入太快了，没有给大脑时间和空间来处理这些信息、将其融入已有的思维模式中并思考其含义。这并不是互联网本身的错。但是，互联网庞大的信息量（包括对单独话题的短期处理，以及强大的搜索能力）导致大脑过于快速地接收信息。与之相反，多数的讨论和讲座则没有那么高效，信息的载体和内容不是无聊就是过于晦涩，给人留下了思考的空间。

第二种，总的来说，网络传播与读书一样，是单向的。而根据我的记录，产生领悟需要积极而艰辛的思考和论证训练。

第三种，这与互联网鼓励的思维方式有关。在多种想法与数据群相互交织的网络中，即时获取信息的能力尤为重要。然而，对于深入的理解——具体来说就是对谨慎追寻思维线索而产生的理解，互联网并不是很有帮助。我常常发现，互联网的作用在于将我从思维之路上引开，走向岔路，而非帮助我继续走下去。

第四种，但也可能是最关键的一点，我的经验是，真正有创造性的领悟需要我们在知识荒野中进行漫长而不懈的努力。我还有许多事情不了解，每发现一件先前不了解的事情就会非常兴奋。我认为培养一颗“无知”的心很重要，可以让人去探索有趣的奥秘，并愿意在其复杂与混沌中花费心力。奋力前行之时，在混沌的探索中保持愉悦，不畏惧犯错，不畏惧多次地犯错，这是我产生思维成果的关键。而互联网呢？互联网并不鼓励这种思维。互联网想要我们了解，并且立即了解。互联网的基本建构就是即刻学习。我不仅担心互联网会使得我们重视信息而轻视理解，还担心它使我们过于习惯即时的信息满足。互联网的光亮剥夺了我们在神秘而丰富的未知世界中徜徉的机会。

当然，别人可能对领悟的产生原因及条件有不同的体验，对互联网也是如此。但我敢打赌我的感受并不罕见。所以，我们应该怎么做呢？我的第一反应是，在我的学术生活中大幅度禁止互联网的运用，但这既困难（和很多人一样，我有一定程度的网瘾），又会产生反作用。信息是重要的，而互联网则是发现和集中信息的最佳工具。

但是，实践告诉我，这一工具应当被用在正确的位置和时间中，并需要更多地与思考、深入反思、整理想法和写作等创造性活动隔离开来。也许我们不应将互联网看作大脑的延伸，而应将其看作图书馆，我们偶尔去收集素材，然后把素材带到其他地方，带到我们有时间和空间感到无聊，看不到干扰，并可能陷入难题的地方。这样，我们才能创造机会让一些非常有趣的事发生。

109

THE JOY OF JUST-ENOUGHNESS

乐趣恰到好处

朱迪斯·哈里斯（Judith Rich Harris）

美国知名的心理学家、作家，独立研究者，著有《教养的迷思》、《毫不相似：人类的天性与个性》（*No Two Alike: Human Nature and Human Individuality*）。

互联网发布信息的方式和从瓶子里倒番茄酱一样。之前是太少了，现在又太多了。

在这中间，曾经有过一段平静的过渡期，互联网提供的信息量恰到好处。对我来说，这大概有 10 年。

那是我人生中最好的年代。

110

THE RISE OF INTERNET PROSTHETIC BRAINS AND SOLITON PERSONHOOD

网络辅助大脑和孤立人格的兴起

克利福德·皮克奥弗（Clifford Pickover）

著有“皮克奥弗三部曲”（Pickover Trilogy）：《医学之书》、《物理之书》和《数学之书》。

世界各地的人们越来越多地通过互联网向他人寻求建议和社会支持。我们的意识不仅产生于自己的大脑，也来自网络辅助大脑（Internet Prosthetic Brains，以下简称 IPBs），即通过电子网络与我们分享信息和建议的人们。“你”和“我”的意义正在改变。例如，我向他人寻求帮助以进行超出我所具备知识与能力的思考。我生活中的许多决定都是由我周围的 IPBs 左右的，他们会针对多种不同问题为我提供建议，包括软件问题、计算机问题、健康问题、情感问题。那么，在最终做决定时，做出决定的“我”又是谁呢？

由社交网站产生的 IPBs 比根据地理位置产生的社区更加重要。通过 IPBs，我们与他人相互交换想法。我们把信息发布到网上进行互动，成为他人的 IPBs。从某种意义上说，当我们死后，我们的一部分会以 IPBs 的形式生存在他人的记忆和思维中，在互联网上留下足迹。参与社交群组、写博客和发布 Twitter 消息，把想法留在网上的个体会在互联网上留下部分自我。在网络时代之前，除了对于我们的家人和一些朋友以外，我们中的大多数人无法在世界上留下任何痕迹。互联网来临前，即使在你的家族中，4 代之后也不会有人记得你了。在古代，你的曾孙也许会对你残留一些印象，但这残存的记忆也会在他们去世时如灰烬一般消散，所以通常情况下，你最终都会销声匿迹、被人遗忘。我就对自己的曾祖父母一无所知。

然而，在网络时代，完全的销声匿迹是不可能的，尤其是对于影响力巨大且人数众多的网民来说。例如，几十年后，在网上搜寻你曾写过的文章的人数会逐渐减少，但永远不会真正为零。网络及其数据库和搜索引擎是无处不在的，几百年后的人也许会被你写的话逗笑、好奇你是谁。对于某个未来的人，你可能会成为他人生中 IPBs 的一部分。在未来，你会通过在互联网上留下的种种信息与后人对话。

更重要的是，研究表明：你的在线社交群体会对你的个人健康和幸福带来深刻的影响。习惯和想法像病毒一样，在体量无尽的互动中传播着，这些有时可以跳跃性地将信息传递给朋友的朋友，而不影响中间人。总之，在网络时代，个体与人格的概念比以往更加分散。

由于你的兴趣、决断能力、习惯甚至健康都与他人息息相关，你的人格应当被看作一种“伪人格”，它由你自己和你的多重人际关系的 IPBs 组合而成。我们死后，我们的联系网也相应地被撕破，但从某种意义上说，我们的“伪人格”会继续扩散，像网络联结这样的无涯大海上的孤波一样。

当有人问马克·夏加尔（Marc Chagall）为什么会成为画家时，他说，一幅画就像一扇窗，通过它可以“飞向另一个世界”。查格探索的是真实与虚拟之间的界线。“我们的整个内心世界都是真实的，”他曾写道，“或许比表面世界更加真实。”

随着 IPBs 和孤立人格概念的延伸，这种界线会变得更为模糊。IPBs 验证了查格所言的重要性，并鼓励我们打开一扇新的窗户看世界。它们创造了另一种存在与飞翔的不朽形态。

60年来，心理学家一直在报告人类有错把反复说的事情当作真相的倾向。这被称为“真相幻觉”效应。你会对常听到的事情信以为真。

——丹尼尔·豪恩（Daniel Haun），《重复、可得性与真相》

FOR MORE THAN SIXTY YEARS, PSYCHOLOGISTS HAVE BEEN REPORTING THE HUMAN TENDENCY TO MISTAKE REPETITION FOR TRUTH. THIS IS CALLED THE ILLUSION-OF-TRUTH EFFECT. YOU BELIEVE TO BE TRUE WHAT YOU HEAR OFTEN.

111

REPETITION, AVAILABILITY, AND TRUTH

重复、可得性与真相

Daniel Haun

丹尼尔·豪恩

德国马克斯·普朗克演化人类学研究所比较认知人类学研究项目组主任。

我生于1977年，你很看重1992年诞生的互联网的话，或者也可以说是网络时代到来的15年前。总之，我不太记得没有网络的生活。当我走出青春叛逆期那段黑暗和转瞬即逝的日子，互联网就已经存在了，就像在等着我一样。所以，对我来说，互联网似乎并没有改变我的思维方式，不存在前后对比的问题。即使你的目光正从灰白的长眉毛下扫过我的文章，我也能向你保证，互联网同样没有改变你的思维方式。当然，它改变了你的思维内容。互联网不仅向你提供了你正在寻找的信息，更重要的是，它给你提供了你没有寻找的信息。不过，根据我对人类思维的浅薄理解，我不认为互联网改变了我们的思维方式。它的结构并未改变你的思维结构。

我给你举一个人类如何进行思考的例子。我已经告诉了你3次，互联网不会改变你的思维方式（加上这次，有4次了）。你每次读到这个观点，这样的陈述都让你觉得更为可信。60 多年来，心理学家一直在报告人类有错把反复说的事情当作真相的倾向。这被称为“真相幻觉”效应。你会对常听到的事情信以为真。最先进入脑海、最容易进入脑海的想法也是如此。

包括你在内的人们相信，最先想到的例子最具代表性，也最能体现事实真相。这叫作可得性启发（availability heuristic）。让我来介绍一个著名的例子：在英语里，以 K 开头的单词与第三个字母是 K 的单词数量之比是多少？多数人认为前者比后者更常见，因为他们很容易想起很多以 K 开头的单词，却想不起多少第三个字母是 K 的单词。事实是，第三个字母是 K 的单词比以 K 为开头的单词多 3 倍。现在，如果你怀疑人们是否真的相信这个结论（或许因为你不这么想），就正好证明了我的说法。可得性会造成人们对真相的幻觉，重复也会造成对真相的幻觉。我可以重复这一观点，不过你已经明白了。

让我们重新审视互联网。你如何在网上寻找事实？你使用搜索引擎。搜索引擎显然有非常复杂的计算方式来决定哪些页面与你对事实的需求更为相关。但简单地说，页面的相关性是由相关页面链接到这个页面的数量决定的。这是重复，不是事实。然后，搜索引擎会为你呈现一系列经过排序的网页，这一过程也决定着资源的可得性。重复率决定可得性，两者共同创造了真相的幻觉。因此，互联网只做了你会做的事情而已。它并没有改变你的思维结构，因为它只是在模仿你的思维结构。

112
IMMORTALITY
不朽

胡安·恩里克斯（Juan Enriquez）

优越风险管理公司（Excel Venture Management）董事，著有《新财富宣言：基因改变未来》（*As the Future Catches You: How Genomics & Other Forces Are Changing Your Life, Work, Health & Wealth*）。

对于我们的生活，互联网最重要的影响就是使其“不朽”。请回忆一下你过去学的考古学、社会学、历史课程，或者参观不同博物馆的经历。再想想人们发现、挖掘、研究和保存箭头、古代建筑、骨头、串珠、纺织品和文字片段是多么的不易。

不过，这些历史残片为我们提供了真正的知识，也留下了无穷无尽的猜测、理论、思索以及神话故事。然而，尽管如此，我们仍然只是对历史中的少数人有充分的了解。我们关于过去的大部分知识都是基于对少数人的研究，因此只有少数人的故事流传下来。

随着我们在传输和存储数据方面的技术越来越强，我们对多数人的了解就会越来越多了。人物传记的素材来源不仅限于信件、歌曲和民间故事，还越来越多地包括完整的账本、单据、报纸，以及政府和宗教记录。

在上一个横跨美国和欧洲的流行感冒肆虐时期，我们可以追踪特定房屋、家庭、水井、奶牛和附属建筑的历史，我们可以针对某一社区、某一家庭或某个人书写其历史。但是，我们的知识面中仍然有大量的空白。而如今则不同了，将来任何研究电子生活的考古学家、社会学家或历史学家都能了解、图解、计算、对比和判断我们现在的生活，细节之详细是任何人都无法想象的。现在请想象一下我们生活中的某一天。在关掉闹钟之后，基本上我们所做的第一件事情——在刷牙、喝咖啡、照看孩子或打开报纸之前，都是伸手拿智能手机。当手机开启、对我们说话，或者我们通过手机说话时，手机会把我们生活中的几乎每件事都绘制成图。

未来的社会学家和考古学家将能够得到个体生活的高清晰图景，知晓我们阅读、忽略、删除、转发和回应的话题。将这种数据流与 Facebook、Twitter、谷歌、博客、报纸、分析报告和 Flickr 上的信息相结合，他们便会得到一幅更加具体而完整的图景，它记录着我们每一个普通人的生活。并且远远超越过去最为卓越而精于细节的历史学家们对最受尊敬（或臭名昭著）的统治者进行的研究。

同时，这种信息存储是分散的，分布于多个站点。与未来的学者在谷歌、微软、国家安全中心、信用管理机构或任何平行宇宙中的发现相比，挖掘埃及金字塔简直就像儿戏。

在虚拟空间更改或删除我们今天生活的大部分足迹是不可能的。无论如何，我们都达到了最为强大的埃及人和希腊人一直追寻的目标——不朽。

那么，这种新兴的“不朽”如何影响了我的思维？人到了一定年纪就会从希腊众神的胜利与悲剧中了解到，凡人与不朽之间有着非常明确的界线。容忍和原谅凡人打破这一界线会在众神中产生极其严重的后果。在不朽的世界中，你升入天堂后，没有什么会被遗忘和原谅。

113

A THIRD REPLICATOR

第三复制因子

苏珊·布莱克莫尔（Susan Blackmore）

心理学家，著有《意识概论》（*Consciousness: An Introduction*）。

“我”的思维方式？我不确定我是否知道谁，或者是什么在主导着思维。这正是互联网迫使我提出的问题。

当我还只是一个写书、写研究论文或出现在广播和电视上的普通人时，我可以快乐地知道，是“我”在写我的书。我不需要质疑到底是谁、是什么在进行思考，产生了新想法。在当时，我的身体、大脑和知识都是统一于一处的。用一个比喻来说，就是硬件、软件和数据是统一在一个整体中的，那时将其称为“我”是合理的。

互联网改变了一切。它既改变了自我的属性，也改变了思维的属性。“我”不再只是想象中居住在这一身体内的自我意识，同时还是我个人网站上的笑脸、他人在网上写的虚拟人物。如果有人问：“谁是苏珊·布莱克莫尔？”我的身体能给出的答案，还不如提问者的搜索引擎强。

互联网对思维本身的改变是逐渐开始的。人类长期以来都将自己的知识“外包”给了纸张和书本，所以在过去，我会坐在放着打字机的书桌前，在书中查询我需要知道的东西。然后，我会运用文字处理器这种硬件对作品进行修改，但所有的创造性思考都是在我的头脑内部进行的。大脑会将无数的旧迷因聚集在一起产生新的迷因，之后对结果进行筛选，然后再挑一部分进行写作。

接着，网络时代到来了。这意味着我可以与更多人交流，与更多的思想融汇，但思维的过程并没有产生很大的改变。真正的改变出现在万维网来临后。突然——现在回顾起来一切都是突然发生的，大量信息都变得唾手可得，从我书桌上即可获取。几乎在一夜之间，我不再去图书馆了。确实，我已经有很多年没有去过那儿了。

互联网需要搜索引擎，而搜索引擎以惊人的速度改变了世界。通过对大量数据进行筛选、搜集出相关的条目，搜索引擎代替人类完成了很大一部分思考的工作。

我乐于从进化的角度看待这些变化。进化过程的创造性在于三点：复制、改变和选择信息。首先，人类具有基因——相互联结产生有机物的复制因子。然后，我们有迷因——创造人类思维的复制因子。最后，我们现在有了第三种复制因子，以及一种创造性进化的新技术，即互联网。在过去，所有电脑、程序、服务器、电缆和其他外接设备似乎只是书籍、打字机、电话的拓展，但现在，我们不能再这样看待它们了。

书籍、打字机、电话可以存储信息或者传递信息，但并不能对它们所复制的信息进行选择。它们可以通过低质量的复制来改变信息，但不能将旧的迷因集合到一起产生新的迷因。互联网则可以完成这项工作。

计算机的搜索引擎和多种软件可以复制和选择信息，并将其组合成新的形式并在几微秒内传播到全球，使其成果为所有人可见。这真的是一次空前的创造思想、图片和原始文本的进化过程！思维已经超越了人类自身的限制。

现在，我仍然坐在书桌前，但我不再是一个思考并写下自己想法的普通人了。我用的键盘和我之前的打字机看起来相似，但我运用它的过程已经完全不同了。现在我写作时，我会快速而频繁地参考他人写过的内容，我搜集着由我并不理解其运行机制的软件所选出的多页信息，将这些内容加入我正着手完成的文本中。这些新文本可能会直接被发布到我的个人网站或某个博客上，在那里，它们可能会被其他网站挑选并再次复制。甚至书籍也参与了这一非凡的创造性过程：谷歌会扫描并发布一些页面，提供给学生、其他作者和博主。没有人知道这些复制品去了哪里，它们又经过了多少次复制，它们是怎样被选择的。更多的复制、改变和选择工作在人脑外部继续着，不受人类控制。

互联网本身能够思考吗？我认为是的。如果现在不是的话，那互联网也处于能够思考的边缘了。互联网传递的数字信息是第三种复制因子，一种由互联网组成的大型系统复制、改变和选择的信息。

所以，互联网改变了我的思维方式吗？比起过去，我所写的文字中“我的”成分愈发变少。确实，它们是渺小的我所创造的，同时也是约翰·布罗克曼、Edge 社区和整个互联网创造的。与其说是我在写文字，不如说是文字在通过我展现它自身。

所以，答案不是互联网正在改变我的思维方式，而是互联网正在改变思维本身的属性。

114

BELLS AND SMOKE

钟声与烟火

克里斯蒂娜·芬恩（Christine Finn）

考古学家，记者，著有《人工制品：一名考古学家在硅谷的一年》（*Artifacts: An Archaeologist's Year in Silicon Valley*）。

海风带来了英吉利海峡的阵阵寒意，我站在世界上仅存的几座钟塔之一的下方，望向未来新的10年。这座钟塔不比时代广场的跨年倒计时球，但我个人对这项18世纪的科学技术深怀敬意。它是传播学历史的一部分，也是互联网技术发展的一个标志。多年来，这座修长的地标性建筑一直在为多佛白崖下的航海者提供时间信息，帮助他们将航海时刻表调整到格林威治时间。它好比一个Twitter账号，持续发布着同一条消息。

对于这次的Edge年度问题，历史是我的切入点。我正赶着在截止日期前回答这次的Edge年度问题，而这一问题的答案如时间一样变幻莫测。互联网不仅改变了我的思维方式，还激发着我在技术发展不均衡、互联网普及化的背景下对这些变化进行思考。

我第一次与互联网相遇是在20世纪90年代中期，当时我还在牛津大学做研究员。后来我才知道，蒂姆·伯纳斯-李曾在这所大学读书，但我当时对轻而易举的上网方式有些厌倦。互联网之于我更像是一种传递消息的媒体，一条比邮寄信息快一些的信息传输路径。我当时并没有把互联网当作挖掘信息的工具，坚持依靠书籍来解决问题。但是，当我去拜访非学术界的朋友，想要用他们的拨号上网线路查看邮件时，我发现他们肯借我使用互联网是非常慷慨的，因为它会带来高昂的电话费。朋友们会紧张地在我身边徘徊，我只得迅速上网然后马上下线。互联网不是一种娱乐工具，而是一种保持通信的途径。在此之后的一段时间内，我对互联网的看法一直是这样的。

2000 年，我的看法有了改变。当时我正痴迷于写一本有关硅谷的书，在英国和美国东西海岸间频繁地穿梭时，我开始思考互联网的意义。还有，我也开始思考不能上网给我带来的影响，偶尔做一个“局外人”让我在知识和文化上错过了什么。对于这种尚在发展中的技术，我产生了一种渴望，并开始认同这种渴望。我知道所有的信息就在那儿，而我却没有认识到它的潜力。有时，我觉得无知是福。乘车在美国四处游览的几个月激发了我对互联网的渴望。每到一站，我都会试着上网，这通常意味着我需要排队。我非常珍惜登录的机会：在纽约公共图书馆宝贵的 30 分钟、在中西部小镇的整整一小时、做讲座前在某大学办公室里挤出的几分钟。

之后，互联网带给了我无限的欢乐。我沉迷在朋友位于旧金山湾区能 24 小时联网的家里，他那里就连厨房都放着笔记本电脑。但是，我坐飞机去东部地区时，就感到联网条件很艰苦。我会在欧洲城市的街道上花几个小时寻找网吧，在网吧等着上网的感觉就像被陌生人亲吻一样，也总有其他人也在排队等着上网。我体验过无法上网的感觉，并且知道，我们现在的技术都是建立在以太网和其他技术基础之上的。我就像伍迪·艾伦电影里的角色一样，透过汽车车窗凝视着充满狂欢人群的火车。不能上网简直是对个人的一种打击，我感到像失去了图书馆的钥匙。

2004 年的印度洋海啸事件展示了我们可以运用互联网服务于公共利益。这一年，我搬到了罗马，第一次在网络上发言，开启了自己的博客，为斯坦福大学元媒体实验室（Stanford's Metamedia Lab）做了关于罗马文化艺术的网络记录。2005 年 3 月，罗马教皇病危，而圣彼得广场上装的卫星天线越来越多。在西斯廷小教堂里，上帝正要与亚当在米开朗基罗的穹顶画里手指相触；教堂外，人们的手指在笔记本电脑和手机上不断点击，迎接着网络上最具深远影响的新闻时刻。不过，我是以传统的方式听到教皇驾崩这一新闻的。我正提着一盒热比萨走回家，突然听到一阵钟声，但当时并不是常规鸣钟的时间。我与几千人一起冲向圣彼得广场，意识到人们是通过平行的多种传播方式得知消息，而同时行动起来的。在这里，人们仍然可以被钟声所召唤。几周后，我坐在罗马的咖啡馆里看宽屏电视，看到白色的烟火从梵蒂冈的烟囱里升起。烟灰飘过梵蒂冈古老的墙壁，化为了意大利手机刺耳的信息铃声，和网吧里不停敲打的键盘声音。

115

DARE, CARE, AND SHARE

勇气、关心与分享

陶·诺瑞钱德（Tor Nørretranders）

科普作家、顾问、讲师，著有《慷慨之人：怎样帮助其他人是你能做的最性感的事》。

付出得越多，回报越多。分享得越多，得到的关心越多。勇气越强，空间越大。勇气、关心和分享（Dare, care, share）是我要讲的主题。

互联网已经成了分享经济与合作的动力。最简单的事实是，互联网上有如此多的知识、数据和智慧，我一生都无法全部领略。这让我认识到，人生不在于收集信息，将其整理进书本理论，或机械地记忆，而是在于同他人分享你所拥有的东西并运用它，分享它，在需要时收集它。大千世界有足够的知识和信息可供我们运用。

在生态学中，一个有机体产生的废物可成为另一有机体的食物。植物将氧气作为废物排出，动物则需要它生存。我们将二氧化碳作为废物排出，植物则需要它。它们彼此依赖着生存，能够分享彼此产生的废物。

人类文明似乎忘记了我们在几个世纪以来不断地制造废品，并消耗着有限的资源。现在，我们知道世界的运转依靠的是事物的流通：物质、能量、信息、社会联系。它们都通过我们进行流通。我们与他人及这个星球上的其他生命分享这些事物。气候问题让我们看到了如果我们忽视了可再生流通的结果，从长远来看，人类独自储存和霸占资源只是妄想。

互联网将我们的思维引上正确的道路：传递资源，适时放手，任其流通。人类的思维方式已经被更新。现在，我们只需要改变我们的行为方式。

116

GETTING CLOSE

靠近

斯图尔特·皮莫（Stuart Pimm）

杜克大学生态保护协会主席，著有《一个科学家对地球的审视》（*A Scientist Audits the Earth*）。

曾经，我们拥有的世界与现在是相同的，但我们对它存在的问题知之甚少。

有智慧的人们表达着自己对复杂世界的意见，而在有些人看来，世界仅限于他们所在的城市，或者校园。这些人在生活范围内，自以为是地思考着人生、艺术、科学等，到底什么才是真正重要的。少数人会对世界抱有敬意，不过说实话，他们也仅仅能通过图书馆来探寻世界，因为对他们来说，这是学习人类知道了什么、谁掌握着这些知识的唯一途径。权力中心掌管着一切，知晓着一切。

天色渐晚，我看到实验室还有灯光，就停下来看还有谁在加班。实验室里正进行着一次 Skype 通话，但我完全无法听懂，即便是声音都听起来非常陌生。我的两个学生正从他们的交谈对象那里学习的这种语言，甚至没有软件可以翻译。他们的交谈对象正坐在厄瓜多尔雨林边破旧小镇上的一间咖啡厅里。全世界只有几百名印第安人说这种语言，几乎他们所有的孩子生下来就是流浪者，并生活在森林中。而这片森林下蕴藏着成千上万桶石油（我并没有说这是森林的“好运”）。几个月内，我们就会到那片森林里去了。我的学生将跟着印第安人提高自己的语言技巧，印第安人也会教他们咀嚼树薯，将其吐在碗里，再嚼一遍，以酿造吉开酒。

有了互联网，在那片森林里发生的事情就像我想了解或沟通的任何其他事物（比如用座机线路或手机接打电话）一样，近在咫尺。如果石油公司的开采地点离保护区的距离比承诺的近，我们立即就会知道。如果一些移居者想要砍伐森林，我们迅速就能知道他们与印第安人是否在相互残杀，其他所有人也会迅速知道。

互联网能够从遥远的地方带来即时新闻，并辅以照片作为佐证。现在我们思考的范围骤然增大，变得更为可怖，比过去更充满挑战。

互联网对所有事物的报道量都增多了，内容包含即时新闻、对未来的预测和历史知识。所以，如果我们想知道是谁签署了大片偏远森林的石油开采合同，其数据并不会出现在图书馆里，但我可以从当地报纸的网站上在线获取。在森林被砍伐之前，身边围绕着未来将被他人的合同所决定的人们时，我就可以做到这件事。现在，知识无处不在，你也可以在任何地方通过互联网找到知识。

互联网大幅度地增加了人性的未来问题。有些问题现在显得微不足道，它们在将来也可能看起来并无二致。

现在，进行思考的主体也改变了。当知识无处不在时，思考者也一样无处不在。

117

A MIRACLE AND A CURSE

奇迹与诅咒

埃德·里吉斯（Ed Regis）

科普作家，合著有《再生：合成生物学将如何重塑自然和我们自己》（*Regenesis: How Synthetic Biology Will Reinvent Nature and Ourselves*）。

互联网并没有改变我的思维方式（据我所知，也没有改变任何人的思维方式）。在某种简单的意义上，我继续运用着我一直以来的思维方式：运用我的大脑和五感（或者六感）来思考可获取的相关信息。我是说，除此之外你还能怎么思考呢？

互联网对我的改变在于我运用时间的方式。互联网是世界上最省时间，也最浪费时间的东西了。有关它节省时间的话题我就不赘述了：互联网基本上代表着所有人类知识的集合，一点击鼠标就能获取这一集合中的几乎任何内容。在过去，一项档案搜寻工作可能要持续一周，还要跑上千公里的路；而现在，你坐在家里或者办公室里只需一瞬即可完成这项工作。

然而，从负面效果来讲，互联网大概是世界上最大的淹没时间之处。浪费时间可能是上网的一大目的，正如某著名网站（或浏览器、搜索引擎，甚至可能是雅虎）的一对20多岁的开发者曾明确承认："我们进行这一开发就是为了让你不用浪费任何时间来开始浪费时间。现在你可以立即开始浪费时间了。"

实际上你确实是在浪费时间。在纸媒时代，我放弃了读报纸，原因有二：第一，每天的新闻大同小异（"波斯尼亚战火重燃""Y市发生自杀式袭击，X人遇难"）；第二，在大多数情况下，你对这些新闻无能为力。何况，这些新闻还让人郁闷。

尽管如今的新闻内容仍然大同小异，我还是会常常在线阅读《纽约时报》，当然还有谷歌新闻和本地报纸。同时，我每天还会多次查看股市、天气预报、博客（我有时候还会陷入愚蠢而耗费精力和时间的网络骂战）、我注册的 Listserv，如 Miata.net（为了看好看的新款米亚达汽车或者汽车八卦）、我的邮箱等，这些还不足以概括我在互联网这条船上每日航行所见的一半，完整的清单大概有《荷马史诗》那么长。

当然，我并不是不得不做以上这些事情，没有人强迫我，我只能怪自己。但互联网仍然充满诱惑，这很奇怪，因为我明知道它是如此被动的一个载体。它并不能真正地做任何事，它无法治愈癌症、感冒，甚至连打嗝都治不好。

互联网既是奇迹，也是诅咒。在多数情况下，它是一个奇迹。

118 COLLECTIVE ACTION AND THE GLOBAL COMMONS

集体行动与全球大众

朱利奥·博卡莱蒂（Giulio Boccaletti）

物理学家，大气与海洋科学家，大自然保护协会常务理事。

几乎可以肯定的是，互联网改变了我对集体行动，以及科学在决策层面的影响效果的看法，特别是关于管理全球环境的问题。我想到了三个方面：

1. 互联网为人类集体治理环境问题提供了一个平台；
2. 互联网将我们的集体意识从各个学科集中到了一个问题，即地球管理问题上；
3. 科学处理全球问题时常常受制于种种压力，而互联网可以对其施加影响。

我们所在的全球生态系统——包括水资源、大气中的二氧化碳含量、土地、海洋、热带雨林都会超越国家界线，这使传统的自上而下式的管理决策方式变得更加困难。然而，全球生态系统得到了全球联网的信息系统的支持。除了信息本身，这个平台还可使人们协调开展行动。如果我们从短期的政策收拢中跳出来看，就会发现世界各地正发生着上述变化。

商界和政府正在为保护全球生态系统采取有效措施，它们运用互联网倡导发展绿色经济。在今天，生活在巴基斯坦、印度河平原或澳大利亚墨累河盆地上的农夫可以在网上实时关注分配给本地的水量，并依此规划他们的农业活动；巴西或印度尼西亚的热带雨林保护计划（这是减轻温室气体排放全球战略的关键部分）是用全球测绘技术来规划的；我们可以利用联网的软件平台，通过智能网（用于能量传输的满载信息的网络）来协调有关能量消费与生产的上百万个决策；了解全球各地的天气数据。同时，这也是有史以来第一次人类大规模干预地球气候的行动，如增加海洋碳捕获量的尝试已被纳入一些对全球联网企业的考量之中。

过去我们也有一套完整的全球环境数据和理论系统，不过只有少数专业研究地球环境的人才能访问。为了全面讲述地球的知识，科学家们细心地建立了这样一套体系：包含有关全球温度区域、风量分布、土地利用、地质情况、冰层厚度的复杂图表，其综合了各个学科的理论。这幅即便不全面也颇具野心的全球图景显示着地球的面貌，更重要的是，显示着地球如何运转，未来的气候将发生什么变化。

然而，对于绝大多数人来说，这一努力即使有所成效，也意义甚微。1957 年 7 月至 1958 年 12 月是国际地球物理年，可以算是人类与地球的竞赛。但这一野心勃勃的项目中唯一一个具有集体意识的事件是，1957 年 10 月苏联人造卫星“伴侣号”发射，并由此开启了人类与太空而非与地球的竞赛。当我从 10 多年前开始研究地球时，地球科学专业正在与工程学专业和物理学专业艰难地竞争着招收最优秀的学生。对于大多数读 MBA 的学生来说，保护地球的话题非常陌生，与他们联系最紧密的就是用地球的图片来做他们的商标。作为一个大型自然活动的综合集合，地球并不在多数人的考虑范围之内；至多，地球是一个不变的场所。它可是我们生活的地方，是我们栖息和繁衍的星球啊。

信息网络在全球的广泛普及改变了一切。它使人们不通过科学家解说就能获取数据和了解其理论，互联网不仅帮助传播了环境保护的理念，也鼓励公共进行讨论。我之前提到的那套体系，那些仔细排列的数据，以及用五颜六色的地图代表地球特性的体系，已成为一个具有互动性的多维空间。它不再由某个个体所控制，而变成了各方力量都可以对其进行探索。在这个空间中，我们的星球（以及我们保护或开发它的作用）成了政治、经济、社会各方强烈关注的主体。

互联网引发了有史以来由集体意识推动的、最大的事件之一：全球民众、政府和企业都多多少少在同一时间开始理解，地球不是一个抽象的学术概念，而是一个与我们息息相关的实体，我们的日常活动会对其产生影响，其后果最终也会反过来影响我们的生活。互联网创造出了哲学家让-弗朗索瓦·利奥塔（Jean-françois Lyotard）曾设想的地球知识的新概念，即一种不是由个体，而是由经过协商的集体行为创造的世界观。

最终，互联网对科学本身以及科学面临的种种压力产生了影响。作为一名科学家，我所受的教育让我能够理解地球科学所能表述的极限，去感知隐藏在被观察到的复杂现象背后的内在不确定性。但最新的情况是，由数千名地球科学家和全球信息化的集体意识共同整合后的、新的地球概念模型，正对我所看到的科学问题产生着深远的影响。

现在，地球被互联网转化了，由单一的研究对象变为所有人都可以探索的交互环境——一个经济需求和社会话题与科学领域的学科边界发生碰撞的地方，科学被促使着对抗实际操作和应用层面的问题。例如，海上风力发电机的选址问题就与全球大气循环最终将热带地区的动量传递到哪里有莫大的关系。有关建造水利基础设施的可行性也与我们对全球水温循环变化的理解息息相关。有关碳捕获与碳隔离技术的未来发展问题，也取决于我们对地质学和生物地球化学的理解。

我们应该怎样应对变化的气候？应该在哪里进行投资？应该普及什么新技术？这些都是科学必须回答的问题。我们目前面临的挑战在于：要确保知识以及科学的极限（也就是我们所能做到的极限），不在网络传播中有任何翻译和转化上的遗失。

119

INFORMED, TIGHTFISTED, AND SYNTHETIC

博学、吝啬与人造

劳伦斯 · 史密斯（Laurence C. Smith）

加州大学洛杉矶分校地球与空间科学教授、地理学教授，著有《2050 人类大迁徙》（*The World in 2050: Four Forces Shaping Civilization's Northern Future*）。

我非常清楚地记得互联网开始改变我思维方式的那天。那是在 1993 年的春天，当时我坐在康奈尔大学了无生机、没有窗户的计算机实验室里。我的一个研究生（他曾经是微软的程序员，喜欢学习新鲜事物）操作着屏幕不断闪烁的 UNIX 计算机，吸引了一大群人。我挤进去，然后看着他在 XMosaic——世界上第一款广泛应用的网络浏览器上“穿梭”，我惊呆了。

XMosaic 当时才刚投入使用几个月。它是由伊利诺伊大学一位名叫马克·安德森（Marc Andreessen）的本科生（一年后，他创立了 XMosaic 价值数十亿元的继任产品 Netscape）和美国国家超级计算机应用中心的埃里克·比纳（Eric Bina）编写的。当时，已经有几家网站创立并开始运行了。人群中不断有人提议搜索不同的关键词：“性”“科特·柯本”“地球资源卫星”。短短 15 分钟，那位研究生仿佛掀开了一道窗帘，让我们看到了一个充满了商业、娱乐和科学交流的崭新世界。实验室里充溢着某些大事即将到来的预感。第二天，所有人都开始用 XMosaic。

自 1993 年的那天以后，我的思维方式发生了怎样的改变呢？几乎与所有人一样，我更加沉迷于搜寻信息，也获得了更多的信息。因为动动手指就可以获取这么多的知识，所以我更难以忍受自己的无知了。如果有什么事我不了解，我就会去网上查找。现在，我每天会翻阅多家报纸，但并不仔细阅读任何一份。我生活中大多的时间都是这样消耗的。我忽略了很多其他事情，但我也因此不断地受到新的教育。

我比过去有了更多的经济头脑。在 1992 年，如果我得坐飞机去哪里，我会打电话给街角的旅行社，她告诉我什么航班我就接受什么。现在，我会用比价搜索工具，尽可能地节省买机票的每一分钱。在网上购物前，我会搜寻和收集优惠信息。清楚的价格信息充满了互联网，让我产生了一种从未有过的、痴迷的省钱欲望。毫无疑问，这让无数的优秀旅行代理员失去了工作，还让我浪费了更多的时间。

我所从事的科学领域的覆盖范围和发展速度被大大提升了。不像以前，科学数据还很难获取、价格不菲且非常珍贵，而现在，我和我的学生则可以自由地发布和下载无数的数据而不需要付费或费用很少。我们几乎实时地获取着大量卫星图像、虚拟气候模式；我们将自己的研究信息发布在网上，供地球上的任何人免费使用。在数据充裕的世界里，一种分享、公开和合作的新潮流正取代着储存数据、保密数据的旧传统。这使得地球科学变为一个极其令人兴奋、生机勃勃、发展迅速的领域。

也许我在思维上最深远的改变在于：由于访问信息变得很容易，这允许我广泛而全面地考虑新的想法，从我自己的知识领域以外也汲取营养。花了不到两年时间，我就完成了一本说明重要学科融合趋势的书，其中不仅包括气候科学（我的研究领域），还包括全球化、人口统计、能源、政治科学、地理学、法律学等方面的知识。如果没有互联网这一快捷的“全球图书馆”，这种范围的综合研究或许也是可行的，但大概没有人会愿意去尝试。

在 1993 年之前，我的思维是自满、挥霍无度、狭窄的。现在，我的思维是信息充足的、节俭的、综合全面的。我迫不及待地想看到自己下一步的思维发展结果。

注：本文作者劳伦斯·史密斯的《2050：人类大迁徙》已由湛庐文化策划，浙江人民出版社出版。

120

MASSIVE COLLABORATION

大规模合作

郦安治（Andrew Lih）

南加州大学新闻与传播学院副教授，著有《维基百科革命》（*The Wikipedia Revolution*）。

互联网通过筛选和完善独立观点支持了协商式的信息聚合，从而创造出了前所未有的知识成果。改变我思维方式的正是互联网的这种能力。

维基百科是迄今为止人类大规模协作的最伟大创作物。我们有了一本不断更新、正在完善的历史记录，它每分每秒都在记录着人类知识的发展状况，这在人类历史中是最为独特的发明。

作为通用的技术平台，维基百科和 Twitter 让参与者得以修改和优化虚拟工作空间，通过文化磋商演化、形成新的文化规范。利用一些基本的综合指令，参与者通过具有共识性的在线合作制定了新的社区规则。

为了实现编纂词典这一简单目标，维基百科的词条贡献者们制定了一套有关格式、审议、冲突解决方式的准则，并规定使用软件来监督执行这些准则。在 Twitter 上，用户有目的的行为和精心挑选的互动话题拓展了微博的概念，满足了其不断涌现的在线社区需求。在维基百科与 Twitter 工作界面中的虚拟技能，可以支持一种可进化的媒体形式，这种媒体形式“不可能”由互联网支持。

目前为止，我们对这种合作形式的深刻体验主要来自文本数据领域。我们还在从公共文件和记录中寻求真相的新闻工作中看到了这种合作形式。TPM 和《卫报》等新闻机构通过动员公众，成功地处理了内容繁多、让人毫无头绪的数据转储工作。成熟的文本工具可以进行搜索、对比其差异，并形成相关数据库，互联网帮助我们实现了这一切。

我们才刚刚开始思考可视化技术和多媒体技术的深远影响。今天，我们尚缺少足够的工具来完善它们，但我们将来会更多地对视觉内容和即时媒体进行联合创作、编辑和筛选。不可避免地，在视听领域，基于互联网的群体创新效应将会激发出超出想象的知识成果。目前我们很难预测它们未来究竟会怎样，但是如果你在2000年时问我像维基百科这样的创意是否可行，我会说："肯定不行！"

THE INTERNET ALLOWS US (AS A GROUP) TO BELIEVE BOTH FACTS AND THEIR OPPOSITES; WE'LL FIND SUPPORTING EVIDENCE FOR ALL OPINIONS.

互联网让我们（作为一个群体）同时相信事实及其对立面，我们将为所有意见寻找支持的证据。

——丽莎·兰道尔（Lisa Randal），《叠加的逸事不是数据》

121

"THE PLURAL OF ANECDOTE IS NOT DATA"

叠加的逸事不是数据

Lisa Randal

丽莎·兰道尔

理论物理学家和宇宙学家，

著有《弯曲的旅行》《叩响天堂之门》《暗物质与恐龙》。

“叠加的逸事不是数据”——但我只知道逸闻趣事。我们尚未理解人类的思维方式，以及改变人类思维方式的意义。科学家正在努力，希望最终能对这些问题了解得更多。但现在，我和同事能做的一切就是观察和概括。

我们甚至不知道互联网是否改变了自己的阅读方式。它确实改变了我们工作的方方面面。也许它最终会改变我们大脑处理文字信息的方式，但现在还不知道。互联网是否改变了人类的思维仍然是一个大难题，逸闻趣事或许能帮我们理解其一二。所以，我会讲几则故事（如果我能足够长时间地集中注意力来讲述的话）。

曾经有人向我指出，他读书从来不做标注，就像我一样。我一直把这种疏忽行为归咎于缺乏纪律和个性懒惰——有几次我想用书签，但很快就放错了位置。但是，在别人向我指出后，我意识到不用书签只不过是我的选择罢了。这完全讲不通：你在书里找到自己读过的地方，却不记得读过这些内容。不用标注的话，我只能保证在大脑中留下印象的最后一节连续的文本。

在互联网上，我们倾向于吸收感兴趣的话题信息。马文·明斯基（Marvin Minsky）最近告诉我，他偏爱在电子设备上阅读，因为他重视搜索功能。毫无疑问，我也一样。事实上，对网上的尖锐问题，我能清楚地记得答案，比我从厚书中摘取的信息更牢靠。但线性阅读的一些珍贵之处——伴随阅读吸收处理信息，也随着互联网，甚至电子设备的普及逐渐消失。在这些媒介上搜索信息实在太容易了。

我已经失去了阅读报纸的一个特性，即阅读的随机性。今天，当盯着电脑屏幕，点击文章时，我只会阅读自己感兴趣的内容。当读纸质的报纸时——这种时候越来越少了，我的眼睛有时会被从未想到的有趣部分（甚至一则广告）吸引。尽管网络信息涵盖面极广，并且很容易让我分心，我仍然以一种有目标的定向方式使用互联网。

我为什么不坚持阅读印刷媒介呢？因为我不想扔掉读过的东西，我害怕之后找不到有用的内容。互联网对我这种缺乏组织性的人来说非常合适，所有内容都在网上，事后还能找到，这种感觉很棒。我不喜欢成堆的报纸，也不喜欢待在办公室里查书。在家里，在火车上，在飞机上（前后排之间有足够的空间让我打开电脑就可以）我都能开展工作。当然，作为理论物理学家，我过去也这样做——只是要带更重的行李而已。

我常常受益于网络知识的广博，即使我的关注范围更专门。我的朋友会推荐某个网站，我也需要了解一些新话题。互联网还让我变得更大胆，可以快速跟进之前一无所知的话题。我可以核对事实，就任何有趣的问题学习他人的见解。我可以涉足之前不敢触碰的问题，写相关的文章，因为我可以快速找到过去难以获取的背景资料。

有关题目所引用的观点“叠加的逸事不是数据”，我应该在谷歌上查过是谁说了这句名言。我并不完全确定，它可能出自一位叫作弗兰克·科特索尼斯（Frank Kotsonis）的药理学家，他写过有关天冬甜素的论文。这非常滑稽，因为我听说天冬甜素会让人的注意力下降，之后我就不再服用了。我离题了。

有关这句引言更有趣的地方在于，其原话出自伯克利的政治学家雷蒙德·沃尔芬格（Raymond Wolfinger），意思刚好相反："叠加的逸事就是数据。"我想，秉持哪种观点取决于你从事的科学研究领域。

事实是，互联网提供了丰富的信息。目前它并没有将所有信息组织起来，也没有对其进行处理或排序，以形成科学的结论。互联网让我们（作为一个群体）同时相信事实及其对立面，我们将为所有意见寻找支持的证据。

但是，我们可以身临其境地参与讨论，与从未谋面的人一起工作。人们辛苦写出的论文，我们立即就能获知内容，但仍需甄别自己感兴趣的部分，并对他人的观点进行处理。

我不知道我们由于互联网产生了多大程度的思维变化。但可以确定的是，我们工作的方式不同了，速度也不同了。我们可以在许多逸事未构成数据之前了解它们。

尽管那些令人分心的邮件和网站很难让人集中注意力！

注：本文作者丽莎·兰道尔的《弯曲的旅行》《叩响天堂之门》《暗物质与恐龙》已由湛庐文化策划，浙江人民出版社出版。

122

WE KNOW LESS ABOUT THINKING THAN WE THINK

我们对思维了解得不够多

史蒂文·库沃茨（Steven R. Quartz）

神经科学家，加州理工学院哲学副教授，合著有《说谎者，爱人和英雄》（*Liars, Lovers, and Heroes*）。

我不知道互联网是否改变了我的思维方式，因为我根本就不知道自己的思维方式是怎样的。就此而言，我认为我们也并不清楚别人的思维方式是怎样的。很有可能，我们目前得到的最好理论在将来也可能被扔进垃圾桶，那么它对于现在就不仅是错误的，而且具有误导性。例如，想一想我们一直想要把人类思维概括为几种不同的发展倾向。长久以来我们都是这么做的，柏拉图把思维分为三部分，弗洛伊德也如此。今天，很多心理学家将思维分为两部分（据柏拉图观察，一个人至少需要两部分思维才能进行精神碰撞，比如理性部分和感性部分）。这些双重系统的理论将自动、无意识的本能过程与更慢一些的、有意识的认知过程分离开来。这种想法很吸引人，但反例很多。有意识的反思性认知一直是复杂决策活动的标准规范，是决策理论和微观经济学的主体。然而，最近的研究表明，无意识的思维过程可能实际上更利于解决复杂问题。

鉴于我们对标准的有意识决策的效果理解有误，我们过度关注它大概导致了很多错误决策。随着人们的注意力越来越多地转向这些无意识的自动思维过程，似乎它们很难再被限制于双重系统理论中了。理论神经科学提供了另一种模式，即三重独立系统——**巴甫洛夫系统、习惯系统和目的性系统**，每种系统都能对行为起到控制作用。据此，这种模式提供了一种对人类决策更好的理解方式。习惯系统可以带我们每天去喝星巴克（即使我们不再喜欢星巴克咖啡了），巴甫洛夫系统可以在我们到星巴克后让我们选择一种糕点，尽管我们目前在节食。但是这一模式也仍然严重地低估了构成思维所需的体系数量。如果有一系列的系统构成思维，那么系统数量是更接近于4，还是更接近于400呢？我认为我们目前回答这一问题时，尚缺乏足够的依据。

再想一想我们把思维看作一种逻辑系统的倾向。认知科学的标准模型是：将思维看作包含心理图像以及加工这些心理图像的规范（一种思维的语言）过程。这些规范通常会被看作一种逻辑，它使推理得以顺利进行，使思维变得系统化（即理性化）。

尽管我们对逻辑的研究已超过半个世纪的时间（自从构建出非单调逻辑的完整研究领域以来），但我们仍然连这种逻辑最基本的概要都不知道。纵然我们对其形式有了更多的了解，它仍不适用于多数思维过程。也就是说，多数的思维过程看起来并不符合认知科学中的标准模型对思维的认识。相反，很多思维，即所有目前被分类为自动、无意识的思维，似乎都遵循着平行、联合的准则。这些思维活动包括了大部分视觉、记忆、学习、解决问题和决策活动。在这里，神经网络研究、理论神经科学和现代机械学提供了有关这些活动的早期提示性研究，但仍处于初级阶段。非建议性思维形式背后的复杂运作机制仍然是一个谜。

我们对思维背后的大脑活动也知之甚少。我们不理解单独的神经元是如何传递信号的，也不知道它是运用什么“代码”来对信息进行编码并将其发散到其他神经元的。我们还缺乏理论工具来理解数十亿细胞如何互动来产生复杂思维。这些互动是如何创造我们的内在情感生活，又如何使现象学兴盛起来的，这些仍然是深层次的谜题，一如几个世纪以前那样。

最终，我们还有一个难解的认识论方面的问题：为了知道互联网是否在改变我的思维方式，我对自己思维方式的内省必须是可靠的。然而，有太多心理学和脑成像实验让我对自己的内省产生了怀疑。笛卡尔学说认为，我们的思维是可内省的；但与之相反，无数的偏见可能会破坏自我认识的可能性，使我们的思维像对待他人一样难以参透自我。

123

AN IMPENETRABLE MACHINE

一台无法理解的机器

艾米丽·普罗宁（Emily Pronin）

美国普林斯顿大学心理学副教授。

在一场心理学实验中，实验对象站在一间屋子里，地上放着各种东西，两根弦从天花板上垂下来。实验对象的任务是想办法将两根弦系在一起。唯一的问题是，这两根弦相距太远，如果他抓住了其中一根，就够不着另一根了。在思考出几种方法（比如在一根弦上系一条延伸的弦）后，实验对象被难住了。然后，实验者不小心碰到了其中一根弦，弦开始荡来荡去。实验对象突然有了新主意！他挥动其中一根弦，让它来回摇摆，回身去抓住另一根弦，然后等着第一根弦摆动到与第二根弦足够近的位置时再抓它。

这次实验的有趣之处在于：多数的实验对象都无法意识到实验者实际上在引导着他们想出新方法。他们相信，让弦摆动起来的想法是他们临时产生的，或者是他们进行系统分析的结果，也或者是考虑到物理规律所得，又或者是想起猴子在树之间游荡的画面所得。正如这场实验和其他类似实验（理查德·尼斯比特和蒂莫西·威尔森的一篇经典论文中也提到了类似的实验）表明的，人们意识不到使他们产生想法的特定影响。[1] 我们知道自己在想什

[1] 该实验参见理查德·尼斯比特（**Richard Nisbett**）和蒂莫西·威尔森（**Timothy Wilson**）合著的《比我们知道的更多：心理过程的语言报告》（***Telling More Than We Can Know***）。

么，但不知道自己为什么这么想。当一个朋友声称她基于信仰支持最新的医疗改革方案，明智的做法是相信她支持新的医改方案，但怀疑她这样想的原因（并且应该把这种怀疑告诉她）。

回到互联网是否改变了我的思维方式这一问题上。问题在于：有关思维，我可以诚实地告诉你，我在想什么（有关从冰激凌到电子邮件的一切，我喜欢前者，对后者的感觉就比较矛盾），但我只能猜想自己为什么思考这些事情（我喜爱冰激凌是因为它口味独特，还是因为我在父母离婚前一起与他们过暑假的美好童年记忆）。互联网改变了我的思维方式吗？我很难回答这一问题，因为我对影响我思维的因素没有直接的认识。

我无法理解自己的精神活动，这一事实对我来说相当难以接受。我很难接受我根本不知道自己头脑中在进行什么活动的事实。同时，这也可以理解：我当然说不清那些使我产生想法的复杂生物化学过程以及神经放电过程。我大脑中的每一个神经元都与其他神经元有上千个突触连接。这听起来是不是很熟悉？

网络上流行的搜索工具也通过一个巨大的网络为我提供想法（编码成文字的有形想法），我对这一系统的运行机制也是不明了的。我无法理解谷歌（或者更概括地说，互联网）内部的运行方式，这让它对我思维产生的潜在影响看起来颇令人担忧。我的思考可能会被偶然的搜索点击和外部的文字图像所影响，这一过程超出了我的理解和控制范围。所以，尽管我感觉掌握这一机器的人是我，但可能实际上是机器在掌控着我。但是等一下，不是一直都是这样的吗？只是过程相同，“机器”不同罢了。

124

A QUESTION WITHOUT AN ANSWER

没有答案的问题

托尼·康拉德（Tony Conrad）

实验电影制作人，音乐家，作曲家。

这次的Edge年度问题是无解的，就像“你从什么时候开始不再打你丈夫了”这种问题所跨越的界限在语言中非常明确，但在社会结构上却并非如此。即使你不认同尼可拉斯·卢曼（Niklas Luhmann）的观点，但他有一点说得再正确不过了：“思维系统和交流系统完全独立于彼此而存在。但是，它们建构起了一种结构互补的关系。两个闭合系统的独立性是其结构互补的前提，也就是交互动因（而非决定论）的实际结构选择。”

我们正在试着回答的问题其本质是什么呢？“互联网改变了你的思维方式吗”这个问题本身便已暗示着互联网已经在某种意义上对人的内在主观性有了结构上的影响，暗示着语言本身（也就是我们的集体意识和集体无意识）在全球网络传播的语境下，已经被改变了，或者至少其作用方式变化了。但是，语言是我们共享的思想，从这个意义上说，互联网是不可能只改变了“你”或者“我”的思维方式的。这种“思维”是一种媒介作用下的集合，有意义地以“我们”而非“你”或者“我”为主体而起作用。所以，问题只能这样问：“互联网改变了我们的思维方式吗？”

就这个问题，我们只能进行讨论而无法回答，这是无法解答的谜语。

互联网已经穷尽了我的行事语力（illocutionary force）。即使在网络时代之前，多种传播渠道也代表了截然不同的用户群的行事语力。例如，我可以把在文明社会谨慎运用的词汇用写作的方式写出来。网络的远距离性和匿名性鼓励了语言资源中行事语力的大幅转变。作为一名文化工作者，我常常参与各类有效距离各有不同的人际对抗，这种称呼上的重新定位对我的影响尤其有效。

网络交流是私密的。网络活动通常，甚至总是个体性的，它是单独的主体与代表任何事物的界面之间的正面接触。独自坐在笔记本电脑旁边时，我被四处袭来的恍惚之感和固定的方向所包围。互联网对思维的影响是秘密进行的，它不断接近思维，在感觉中枢占领一席之地，进入主体内部，以某种非常私密的方式隔绝实体世界。正如一本优秀的小说会传递出其思想、语言和外观上的风格，互联网也逐渐在更深的程度上进入我的内在。随着界面（四处传递信息的屏幕）而来的是流动性的广告结构。在杂志和电视中也有这种现象，但杂志和电视界面的流动性要小得多，信息策略与对注意力的操控之间的距离更远、差别更清晰。

互联网在怎样改变着你（或者我）的思维方式？这里的“思维”指的是何种思维？这个问题是意图把我们的关注点放在集中注意力的问题上吗？简单地说，这个问题是想要我们关注互联网导致人出神、恍惚的问题吗？“意识流”？集中？注意力？对我来说，这些领域的活动都是由无意识的过程指导的（所有广告商都在靠这种无意识作用达到目的）：交织的欲望、记忆的构建、社会联系、从属关系、社交活动等，所有这些都被精心地以文化之名所控制，成为一种集合。我发现，很多广告手段都与经典的催眠仪式相关，也反过来与概念艺术和正统艺术的策略类似。催眠过程通过倒数的手段干扰集中思维，这种手段也可以作为一种概念艺术或正统艺术作品。广告中的干扰性拼写，例如 kool，E-Z，kleen 等，也可以干扰集中思维。广告对互联网的入侵并不是简单的加法效应，而会为其带来乘法效应。广告传播调节着我的注意系统，这就是其目的。作为一名艺术家，我发现这些正式结构及设备的功能在于指挥和控制我的注意力。

在全球化、新媒体和法学相交的领域中，还有一片尚未开发的空间，投机者应该好好占据并加以利用。这种思维背后是一种怎样的社会角色呢？20 年前，我主张媒体艺术家应该试着去破坏尚未写出的法律。或者，用我当时在公开场合的话说就是，我们不需要做出既没有力量也无法坚持的姿态来服务和教育“社区”，而应该：（1）找到创造性地与法律打交道的方式，为新的家用摄像机用户树立有益的道德范例；（2）虚构，以避免新形式的犯罪。

在互联网上，不只是艺术家和外行，包括我在内的每个人都被“犯罪化”了。在城市中，匿名性既鼓励了偶发性犯罪，也鼓励了计划性犯罪，因为在互联网上，罪犯被认出的概率远远小于在乡村中。在网上，我的身份会参与到一种安全协商机制中，正如在机场和银行一样。但是，机场和银行是独立于家庭的公共机构，而互联网是私密的。

我可以在家购物的同时，也意味着我可以在家对别人进行偷窃，或者被别人偷窃。互联网所隐含的无所不在的欺骗与私密性直接相关——这种私密性不仅体现在“家”这种实体空间中，还体现在想象空间中：性欲、秘密的愿望、占有欲、权力欲、饥饿感、疲惫感、病痛与死亡的威胁。这些驱散了我们对犯罪的恐惧。一方面打开了通往犯罪想法的大门，另一方面也使受害者成了牺牲品。这些“想法”不一定构成明确的犯罪计划，但已成为一种精神状态，使人产生道德状态上的偏离、异化，而这种状态的突变对我的语言、期望、商务合作、失眠、抑郁及愉悦程度，以愈发严重、混乱的方式产生了影响。

通过去本地化、快速地以信息传播代替物理运输（或者在两个系统间创造融合），互联网将全球经济的南北分极状况转变为社会垂直分极，让“富人越富，穷人越穷”。这种分极，如南北分极、贫富分极等，或许并非在全球范围内适用。但是，一方面，低薪族制度伴随着管理层的巨额红利愈发成为全球化的现象，另一方面，社会阶层结构僵化、企业霸权在全球确立会带来更大的影响，新殖民主义确实将这两种现象等同起来。

互联网在这一 90° 的大转弯中扮演着推动者的角色，同时也通过融合大众传播各方面的渠道而为新秩序的确立起到了稳固的作用。但是如果人人都能自由访问信息源，社会分化不就通过某种竞争过程解决了吗？或者，这种反对运动是否仅仅只能维持一种“类稳定”的辩证平衡状态？这些有关互联网的“思考”常常困扰着我。

分析性的理解不能解决冲突。事实上，如今人们更明确地靠宗教热情而非学术分析来解读社会分化的问题，所以互联网对信仰系统的控制，以及互联网对我们思维不断变化的调整策略，代表着未来力量的平衡。这对我有影响吗？大概有。在上述变化发生的同时，信仰、争论和知识都是摇摆于语言微波中的语言结构，这种微波左右着、控制着、支持着可以影响我的流程：重复，隐喻的错位，传统与惯例，标志性的简化，诱导转向其他心理学技巧（如：“你不能吃菠菜！”“不！我想吃菠菜！”）以及其他框架建构或分类。

互联网的全球化议程被现实生活中的地方主义所中和。由于互联网，社区成了一个含义不定的术语。不过，无论我们怎样看待它的含义，在线社区与地理意义上的社区是完全不同的。“第二人生”是前者的一种极端例子。与此相对，在我的真实世界中，本地的教堂也在讨论着社区住房及城市教育的问题。然而，只要这些教堂触及互联网，甚至被放上电视，它们的功能就被稀释得意义不大了。

互联网将我的注意力从直接的本地问题及可操作的意义中分离出来，它对社区机构产生了毁灭性的打击。然而，一切政治都是本地的。从这个意义上来说，对于社区机构受地理限制的某些功能，互联网可以被用于加强人的意识和互动性。它以极低的成本补充了直邮形式的公共关系，鼓励社区人士参加活动、建立联系。而若无互联网，人们可能会错过这些机会。这些作用都是有益的，但不能解释这样的现象：人们急迫地相信互联网是获取权力的捷径，而事实上互联网作为一种控制机制恰恰是在剥削权力。同时，我对权力的认识也开始变化。

在我的“西/北世界”（West/North）里，共识的形成被分裂为网上冲浪的副产品。走到哪里，我都能找到与我想法不谋而合的论点或主张。网络上同龄群体交流的亲密性（例如Facebook）挑战着父母、宗族、教堂、社区、公司和学校，这些因素在过去有着极强的权威性，主导着信仰的大规模形成和凝聚。同时，在网络传播更为少见、更为规范、更有倾向性的地区，网上冲浪比“西/北世界”的随机性要弱一些，而宗教信仰则更加明确，并与权威的习语相关。

狭窄的信息渠道可以充当父母、宗族、教堂、社区、公司和学校这些被网络相对主义所冲击的角色。但是，网上冲浪给我带来的个人权力的幻觉，仅仅是控制科技的大潮所带来的逆流，它们主要受到了两个方向的影响：一是，权力结构塑造了选择和交换自由；二是，伴随权力而来的大量数据，这些数据都带有约束我在现实世界的行为的明确意图。

与读书、学习操作机械或者跟老师学习不同，网上冲浪使我完全沉浸在时间的起伏和流动中。这些传统机构需要持续的线性思维，但我的学生认为他们不需要读完一整本书就可以应对所面临的挑战。他们只需要连接网络，搜索引擎就可以代替他们“跳出固有思维圈”了。这让我比较失望，人们集中注意力进行线性思考的能力逐渐退化了。

今天，我收到了一封邮件，Edge 问我互联网是否改变了我的思维方式。我接过几千个电话，但从来没有人问我电话是否改变了我的思维。我读过很多书，但也没有遇到过有关书本的类似问题，至少没有这么直接的。同样，也没有人问我与朋友交谈、看电影是否改变了我的思维。现在，总体来说，我从构成主义的角度来看待互联网等发明的兴起，从这个角度来说，它们都是城市与军队中社会需求外化的结果，电信、电话、传真技术都是如此。那么，互联网是应什么需求产生的呢？是哪种社会需求使其具有如此特别的代表性？

125
CONCEPTUAL COMPASSES FOR DEEPER GENERALISTS
多面手的概念指南

保罗·爱华德（Paul W. Ewald）

美国阿默斯特学院生物学教授，著有《瘟疫时代：隐性感染如何导致癌症、心脏疾病和其他致命疾病》（*Plague Time : How Stealth Infections Cause Cancer, Heart Disease, and Other Deadly Ailments*）。

20世纪60年代初期时，我的童年是在伊利诺伊州度过的，我妈妈每周都会带我去维尔梅特公共图书馆。这是一座外表呈沙黄色的相互连接的砖混建筑，其馆藏丰富、人流量也大。从维尔梅特过去是一片农田，后来那里建起了零散分布的小房屋，再后来通了公路，被改造成了芝加哥的新兴城郊，最后它发展成为芝加哥城郊房价较高的社区，而图书馆也随之扩大。我对去图书馆最深刻的记忆是走在中央通道上，两侧高高的书架上摆放着上千本书，现代化的荧光灯照在书籍破损的塑料封面上，反射出点点光亮。我当下决定要把这里的所有书都看完。我开始每周末借出5本书，想着下周可以换另外5本，一直继续，直到我的目标完成。所幸，我在青春期时意识到了一个令人泄气的事实：维尔梅特公共图书馆每周都要收进5本以上的书。

在现代，互联网大幅度提高了信息的可获取性，其中既包含有价值的信息，也包括垃圾信息。运用概念指南，一个跨学科研究者可以航行于垃圾信息的海洋中，在许多领域达到专家级的水平。此时的跨学科研究不再像密西西比河那样，宽达一英里却只有一英尺深。

我目前的情况就是一个例子。我正试着形成一种对癌症起因的统一理解。这一目标似乎是一个白日梦，在网上快速搜索一下似乎就能证实这点。在谷歌上输入“癌症”，我得到了2.46亿条信息，其中大多数是垃圾信息。在PubMed上输入“癌症”，我得到了240万条科学成果。其中有些是垃圾信息，但大多数都有一定价值。如果我每天读10篇论文，也要657年才能读完240篇论文。这些数字令人泄气，但还不是最坏的消息。PubMed告诉我，在2009年，平均每天有280篇有关癌症的论文被发表出来。我有关放大版的维尔梅特公共图书馆的记忆又重现了。

我在信息风暴中航行，借助我最喜欢的概念指南：达尔文自然选择进化论。进化论的应用常常吸引人们关注矛盾观点和论证中的瑕疵。即使人们遇到了这些问题，也常常会对其置之不理，不过当正确的论证确立后，这些问题就会无可避免地引人注目。我的研究策略之一是，提出与进化论不符的传统医学观点，然后建构与进化论相符的相反观点，接着再用证据来对两者进行评估。

对于癌症，专家的观点聚焦于它是将良好细胞转化为异变细胞的突变活动。这一研究视角过于狭窄，专家们将所有其他因素都看作规则以外的特例。但是这产生了一个矛盾：进行必要的突变却不破坏细胞生存能力的概率太小了，这很难达到癌症的广泛发病率。针对癌症和其他疾病的细胞繁殖所带来的损害，人体发展出了标准的预防机制；而在导致癌症的突变中，最显著的一种就是对这种机制进行干扰的突变。身体预防癌症的方法之一是阻止癌细胞复制，另一个方法是限制细胞分裂的总数，第三个方法是基因损害被察觉后，细胞有自杀倾向。

一个世纪以来，研究表明感染也会导致癌症。不过大多数时候，这一知识被人粗略地认为是只适用于非人类动物。然而，在过去的30年中，感染与人类罹患癌症之间的联系变得更强了。在20世纪70年代，多数癌症专家下结论说，感染在人类癌症诱因中仅占不到1%。今天，学界承认感染性诱因引发了人类20%的癌症案例，而这一增长趋势尚未结束。

当研究刚发现感染会导致癌症时，专家们稍稍调整了他们的观点。他们假定，感染会引发癌症是因为它们提高了突变率。另一种观点是，感染因子产生作用，参与破坏了身体对癌症的防御机制。为什么？因为身体对癌症的预防也是对寄主内抵抗性的防御机制，特别是针对病毒。通过让寄生细胞以癌症前期状态进行分裂的方式，病毒可以在身体免疫系统未曾察觉的情况下继续生存和复制。

生物学知识的深度和网络探知到这一深度的能力，让跨学科研究者也可以对这两种不同的解释进行评估。现在，人们知道，每种被仔细研究过的导致癌症的病毒都会破坏身体的防御机制。接着，更多的突变（其中一些或许也是由感染引发的）会促使正常细胞向癌细胞转化。

哪些病毒会产生抵抗性？这是一个颇具实践意义的问题，因为我们正在研究在什么样的情况下病毒会引发癌症。能够产生出控制寄主细胞且令它们进入癌症前期状态的能力就是一项壮举了，尤其是对于只有 12 个基因左右的病毒来说更是如此。要想产生抗体，病毒大概需要很长的时间，或者它须在极短时间内有着极强的自然选择压力。进化论认为，通过性行为或接吻进行的传播会产生这种强烈的选择。因为（对于多数人来说）性伴侣或亲吻对象的更换期较长，可以在个体内形成抵抗性。人类癌症病毒的研究文献也证实了这一观点——几乎都是通过接吻或性行为传播的。

信息在多大程度上提高了生命的质量和数量，这取决于人们是否会寻找、使用信息，并相应地改变行为习惯来减小风险。越早这样做越好，因为人们接触这些病毒的概率会在青春期后快速、大幅地增加。幸运的是，人们在有性伴侣之前，就可以广泛地获取信息了。对于我们这些成长于现代网络之前，即 20 世纪早期的人来说，这就困难多了。

126

ART MAKING GOING RURAL

艺术创作走向乡村

詹姆斯·克罗克（James Croak）

艺术家。

中国古代隋朝政府曾将文人、学绅派往农村，向农民传授儒家经典学说。当时，他们一马车一马车地拉着书法、绘画作品穿过广袤的农村，进入一个个小村庄。这就是几世纪以来中国和日本一些岛屿上传播文化的方式。今天，他们只须拉上一根电缆就行了。

互联网让我可以居住在乡村，在开阔的雪中树林里进行雕刻，而不是在纽约城阴暗的建筑夹缝中进行。在我大部分的成年时光中，我都居住在城市中，特别是纽约。但我在闲暇时光更喜欢乡村：在墨西哥湾逗留，在落基山脉休假，在遍布树形仙人掌和魔鬼爪的亚利桑那州沙漠中跋涉。这些地方过于与世隔绝，从不适合工作，直到互联网出现。

我一直很喜欢原生态的大自然，但它是与大城市所在的文化世界相对立的。当我生活在曼哈顿抱有这种观点时，一件事逐渐发生了：互联网迅速发展着。之前去图书馆看书变成了现在只看屏幕，艺术片也可以在屏幕上看了，YouTube 和 Netflix 成为我书桌上的私人影院。每天查看信箱的活动变成了查看屏幕，与朋友联系的钢笔和邮票被即时聊天工具所取代。坐出租出去购物变成了网络购物。到书店的货架上挑选书籍变成了浏览亚马逊网站，同时还可查看诸多书评。房地产营销广告直接出现在了我书桌的屏幕上，而无需经过门卫。

下面的场景发生在一次我去大沼泽地摄影的旅行中。当时，我带上了我的电脑——不是手机或屏幕昏暗的笔记本电脑，而是有着大屏幕的电脑，我把电脑带到了一家汽车旅馆，飘扬的广告上标榜着“提供网络”，标语是孔雀蓝色的，字体大概是他们所能印出的最好看的了。在原始的柳桉木家具上，我可以通过电脑看到在纽约时看到的一切：《纽约时报》网站、FTP 网站、一封封电子邮件、我的银行网站，上面还有一小时前的付费订单。人类相连的“神经系统”随我进入了草地的海洋中，当时我就知道，我会随着这闪烁的电缆进一步走向乡村。

罗伯特·弗罗斯特（Robert Frost）描写过走入林中深处，连马都不知何往的经历：

> 它将它的佩铃朗朗一牵，
> 问我有没有弄错了地点，
> 此外但闻微风的拂吹，
> 和那纷如鹅毛的雪片。

我确实随着电缆的发展进入了林中的乡村，这里的树木不会因印刷报纸而被砍伐，因为互联网充当了每家每户的邮政系统。与此同时，Kindle 被发明出来了。我放满一生中所收藏图书的书架不会再增多了，至少不会以过去的速度增多了。书架将被电子阅读器代替，这种电子阅读器像古巴比伦的泥板一样可以重复书写，不过运用的是一种从 Wi-Fi 信号而来的神奇“楔形文字”。Wi-Fi 信号盘旋在空中，为我铭刻下可读的“铭文”。想读故事或者当日的报纸时，我只需求助于 Wi-Fi，不出 60 秒，“芦苇笔”就开始刻写“铭文”了。从可复写的泥板，到固定的纸质印刷品，再到可复写的电子阅读器，这样的发展只经过了 6 000 年。

雕刻家可以远程工作吗？我可以把新作品的照片发给代理商，再讨论一下在哪里交货。雕塑不是扁平的，不会像绘画那样在模糊的图片中看不出效果，也不会造成令画家担忧的作品被数字化后的扁平质感。我还可以创作更大的作品，因为我在乡村有更大的空间。住在曼哈顿时，我以平方英尺为单位考虑空间；而住在乡下，我以公顷为单位考虑空间。有了电子邮件后，我的基本网络工作里最多的是将网络作为照片图书馆来用，这样常常能省去寻找和雇用真人模特的麻烦。如果我需要一个 11 岁的孩子穿着长浴衣，向左扭身，双手举高，那给我两分钟我就可以找到多角度的模型，把它们打印出来，钉到工作室的墙上。互联网意味着模特形象上的准确性。

互联网还意味着想法类似的人们有着更多的对话机会。我现在有 4 个非正式的电子邮箱群，可以与来自多个国家学绘画或雕塑的学生一起交流。学生们甚至会突然来邮件询问制作雕塑的秘诀，他们也会提出种种有关教学，或有关如何成为受欢迎的艺术家的建议等。我会回答大多数学生的问题，因为我很好奇下一代在想些什么，并希望自己的思维能与时俱进。妨碍学生接触更有经验者的藩篱已经倒塌了，一封信花一两个月的时间从出版商发到代理商，再转交到艺术家手上的时代过去了，现在在早餐时读到的粉丝留言，午餐时就可以回复。

对我来说，互联网使艺术创作走向了乡村，不再像几个世纪以来那样集中在城市里了。

127

EVERYONE IS AN EXPERT

人人都是专家

罗杰·尚克（Roger Schank）

人工智能理论家，认知科学家，苏格拉底艺术（Socratic Arts）公司首席执行官，著有《教学思维：认知科学如何拯救我们的学校》（*Teaching Minds: How Cognitive Science Can Save Our Schools*）。

互联网没有改变我的思维方式，也不可能改变任何人的思维方式。思维一直都是不变的。简单地说：思维过程由预期或假设开始，需要人找到（或捏造）证据来解释预期是在哪里出错的，并根据正确的解释进行决定。这一过程自从穴居人时代起就没有变过。这一过程中的重要问题有：什么构成证据？怎样找到证据？怎样判断你找到的证据是否真实？我们根据自己找到的证据来形成解释。真正改变的是我们找到证据、解释我们找到的证据、找到可供选择的解释等过程的方式。

我进入 AI 就是为了处理这一问题。人们竟然会争辩什么是真实的，这令我很恼火。他们也会为贝比·鲁斯（Babe Ruth）一生的击球率而打架，不过现在这种情况不再发生了，因为如果有人可以快速地找到答案，争论便会结束。

起初，我们可能认为互联网彻底改变了我们寻找和接受证据的方法。我确定，对于撰文回答 Edge 年度问题的知识分子来说，这是真的。我可以更快地找到证据，更轻易地找到他人提供的解释。当我思考复杂问题时，可以获得更多信息，以及获得那些曾经思考过同样问题的人的帮助。当然，我在大学时可以一直这样做，但现在我坐在家里也能这样做，并且效率更高。这很好，但远没有人们想象中那么重要。

在人类历史中，有助于思维的证据一直是通过咨询他人来搜集的，人们常常咨询村里的长者，而这些长者掌握的知识大概也就是和人吞云吐雾时得来的。今天，人们常根据网上获得的证据来做决定，不过这种证据通常不比村里长者提供的更准确。事实上，这些证据可能就是现代版村里的长者发布在网上的。

知识分子阶层可能会变得更聪明，因为他们可以轻松接触到更广泛的优秀思维，但世界上其他人可能会变得更笨，因为他们可以轻松接触到种种胡话。我不相信网络改变了我，或者其他任何人的思维方式。不过，它改变了判定事实之人的身份。现在，人人都成了专家。

128
PIONEERING INSIGHTS
新锐见解

尼尔·格申斐尔德（Neil Gershenfeld）

物理学家，麻省理工学院比特与原子研究中心主任，著有《智造：一场新的数字革命》（*Fab: The Coming Revolution on Your Desktop-from Personal Computers to Personal Fabrication*）。

互联网包含很多内容：好的、差的（或者更差的）商业模型，技术自由主义管理知识和国家审查规则，正确信息和误导信息，赋权与成瘾。但是，从核心来讲，互联网是世界上组成部分最多的机器。我从互联网上学到的东西并不来自 Web 2.0 或者 Web 1.0，而是来自促使互联网惊人地发展的那些先驱者们的原创见解。

第一是互操作性。尽管这听起来是技术上的老生常谈了，但它意味着互联网协议并不是实现某一特定目的的最好选择，但是互联网协议能够满足人们大多数的目的诉求。牺牲最优选择的结果就是，目前世界上充满了缺乏计划的协同效应。

第二是可扩展性。互联网协议并不包含限制其使用方式的性能值，这使得它们的性能可以呈 6 个数量级地扩增，这远远超出了预期。唯一真正的特例是网站地址的长度，这是唯一需要修改的地方。

第三是点对点规则。互联网的功能是由它所连接的内容定义的，而不是由它本身决定的。新的软件应用可以按照一定的规则创造出来，可以应用于任何信息的产生和消费之处而不需要中央集中控制。

第四是开放的制式。互联网制式的目的在于创造竞争场而非争取得分。从 VHS 与 Betamax 的制式之争，到 HD-DVD 与蓝光的制式之争，制式战争中唯一改变的是谁坐在桌子的哪一边。

这些听起来挺简单的想法比以往任何时候都重要，因为现在人们对互联网的需求比任何时候都要强，但需要互联网之处与过去完全不同。我们生产出的 3/4 的电力会被用于建设基础设施，而其中的 1/3 则被浪费了，而很多试图使电力应用智能化的尝试都回归到进行中央控制的电话时代了。一些落后地区的人还在接受着一些贪得无厌的电话公司的“服务”，但实际上现在通信基础设施是可以自下而上，而非自上而下建立的。在这些领域和很多其他领域中，互联网 40 年的发展成果与一些出于好意（我希望是这样）但所知不多的工程师所做的工作相矛盾了。这些工程师在受工程学教育时没有学习过历史，也就让所有人跟随他做了无用功。我会说，我们已经知道了互联网所能教给我们的最重要的观念，现在我们不需要再去找这些观念，而是要保证我们以后不需要再次寻找它们。

129

THINKING IN THE AMAZON

在亚马孙丛林里思考

丹尼尔·埃弗里特（Daniel L. Everett）

本特利大学艺术与科学学院院长，语言学学者，著有《语言：文化工具》（*Language: The Cultural Tool*）。

20世纪70年代晚期至80年代早期时，我在巴西的亚马孙河流域与皮拉哈人一起与世隔绝地生活了几个月。我与外界唯一的联系工具是一台在圣保罗买的笨重的飞利浦短波收音机。在亚马孙漆黑的夜晚里，我会在所有家人熟睡后调低音量，收听《摇滚沙拉》（*Rock Salad*）音乐节目，听琼·贝茨（Joan Baez）和鲍勃·迪伦的歌曲，以及关注苏联入侵阿富汗、罗纳德·里根竞选总统的新闻。尽管我喜欢听广播，但除了被动地收听我还想做点别的，我想要与人聊天，可当我发现皮哈拉语复杂的语法和其文化特点后，我失落地躺在床上睡不着觉。我迫不及待地想问别人问题，谈谈我收集的数据和我的看法。不过，我不能，这里太与世隔绝了，所以我放弃了合作和交流的想法。现在看来，这并不完全是一个太糟的结果，与世隔绝让我学会了独立思考。但是，有的时候我确实需要他人的帮助。

到了1999年，一切都变了。我买了一部可以连接互联网的卫星手机。我可以在亚马孙地区发电子邮件了！现在，我还可以在皮拉哈部落里看文章、看书，然后立即联系作者。我发现，如果你的电子邮件这样开头，“嗨，我正在亚马孙丛林的迈茨河岸给你发邮件”，你基本都会立即得到回复。我会把尚未成熟的想法发给同事，甚至发给我不认识的人，然后坐船在迈茨河上漂流，喝着啤酒，享受着不被皮拉哈人恶作剧捉弄的惬意时光，等待回复。阅读这些回复后，我会抛弃一些之前的想法，再生出另外一些想法。最重要的是，还会产生全新的想法。在过去，我在亚马孙时是无法打电话的，他们中大多数人太忙，没有时间接听急需聊天之人的电话。并且，我和他们也没那么熟悉。从皮拉哈部落寄信也是不可能的。我对语言和文化的思考由于接触了新鲜的知识能量而被深刻地影响了。

我现在大部分时间在城市里工作，互联网变成了我记忆的延伸，它可以防止瞬间记忆丧失的情况发生，可以立刻帮助我找到我想要的名字、事实和地点。它给了我一个更强大的“第二大脑”，让我从陌生人身上学习知识。互联网把我置于一所虚拟大学中，它深远地影响了我的事业、研究和世界观。

最近，我很少在亚马孙的丛林里上网了，因为不像过去那样长时间、频繁地住在那里了。我发现，互联网只是一个工具，并不适合于所有事情。在需要面对面交流的事务中，我常常避免运用互联网，比如管理学生公寓或与我的孩子交谈。但是，如果只把它看作一种工具的话，它也是一种令人赞叹的工具。互联网改变了我的思维和我的思维方式，就像第一批锯齿伐木机一定影响了伐木工人那样。即使是在热带雨林之中，互联网也可以让我获得与世界上任何研究者一样多的信息（尽管有好有坏）。

130 THE VIRTUALIZATION OF THE UNIVERSE

世界虚拟化

戴维·盖勒特（David Gelernter）

耶鲁大学计算机科学家，镜像世界技术（Mirror Worlds Technologies）公司首席科学家，著有《精简版美国：帝国学界如何摧毁我们的文化》（*Americal-lite: How Imperial Academia Dismantled Our Culture and Ushered in the Obamacrats*）。

互联网正虚拟化着世界，从而也改变了我的行为和思维方式。虚拟化（一种基本的历史性的变革，就像工业化一样）意味着我会把更多的时间投入到电脑界面背后的外部系统或机制中，并思考其镜像。当虚拟化的程度达到了互联网可发展出自己独特的特征和体系时——即当我们不再着眼于小处（即组成互联网的那些分离的网站和服务）而是着眼全局时，如今这混乱的互联网发展局面中就会产生一个连续、整体的网络空间。最终，软件世界中自上而下的思维方式将代替自下而上的构建方式，这将给目前的技术师群体带来将近 99.9% 的彻底改变。

例如，对话空间将变为网络空间中简单的动态体系，为我与交谈之人提供一个空间，用来倾听他的想法，或者相互读写信息，而不需要预先设计，只要附近有电脑就可以，就好像我与朋友在一个房间交谈一样。如果我想要吸引某人注意，我就叫他的名字或看向他；如果我提高了音量，那我就是在吸引大家共同讨论。如果我说"让我们谈谈约翰斯吧"，对话题感兴趣的人群就会自动形成。如果他们中有人比较忙，我可以现在留言，等他晚点再回答，然后我也可以过一段时间再回复他。有些人认为自己善于一心多用，我们便可以看看现在他们可以同时进行多少像这样的慢速对话。

在今天，网上有很多在线大学和公开课，而随着虚拟化逐渐发展，我们会看到很多，大部分的大学课程都会成为世界性的。你可以徜徉其中，阅读公告栏，体验各种各样的课堂，一切都在一个统一的平台上，而不需要担心哪些内容是哪些大学或网站提供的。我们也会看到新的机构和虚拟对象，它们在发展中会吸取自身的历史经验（正如布料会吸取花朵的芬芳），所以我现在就可以参访虚拟的曼哈顿，逆转时光追溯其历史。将来，所有知识的子集都会存在于虚拟世界中。例如，有关威尔士大教堂的内容会被包含在虚拟、动态的在线威尔士大教堂中。在虚拟的威尔士大教堂中，我可以深入挖掘有关此处任何方面的细节，也可以追溯其历史（以及与之有关的想法和机构的历史），直到因年代过于久远以至于我挖掘的事实消失于历史的迷雾之中，或者，我也可以试着将虚拟大教堂的历史向前推进（这并不简单，就像推重物上坡一样），经过计算、预测或猜测，看看教堂在未来的一天、一周甚至1 000 年后会怎样。

虚拟化对知识传播还有一个重要的影响，即让我们更好地理解突显特性与虚拟机器或体系之间的关系。于是，“我”是我身心的突显特性，“我”（我对世界和自己的主观体验）是某种虚拟机器。但是，“我”（或者说“意识”）就像下拉菜单组合而成的软件，或者由像素点构成的图片一样真实（尽管“我”是虚拟的）。就像工业化一样，虚拟化是一种知识上、技术上和经济上的转化；也正如工业化一样，它是一种时代的变革。

互联网影响思维的方式还在于它让我对互联网进行思考。这对我会产生什么影响？从另一方面来说，作为分散注意力的元凶，它似乎正在降低电视对我们共同注意力的影响深度。

——迈克斯·泰格马克（Max Tegmark），《泄密》

THE INTERNET ALSO AFFECTS MY THINKING BY LEAVING ME THINKING ABOUT THE INTERNET. WHAT WILL IT DO TO US? ON THE FLIP SIDE, AS THE MATTER OF DISTRACTION, IT SEEMS TO BE FURTHER REDUCING OUR COLLECTIVE ATTENTION SPAN FROM THE DEPTHS TO WHICH TELEVISION BROUGHT IT.

131

THE CAT IS OUT OF THE BAG

泄密

Max Tegmark
迈克斯·泰格马克
美国麻省理工学院物理学家，精确宇宙学研究者，基本问题研究所科学主任。

我对互联网又爱又恨。对科学保持禅意般的专注很重要。过去，报纸和信件每天只来一次，做到这一点很容易。事实上，作为戒除网瘾康复计划的一部分，我在思考时会完全与互联网隔绝，关掉电子邮件系统和互联网浏览器几个小时，这使等我立即回复的同事和朋友非常气恼。为得到新鲜、原创的想法，我还常常关掉电脑。

另一方面，互联网又为隔绝互联网的思考节省了很多时间，我不需要像之前那样逛图书馆和商店。互联网还让我的思考聚焦在研究前沿，而不是重复他人的工作。如果 1922 年亚历山大·弗雷曼（Alexander Friedman）发现宇宙膨胀模型（expanding-universe model）时有互联网的话，乔治斯·拉梅特勒（Georges Lemaitre）5 年后就不用重新发现它了。

互联网不仅让我更快地获取过去的信息（有时比回忆某事还要快），还提供了之前我不可能获得的信息。除几个有名的反例，我发现，“真相、确认真相、发现新线索”是新闻报道的惯用法则。我假装自己刚从火星来，把从福克斯新闻到半岛电视台的网站报道进行一番比较，就能拼凑出真正发生的事实，这一过程轻松而有趣。

互联网影响思维的方式还在于它让我对互联网进行思考，这对我会产生什么影响？从另一方面来说，作为分散注意力的元凶，它似乎正在降低电视对我们共同注意力的影响深度。重要议题会快速从头条上隐去，尽管很多人性上的挑战变得更复杂，社会关注这些复杂议题的能力却有所下降。素材片段和攻击广告在这个患上注意力缺失障碍的世界上尤为奏效。

然而，信息传播普遍自由化之后显然在科学、教育和经济发展等诸多领域有着积极的影响。科学的关键在于独立思考、质疑权威。互联网让限制信息、遮掩真相的行为变得更困难，这让我很高兴，因为秘密一旦泄露，就无法逆转。

不论你是否喜欢，信息自由会改变世界。人们常常讨论的例子从第三世界的教育到恐怖主义活动的手段，范围极广。再讲一个例子：假设有人发现了一种大规模合成可卡因、大麻或海洛因的方法，其制作过程的科技含量很低，所需的化学原料也价格低廉，极易获取——就像现在的甲基苯丙胺的制法一样，只不过更安全、更廉价。之后，他将这种制毒方法发布到网上。这会导致工业化国家的政府根本无法阻挡毒品的大范围生产，而大大降低的毒品价格又可能会摧毁哥伦比亚、墨西哥的毒贩团伙，以及塔利班等恐怖主义组织。

注：本文作者迈克斯·泰格马克的《穿越平行宇宙》即将由湛庐文化策划，浙江人民出版社出版。

132

INFORMATION-PROVOKED ATTENTION DEFICIT DISORDER

信息引发的注意力缺失障碍

罗德尼·布鲁克斯（Rodney Brooks）

机器人专家，曾任麻省理工学院人工智能实验室主任，著有《我们都是机器人：人机合一的大时代》（*Flesh and Machines: How Robots Will Change Us*）。

当一个朋友在席间离开去洗手间时，我便会偷偷地拿出手机，查看电子邮件和新信息。当我编写计算机代码的时候，我会把电子邮件界面移动到可以看到的角落，这样新消息来的时候我就能看见了。尽管我知道，多数新消息都是逃脱了邮件过滤器的垃圾信息。当我写论文、写信或其他内容时，我会在界面间来回切换，浏览我最喜欢的新闻网站。而在工作日，我会不时查看股票价格，因为它们可能每五分钟就会有些变化。

我最近意识到了自己为什么会喜欢做没有思维含量而又耗时的数独游戏了，因为它可以防止我停下游戏，投身于互联网上各种无限的脑力刺激中。悲剧的是，做数独游戏是我治疗信息引发的注意力缺失障碍的唯一方法。

互联网正在窃取我们的注意力。它在与我们所做的每一件事情竞争着我们的注意力。但不幸的是，互联网提供的大部分内容仅仅善于获取我们的注意力，而不会为我们提供任何长期有益的内容——它们只是加了糖的汽水而已。

我们需要，至少我需要，能够为我进行互联网“节食”的工具，需要一个能够提供智力刺激，让我们达到目标，但不会让我们成为亢奋的、脑力活动上瘾者的网络环境。

最近，《自然》杂志报道说，一个开放的数学兴趣小组（包括一些目前世界上最活跃的数学家）运用维基百科和博客，在37天内完成了一种简洁的Hales-Jewett定理的新证法。互联网为那些在地理上分散各处的人们提供了新平台，让他们可以合作并分享一些不断累加的小思考，最终孕育出他们中最聪明的人需要花几个月甚至几年时间才能独自完成的研究成果。

我们现在可以在网上找到想要的几乎任何科学论文。我还在网上找到了自己过去的几篇论文，连我都不知道它们已被数字化了。我必须说，我年轻时还是很聪明的。很快，几乎所有被写下来或记录下来的事情都会以某种形式出现在互联网上。

合作便利化和即时信息获取这两项新发展确实改变了我们的工作方式。正如阿拉伯数字激发了我们的计算能力，书籍的大规模生产使更多地区有了可供查阅资料的图书馆，磁带录音机和照相机让我们可以更好地记录数据并加以分析，计算器和电脑让我们无须进行直接的物理操作就能模拟物理系统，互联网让我们可以更快地完成更重要的事情。

但是，除了窃取我们的注意力外，互联网还有一些美中不足之处。我们还需要实现快捷方式的可靠性（文件在磁盘上移动，而桌面上的快捷方式会根据它们的新位置自动更新），实现格式的可靠性（过去存储的电影或文件需要保持可读性），将数字媒体整合为可操作的容器（我曾用硬纸板文件夹来管理项目中的多媒体内容），还要解决有关商业模式不兼容的烦人问题，使人们有统一的方式来收取报酬。

一切都还在进行中。我们开拓了新方法，但是这些方法还不够可靠。它们最终会变得更可靠，至少对我来说是这样。我希望我会成为完善互联网不足之处的一分子。

133

PRESENT VERSUS FUTURE SELF

现在的自我与未来的自我

布莱恩·克努森（Brian Knutson）

斯坦福大学心理学和神经科学副教授。

不论我是否喜欢这个事实，我不得不承认，互联网已经改变了我的所思所想和思维方式。

一个明显却仍然令人惊异的事实是，我将醒着时间的50%花在了互联网上，而25年前我还不会在互联网上花任何时间。至于我的思考内容，现在我所掌握的几乎所有信息，包括新闻、背景资料、产品价格、产品评价、参考资料，以及一般的“真相”求证等都来自互联网。互联网上的信息无所不包、唾手可得，谁能对抗其影响呢？尽管互联网上的信息常常会因距信息源过远导致可信性降低，但共识效度（consensual validation）可以抵消其影响。并且，互联网还可以轻松地对有信誉的专家观点进行民意测验。所以，总体来说，互联网便捷地提供了广泛的信息，对我来说利大于弊。

至于我的思维方式，恐怕互联网的帮助就小一些了。尽管我可以更快地找到信息，但找到的信息常常与主题不符。我不得不承认，我常常坐下来做事，几小时后视线模糊地站起来，却发现我的任务还是没有完成。（有时，我甚至想不起来最开始想做什么了。）这种感觉就好像走进一个房间后停下来，问自己：“我为什么进来？”只不过，在互联网上你是徜徉于一座信息大厦，记不清入口是什么样了。

互联网这种可怕的勾魂摄魄的魅力，让我想起古希腊人、佛教徒都曾提到的关于现在自我与未来自我之间的冲突问题，哲学家德里克·帕菲特

（Derek Parfit）也曾深刻地分析过这个问题。帕菲特违背直觉将过去自我与未来自我看作不同的人，含蓄地表示：对于现在的自我，未来的自我不比其他任何人值得特殊的关注。这样说来，如果现在的自我没有感到与未来自我有所联系，那么我们为什么要为了未来自我的利益放弃现在的愉悦呢？

假设现在的自我确实与未来自我相通，唯一能够放弃现在的好东西（例如阅读名人八卦）换取未来更好的东西（例如完成学业论文）的方法是，停下来欣赏这个联系，思考当下的利益与未来的回报之间的矛盾，之后进行行动优化。互联网本身的速度和获取内容的便利性提高了信息搜索速度，以至于我没有时间去反思，并可能使我选择满足当下明显而转瞬即逝的欲望。小的偏差重复多次就会产生大的后果。例如，那些说自己感觉与未来自我相通性较少的人通常银行存款也更少。

我想，我大概并不是互联网促使下的现在自我偏差效应的唯一受害者。确实，基于互联网的未来自我的替代技术已经开始产生了，其中包括各种各样的计划任务、帮助控制时间规划的软件，它们的手段也各有不同，有的作用是进行事件提醒，有的则是阻止互联网访问，有的甚至会强制关掉程序。看到我自己与他人在现在自我与未来自我之间挣扎，我担心互联网会形成“可集中注意力者才能生存”的局面，让天生有能力专注于目标的个体，或者那些有足够自我动力的个体得以继续生存，而我们其他人则无助地在误导注意力的互联网漩涡中打转。这些想法让我不知道自己是否可在互联网上相信自己，不知道自己是不是需要采取更为严厉的措施——例如，把电脑留在家里，把自己按在咖啡厅的桌子上，用手写的方式起草论文？

134

I AM REALIZING HOW NICE PEOPLE CAN BE

我知道人们可以如此友善

保罗·布卢姆（Paul Bloom）

耶鲁大学心理学和认知科学教授，著有《善恶之源》（*Just Babies: The Origins of Good and Evil*）。

科幻作品中常出现那种什么问题都能回答的机器。当我还是一个小男孩时，我特别喜欢这种幻想。这种机器可能是一个友好的机器人，一个放在家里的金属盒，或者星际飞船的零件之一。你可以问“电脑，火星有多远”或者“电脑，请按身高排列讲解美国总统”，然后一个毫无感情的声音会立即给出答案。

我现在有了好几台这样的机器，包括一部正好可以放在口袋里的苹果手机。所有这些机器都是通过互联网获取信息的，令人遗憾的是，我不能真正和它们谈话，在这方面科幻作家比较乐观。但是，令人惊喜的是，这些信息大多不是由公司、政府或大学收集的，它们来自志愿者们，维基百科就是最著名的例子，上百万的志愿编辑创造出了上百万个条目。同时，在亚马逊、TripAdvisor.com 等流行网站上还有无数不计报酬的匿名评论。

人们曾怀疑这些信息是否准确（答案是，大多数是准确的），但我更感兴趣的是它的存在。骗子、营销者、心理扭曲者在网上发言我不感到惊讶，但为什么人们会花费自己的时间和精力去匿名地贡献准确而有用的信息呢？我们不会在陌生人的邮筒里放 20 美元，那为什么要为陌生人付出自己的时间和经验呢？我对博客评论也有类似的疑问，极客漫画 *xkcd* 很好地总结了这种现象：一个人疯狂地在电脑前打字，别人提醒他该睡觉时，他回答：

“我不能睡。这很重要……网上有人说错了话。”

显然，互联网激起了人们面对面交流时才会产生的那种社会冲动。如果有人迷路了，向你问路，你不太可能拒绝或撒谎。在大多数现实世界的社会交往中，就你喜欢的一本书、一部电影提供观点，或者就你所熟知的话题表达看法，这是很正常的。而在互联网上贡献信息是这种日常利他行为的延伸。它体现了人们在日常生活中的人性之慷慨，也展现了科技可以加强和拓展人类的这种良好品质，带来有益的结果。人们常说互联网使我们更聪明了，它可能也使我们更友善了。

注：本文作者保罗·布卢姆的《善恶之源》已由湛庐文化策划，浙江人民出版社出版。

135

MY PERCEPTION OF TIME

我对时间的感知

玛丽娜·阿布拉莫维奇（Marina Abramović）

艺术家。

自从我开始上网，开始接受互联网提供的种种有关聊天工具的服务，我对全球的时间认识就从根本上改变了。

现在我对时差更加在意，我的夜晚被世界各地的工作时间以一种无尽的方式困扰着。

我变得沉迷于不停地刷新消息。我已经失去了那片无人区，在那里一封信需要花些时间抵达目的地，被人回复后再返回给我。

我的白天变成了夜晚，夜晚则变得像白天一样可以被安排利用。

自从我发觉了这一陷阱后，我就一直尝试着反击它，试着找回对时间的控制权，但这非常艰难，尤其是因为我的时间意识本身已经改变了。

136
THE ROTATING PROBLEM, OR HOW I LEARNED TO ACCELERATE MY MENTAL CLOCK
旋转问题，我如何学会拨快自己的精神时钟

斯坦尼斯拉斯·德阿纳（Stanislas Dehaene）

法兰西公学院神经学家，实验认知心理学家，著有《脑的阅读：破解人类阅读之谜》（*Reading in the Brain: The Science and Evolution of a Human Invention*）。

正如当年的古登堡印刷机一样，互联网正在革命性地改变着我们获取知识的方式和我们所处的世界。然而，很少有人注意到这一改变的一个基础方面：我们时间观念的改变。曾经的人类生活是以固定的日夜循环为基础来组织的，而不论后果好坏，这一安静的规律已经从根本上被扰乱了。

几年前，我与哈佛大学同事们进行了一项有关亚马孙地区印第安人数学思维的研究。这个项目非常令人兴奋，正在写的论文给了我们很大的动力，我们天天都把精力扑在上面，就差昼夜不分地推进项目了（我们还有家庭和朋友）。

每天收工时，我会给同事们发去文章的最新版草稿，上面列满了细节问题以及需要讨论的话题。在没有网络的世界里，我需要等好几周才能得到回复。在当今就不再是这样了，每天早上，在睡了一个好觉之后，醒来时都会发现我提问的大部分问题都在昨天夜里得到了回答，就像魔法一样。这种经历让我想起凯库勒、庞加莱、阿达玛等数学家和科学家们都曾说过的著名的神秘场景：在睡觉时无意识地解决问题。当然，区别在于，我的问题是多亏了世界各地很多人共同的、有意识的努力才得以解决的。

对于我在哈佛大学的同事们，这种经历也非常神奇。他们也会问我很多问题，而我也会负责任地计算他们所需的数据，画他们想要的新数据图，写他们需要的文章段落——在我完成这一切的同时，哈佛大学那里还是夜晚。多亏了这种集体努力，我们完成工作的速度比我们中任何一个人单独完成的速度快得多。我们几乎双倍加快了我们的精神时钟！

这一方法现在已经逐渐普及了。很多公司都会将翻译或维护工作外包给地球另一端的印度、澳大利亚或中国台湾的人，这样工作就可以利用我们的夜晚时间完成了。然而，我们尚未充分发掘这种方法的潜力。

举例来说，一个跨国公司，比如皮克斯这样的电影工作室，可以在地球表面画一个巨大的等边三角形，将工作重心分派在三角形的顶端位置，每个地点的员工可以为一个项目工作 8 小时，然后将项目交给另一时区的另一团队。

从更广阔的视角来看，我们可以提出一个博尔赫斯式的设想：让复杂问题通过互联网绕着地球移动，速度精确地与地球自转速度重合，让问题解决的地点持续地面对太阳。当某处的黎明来临时，问题会出现在这里员工的电脑屏幕上，不过这个问题有一部分已经被现在正在熟睡的其他员工解决了。这样日日夜夜永不停歇，问题随着地球自转走，直到被解决。

这种大型的乌托邦式或博尔赫斯式的设想事实上已经实现了：维基百科、Linux 操作系统、SourceForge、OLPC（One Laptop per Child）都是例子。它们超出了地域范围，甚至超出了我们任何一个个体的想象。今天，源代码开放发展在地球的信息圈层上移动，不断地在地球迎着阳光的一侧得到提高（有时地球对面也在同步进行着提高）。

这种新的生活方式为我们带来了更大的远景：普通的睡眠周期被持续的工作思维周转所代替。不过，这也带来了潜在的危险。比如，在亚马逊公司有一个项目，名称非常贴切，叫作“土耳其机器人”，在这家网站上盈利颇丰的公司可以在发展中国家为第三世界的穷人提供短期而薪水低廉的工作。为了几美分，发展中国家的员工需要完成许多吃力不讨好的任务，诸如填表、图片分类或录入手写记录等目前计算机还不能做的事情，这种工作被讽刺性地称为“人工智能任务”。该公司不提供任何福利、合同、保障，也不问任何问题：这就是互联网促使的知识全球化的阴暗面。

随着我们的精神时钟不断加速，我们对自己尚未完成的工作越来越没有耐心，互联网为我们的社会提供了一种值得反思的选择：我们的目的是更快地进行智力合作，还是更快地进行剥削，让别人为我们做辛苦的工作，而我们好睡觉？随着互联网的发展，一种新的时间观念正在来临，但其剥削性本质上没有发生任何变化。

137
TAKING ON THE HABITS OF THE SCIENTIST, THE INVESTIGATIVE REPORTER, AND THE MEDIA CRITIC
呈现科学家、调查记者和媒体批评家的习惯

尤查·本科勒（Yochai Benkler）

哈佛大学法学教授，哈佛大学伯克曼互联网与社会中心主任，著有《网络的财富》(*The Wealth of Networks*)、《企鹅与怪兽》。

要回答这个问题，我们需要知道“互联网”指什么，“思维方式”又指什么。如果“思维方式”指的是“当你进行某种操作时大脑的工作方式”，那么我暂时准备回答：“没有改变。”我只是目前会这么回答，因为我还不能确定这是对的。

不过，我会尝试以另一种方式来回答这个问题：“互联网是否改变了你产生和变革信念的方式？”其中，信念可以关乎世界状态，比如全球大气层正因人为作用而变暖，或某种社会主张，比如蓝衬衣与黑裤子能否搭配？在非洲，每年都有数百万人死于可预防性疾病，制药公司本可以轻而易举地将药品价格降至他们可承担的范围，那么实施药品专利导致价位过高、难以普及是否道德？

这就将我们引向了开始的问题：“互联网”指的是什么？我认为“互联网”至少意味着一种社会文化条件，在其中我们可以更轻易、更紧密地与其他人建立联系，与更多社会组织建立联系，还可以与更多文化产品和知识产品建立联系。我现在常将不成熟的想法、半成品写下来，通过邮件与朋友讨论。这种形式的交往比与和我一起喝咖啡的朋友交往更密切。我还可以与交情甚深但地理距离较远的朋友以这种方式交流。社会距离也因此更近了。比起过去打电话的方式，向一个组织、机构，或社会地位相近的陌生人发邮件

显得轻松一些，也不显得那么唐突。

最根本的改变在于一种新的认知，即地理意义上、社会意义上或组织意义上相去甚远的某人或许会与你有类似的看法。从维基百科到博客，互联网记录着我们的大部分交流。我们生存于这样的环境中，与他人就自己思考的问题所进行的交流也可供大家分享，其可读性比过去大大增强了。

“我思考的方式”让我想起了笛卡尔的“我思故我在”，关于互联网我只能想到信息搜索和记忆增强这两种功能。但是，如果我们将思维理解为一种更具有对话性、更为辩证的过程，即如果“我想”指的是“我参与着思想交流”，那么互联网大概确实对我的思维方式有一点改变。不，这不是说“每个人都与他人相互联系”、我们都不断地进行着无意义的交流，而是意味着我们可以在不断延展的社会、地理、组织圈里与别人交流，接受他人之间交流的信息，并从中获取经验和知识。

被赋予了这些新的能力后，思维既需要一种新形式的开放性，也需要一种新形式的怀疑能力。思维应具有开放性，因为人们逐渐发现，当前知识和见解的蕴藏分布之处比我们在历史上所知的更多。一名16岁的挪威小孩可能会想出办法破坏DVD影碟的加密系统；明尼苏达州醉心于政治、常常浏览科斯博客的普通操作员和皮鞋推销员，可能比CNN或《纽约时报》的专家对明尼苏达州参议院选举的时事有更深的了解。

但是，我们都知道，网上也有很多无意义的信息。所以，开放思维的同时，我们还要培养适当的怀疑能力，应该对体制热捧的专家和体制外的人保留一定程度的怀疑。认知的形成和改变是一种开放而具有怀疑精神的交流过程：寻找交流者、形成初步认知、加深认知，不断更新认知。我们无法追求彻底的权威，只能达到一定程度的临时自信。我们需要承袭科学家、记者、媒体批评家们在生活、学习和认知过程中的必要作用。不过，也许这是我一直以来的习惯，也许这与互联网毫不相关。

注：本文作者尤查·本科勒的《企鹅与怪兽》已由湛庐文化策划，浙江人民出版社出版。

138

THINKING AS THERAPY IN A WORLD OF TOO MUCH

思维过剩的疗法

恩斯特·波佩尔（Ernst Pöppel）

神经科学家，慕尼黑大学人类科学中心主任，著有《意识的限度》（*Mindworks: Time and Conscious Experience*）。

承认这点让我很痛苦：在互联网来临之前，我从未考虑过人们是怎样思考的。本着一种“不太科学”的态度，我过去（现在大部分时候也是）认为“我”是并不思考的，完成思考的是“互联网”，这种想法看起来是一种答案、一种见解，但实际上没有任何价值。显然，我受制于这些大致由我的大脑主导的、不受控制也无可控制的思维过程，但在网络时代之前，我从未关注过这些思维过程本身。

我认为这种“原始思维”就像在大海中游泳而看不到地平线。有时一座岛屿会意外地映入眼帘，指向某一方向，但不等我到达这座岛屿，它就消失了。互联网使这种迷失的感觉更加强烈了。网络世界里既没有方向，也没有岛屿——我们不能再接受这种情况了。我能做什么呢？在信息的海洋里漂流？在信息过剩的世界里挣扎？也许，有效的对策是思考何为思维本身。许多人，例如约翰·布罗克曼就成功了。只有解答了这个问题，才能继续探寻思维与互联网的问题。也许，我们可以把思考看作一种疗法，可用来解决我们认知失去控制的局面，对抗“信息过剩”导致的“价值消亡”。我们最终的目的是：通过追寻“何为思维？”“思维为何存在？”等问题的答案，来创造一套个人体系，在信息过剩的世界中找到方向。

这些是我的个人想法，可能许多人也持同样的观点。那么思维为何存在呢？从生物学的角度来看（当然，这个问题还能从其他角度回答吗），思维是我们大脑的一种服务功能，目的是创造一种自我平衡的状态，一种内部的平衡。当然，思维并不是大脑唯一的服务功能，大脑还具有感知、情感评价和记忆运作等功能。但是，这些功能的特点是周期都相对较短。为了拓展大脑功能运作的时间范围，我们的思维进化了；于是，用大脑来虚拟行为变成了可能。目标导向的思维允许人们对成功的行为产生预期，创造出行为控制中的自由，这样，有机体不再需要对事物进行即时反应了。要想达到自我平衡的状态，人们可以对多个可能方式进行选择，我们的选择面大幅变广了。

下一个问题是：何为思维？对于一套完善的思维过程（弗洛伊德将思维过程称作 probehandeln），我们可以用 6 个关键词作为线索，梳理思维过程中的不同步骤。

思维的意义产生于一种**语境**或体系中。如果没有语境，我在互联网中的畅游就是没有方向的，只能借助寻宝的运气来找到有价值的事物（不过，这种情况有时确实会发生）。

思维需要进行思考活动的素材。也就是说，没有一定的精神**范畴**，思维也不会存在。思维必须有关于某件事物，具有清晰而明确的定义，正如笛卡尔在《方法论》中阐述思维的第一规则时所述的那样。但是，单一的范畴是不够的。

思维还需要多种精神范畴以进行**比较**，也就是鲁道夫·卡纳普（Rudolf Carnap）所说的最基本的精神活动。比较通常是数量上或质量上的。也就是说，不同的范畴可以产生数量多少的比较，或者产生“这个那个”的比较。比较的结果会给我们带来选择，而选择正是做出决定进而产生行动的基础。

范畴归类、比较和选择的过程必须遵循正确的时间顺序，这样才能在**连续**的心理活动中对**因果关系**进行提炼。但是，我该如何知道思维为我带来了正确的答案呢？

不同精神活动的**群集**，以及思考某一问题得出的答案，必须与过去的思维成果以及过去判定为真理的知识结构相适应。阿基米德发现阿基米德定律时大叫“找到了”，这就是一个典型的例子。这种体验不仅仅会在理性上获得赞同，还会给人带来一种满足感。在虚拟空间所期望的目标得以实现后会让人备感欣喜。

如果我没有迷失于信息过剩的世界，我一定也想不到思维过程的 6 个基本要素。对于信息过剩之症，思考确实是一种必要的疗法。

139

INTERNET IS WIND

网络如风

斯丹法诺·博埃里（Stefano Boeri）

米兰理工学院建筑师，哈佛大学设计研究生院客座教授，*Abtiare* 杂志主编。

网络如风。一阵不断吹拂、强劲不灭的风，动摇着我们，包围着我们。

近年来，我们行走其中，熟稔于与其对抗，将我们的重心和心绪置于与其相反的方向。

只有这样，我们才能不断前行，不屈服，不被其瞬时的、全球化的相互作用之逻辑彻底左右。但我们也可以斩断连接，偏转方向，寻求庇佑，顺风而行，令网络消失。

如此，我们会暂时失去平衡，冲向风起的方向，因为我们一直以来忙于抵抗，惰性难移。

然而，在那一刻，这些努力似乎是一种可敬的资源。

忽然之间，我们面临着未曾诉说的问题；面临着我们自己现在不能，将来也无法与其沟通的内在属性；面临着我们个人的特点；面临着我们扭曲的个性。

网络时代的思维是与众不同的。

在那里，我们从这场风中保护下来的时空给了我们一个珍贵的机会，我们借此理解了我们不能说的，以及我们不愿存放于平行时空的想法。

从而了解我们真正的自我。

140

Of KNOWLEDGE, CONTENT, PLACE, AND SPACE

论知识、内容、方位与空间

加利亚·所罗门诺夫（Galia Solomonoff）

所罗门诺夫建筑工作室建筑师。

互联网正在从根本上改变着知识、内容、地点和空间之间的关系。想象一下，把世界人口分为两大相似的群组：1980 年之前出生的人和 1980 年之后出生的人。当然，也可以根据其他重要的区别来划分人群，例如性别、人种、阶级、种族和地理因素。但由于网络的应用，我将 1980 年看作知识、地点和空间关系变革的重要节点。在此提供三个场景予以说明这一变革：

场景 1

我现在在富内斯市回答 Edge 年度问题，这里是一处拥有 15 000 名居民，位于阿根廷潘帕斯草原中心的城市。我坐在一个摆着 8 台完善设备的网吧里，每台电脑上网的费用都是每 15 分钟 20 美分。这里还有其他 5 位用户：一位二十多岁的女人正在用 Skype 与她西班牙的妹妹和侄子视频聊天，一位穿着衬衫和戴领带的三十多岁男人正在扫描简历，两个青少年正在玩视频游戏（我猜他们用的是多地点或无地点的在线社区），还有一个男人正在 Facebook 上发布他的婴儿和旅行的照片。除此之外，还有我，一个正在度假的 42 岁建筑师，正在完成一份两小时内要提交的任务！我是房间中最年长的人，也是唯一的外地人。电脑在自动帮我纠正着拼写错误。

场景 2

几年前，我还是一个建筑专业的学生，如果想要学习有关瓜里诺·瓜里尼

（Guarino Guarini）作为建筑师的成就，我会搭两班飞机来到艾弗里图书馆，拿几张索引卡，跟着索引卡上的指示，在与这一主题相关的书架上找到三本厚厚的德语书。然后，我会在这些索引卡上寻找相互参照的词，例如“风格主义建筑”，走到同一房间里的另一条通道，再找出一本厚厚的书。我会把所有找到的书翻阅一遍，对有关这一主题需要学习多少知识产生一个模糊的印象。

现在，我在谷歌上搜索瓜里诺·瓜里尼的名字，0.29 秒内会得到 15 300 个条目。第一页交代了他一生的基本情况：他生于 1624 年 1 月 7 日，卒于 1683 年 3 月 6 日。我还搜索到 6 张圆顶建筑的照片，一个维基百科词条和一个大不列颠百科全书词条。我的谷歌搜索结果非常详尽，但一点也不具象化。我说不上来自己在多大程度上喜爱此人的个性和工作。我也不知道自己是否想要翻阅这些条目。

场景 3

我正开车从纽约去费城，我有 GPS 导航系统，但没有地图。GPS 导航系统会为我指路，同时还会告诉我交通和公路收费的情况。我相信 GPS，但我希望能在记忆里重现一下多年前从纽约到费城所走的路。在那次旅行中，我有一张地图，是通过一座桥后进入的费城。在映入眼帘的景象中，前面是工业化而衰旧的老城区，背景则非常现代，是充满了垂直线条的现代化都市。至少，这是我所记得的场景。是这样吗？我放大 GPS 地图，看看它会不会显示出另一条路径，另一个进入城市的方式。但 GPS 地图显示的内容全都不像我记忆中的那样。到底发生了什么？是我的记忆出了差错，还是 GPS 的测算范围太窄？

我想要通过这些场景表达的是：历经时间变迁，互联网产生后，我们对方向、空间和地点的感知是如何变化的，我们对作出决定所需了解的细节的感知是如何变化的。如果说接收信息的方式会影响我们的决定的话，那么网络主宰了我们看待和感知事物的方方面面，例如事物的分量、感觉、稳定性等。我们在网络时代之前就知道不少地方，那么我们现在认路的能力是增强了，还是减弱了呢？基于我们所接收的内容，我们会做出更好的决定，还是更坏的决定？我们是更长久、更好地逗留在遥远的地方，还是长期处于缺乏固定逗留之处的虚空状态？图片、空间、地点以及内容是如何被改变，给了我们此时此刻的感觉呢？

I MUST CONFESS TO BEING PERPLEXED. I AM NOT EVEN SURE WE HAVE GOOD EVIDENCE THAT THE WAY HUMANS THINK HAS BEEN CHANGED BY THE ADVENT OF THE PRINTING PRESS....

我必须承认我左右为难。我甚至不确定是否有确凿证据表明印刷媒体的出现影响了人类的思维方式……

——米哈伊·希斯赞特米哈伊（Mihaly Csikszentmihalyi），《我必须承认我左右为难》

141

I MUST CONFESS TO BEING PERPLEXED

我承认我困惑了

Mihaly Csikszentmihalyi

米哈里·希斯赞特米哈伊

“心流”之父，积极心理学奠基人之一，

著有《心流：最优体验心理学》《创造力：心流与创新心理学》。

这个问题显而易见，不是吗？毕竟，研究人类思维是我的专业。不过，我必须承认我左右为难。我甚至不确定是否有确凿证据表明印刷媒介的出现影响了人类的思维方式。当然，动动手指就能获取信息的速度和范围都被大幅增加了，但这真的改变了人类思维吗？

根据我个人的经验，我会提出如下假设：

1. 在网上查找数据库的资料或者直接咨询同事之前，我不大会沿着新的思路走下去。（结果：思维的韧性下降了？）
2. 互联网提供的信息通常被剥离了语境，但获取的速度很快，能满足即时的需求，却往往牺牲了深入的思考。（结果：思维的肤浅化？）
3. 观念和事实的联系可以很容易在互联网上建立起来——如果人们肯花时间这样做的话。（结果：更多内在思维的整合？）

4. 从维基百科到源代码开放软件（也包括Edge），合作性网站的发展让思维过程更公开、更具互动性、更加超越个人，由此实现了德日进（Teilhard de Charin）半个世纪前的预言：人类进化的下一阶段是具有全球意识的人类圈（noosphere）的形成。

正如所有科技一样，互联网有利有弊。我不能断言是前两项（消极的）假设更接近真相，还是后两项（更积极的）假设是对的。当然，这两方面的假设可能都对。

注：本文作者米哈里·希斯赞特米哈伊的《创造力》已由湛庐文化策划，浙江人民出版社出版。

142

THE POWER OF CONVERSATION

对话的力量

格洛丽亚·奥里吉（Gloria Origgi）

法国国家科研中心琼·尼科德（Jean Nicod）研究所哲学家。

我工作时间的一半以上都花在了处理电子邮件上。今天，我的谷歌收件箱有 4 407 条消息，包括我还没有阅读的、已经回复的和我留在收件箱里以备今后有需要时利用搜索功能可以重新找到的。

每次我发现自己下午很晚的时候还在给朋友、同事、陌生人、学生等写邮件时，都感到很内疚，我会觉得自己浪费了一天，逃避了自己的学术责任。这些心理反应让我很难承受，以至于我对自己施加了各种形式的惩罚，比如把自己关在没有网络连接、满是灰尘的巴黎图书馆里，或者关掉家里的路由器。这是因为我相信自己的工作不是写邮件，而是写论文、阅读有关哲学及相关内容的文章。

但是，哲学是什么呢？至少在人文学科领域学术工作普遍上指的是什么？我的一位导师曾告诉我，做一位学者只是相当于参与一场对话——这就是全部的内容了。柏拉图曾把对话比作一种表达形式，通过对话，可以以更鲜活的方式呈现出思维的辩证过程，可以通过开放的辩论建构知识。当我在意大利学习哲学期间，对我影响最大的一本书就是伽利略的《关于托勒密和哥白尼两大世界体系的对话》。我在 Edge 的网站上浏览也是一种对话。这样看来，电子邮件交流入侵了我的生活还是一件坏事吗？独自深思论文的第一页应该写什么和在谷歌或 Skype 上与世界另一处的同事兴奋地交流想法，这两者之间的区别是什么？

当我意识到这其中并没有那么大的区别时，我的学术生活开始改善了——写学术论文，对论文进行评价、回复邮件等都是一种放慢速度的对话。我为一个学术期刊写了一篇论文，其他哲学家会评价我的论文，并提出修改意见；然后，论文会被共享到学术社区中，引发相关话题的新对话，或者引发其他话题的讨论。这些都是学术活动的一部分。当我试着自省，将我的思维方式视觉化，我发现我的思考从不是独自进行的：我邀请的几位客人总是处于我大脑中的某处，当我过于武断地得出某种结论时，他们就会对我提出质疑。

辩论是思维的一种基本内容：如果没有语言交流这个强大的工具，我们形成思考的方式会变得非常困难。所以，让我们承认，比起基于文字的传统文化所支持的思维和写作方式，互联网让我们得以用更为自然的方式进行思考和写作。现在，我们思维的对话层面因与他人持续流畅的交流而被强化了。

不再为浪费时间自责的方式是，让自己投身于有趣、表达清晰的对话当中，正如我们接受他人晚餐的邀请，期待进行令人兴奋的谈话，而不是在第二杯红酒后昏昏欲睡。我运营了一家记录学者间高层次学术对话的网站，我发现每种媒介都会产生垃圾信息。例如，大多数书在出版几个月后，都会像噪声一样销声匿迹。我认为我们不应该将注意力集中于这些垃圾信息上，相反，我们应该有责任地运用我们的对话技巧，将自己从书本或学术论文等不切实际的桎梏中解脱出来，尽管这些在教育中充当着核心的角色并且具有权威性。

如果我们能为下一代创造种种有用的学术对话，那么就让其在互联网上顺其自然地流传吧。我认为网络对话是一种提高，可以使我们的思维更加客观具体，这也是作为知识分子生活于社交世界更为自然的一种方式。

143

A REAL-TIME PERPETUAL TIME CAPSULE

真实且永久的时间胶囊

尼克·比尔顿（Nick Bilton）

《纽约时报》科技和商业版专栏作家，纽约大学互动电信项目副教授，著有《翻转世界：互联网思维与新技术如何改变未来》《孵化 Twitter：从蛮荒到 IPO 的狂野旅程》。

互联网已经变成了一种实时而永久的时间囊，一个无底的、隐形的存储罐，一台每时每刻记录我们生活的保险箱，一个让每人都能浏览并找回这些记忆的地方。

互联网扼杀了藏在我姐姐床垫下的私人日记，并将其替换为博客或社交网站。

由于每人都在互联网上进行社交分享，我们组建了一个记录一切的社会：通过状态更新分享我们的感觉，上传有关一切的数字照片，不论是好事还是坏事。我们讨论所读或所看的东西，给出过于直白而诚实的批评。我们用 Twitter 宣告孩子的出生，或公布自己订婚的消息。我们完全没有意识到自己的交流对象是谁，我甚至怀疑其实我们并不在意对象是谁（反正我就不在意）。我们都是一场无尽对话的一部分。

没有人比其他人更高一等。互联网给予我们每人一个“扩音器”，允许我们在任何觉得合适的时候运用它，表达我们想要表达的内容。过去，“扩音器”是昂贵的，比如印刷媒体、电视演播室或广播台要吸引大批观众，就要资金充足。但是现在，我们都有能力发出自己的声音，平等地表达自己的观点和想法。当每人都有“扩音器”时，没有人能比他人发出更强的声音。这样，传播就变成了一场极为嘈杂的对话。

最重要的是，互联网让用户间相互平等。人们运用相同的服务来分享及表达他们各不相同的观点和兴趣。

网络传播信息的速度比任何人类已知的病毒都快，并且无法停止。如果没有人们之间的交流，互联网会和过去的报纸、电视节目和广播节目一样，变成只有一方声音的空旷荒原。

互联网通过无数的渠道改变了我们的思维方式，但它只通过一种非常简单的活动就改变了我的思维方式：我生命中每个重要时刻都被记录了下来，并且分门别类地发布到网上，任何想要参与这场对话的人都能分享和赞美它们。

注：本文作者尼克·比尔顿的《翻转世界》《孵化 Twitter》已由湛庐文化策划，浙江人民出版社出版。

144

GETTING fROM JACK KEROUAC TO THE PENTATONIC SCALE

从杰克·凯鲁亚克到五声音阶

杰西·迪伦（Jesse Dylan）

电影制片人，FreeForm 公司和医药网站 Lybba.org 创始人。

欧洲核子研究组织和美国国防部高级研究规划署（DARPA）开始使用互联网的初衷是创造一种离心化的信息交流方式。这一创意的伟大力量在于，知识可以来自任何地方。具有不同想法、不同背景的人们可以在世界范围内检验他们的理论，并得出最优结论。互联网真正的力量在于，信息能够被世界各地多种不同的人群看到，这也是我痴迷其中的原因。现在，一个小孩也可以翻阅大型强子对撞机的原始数据，他可以在 SETI 项目中查看星球，寻找外星生命信号。任何人都可以发现下一个改变世界的突破性成就，这就是互联网的意义。

与此同时，搜索引擎简化研究过程的作用也不可低估。这让我们可以按照自己的进度即时研究。比起 10 年前我查找资料时的麻烦，这真是一个伟大的飞跃。从了解我的采访对象到寻找好莱坞最好吃的三明治，一切都变得便捷多了，然而互联网的发展仍处在萌芽阶段。在我们学着利用它们进行更有效的沟通时，我们所建构的大量信息，以及谷歌、维基百科和 Facebook 等沟通信息的工具都将继续深入发展、引起人们的巨大反响。试想一下，如果将这些工具应用于医药、科学和艺术领域将会发生什么样的改变。我已经等不及去见证这充满即时知识和开放性探寻的世界所能带给我们的发展前景了。

今天，互联网的影响弥漫于我所有的思想和行为之中。不论是在家还是上班时，我都会通过手机、电脑来上网。互联网为我提供了无可估量的新知识和新灵感。我与世界各地、从事不同领域、有着不同生活轨迹的人们交流，我们都成了相互连接的信息轴，让人类认知的一切从中传递。我从不会感到孤独，因为点击几次鼠标我就可以看到地球的另一头。

我曾与新晋数学家乔治·怀特海德（George Whitehead）讨论创新路径的问题。闲聊中，他说推动技术进步的唯一方式是准备5套方案，可能其中之一就能成功。如此说来，互联网可以让我从人们已经尝试过的所有方案中进行挑选，如果我想到了全新的方案，也可以放在网上，与世界共享。

有一次，我在梅奥医疗中心拍一部关于一种罕见疾病的影片，这种疾病被称为德维克综合征（NMO）。我听人谈起过这种疾病的诊断方法是如何发现的，一位多重硬化症专家在一场学术论坛上做了演讲，而一位癌症研究者听到了他的研究结果。通过这一偶然的沟通，他们开始了诊断方法的测试。不过，我认为这并不是偶然的。它之所以能发生，是因为有人，也许就是梅奥兄弟他们自己建立了一种系统，组织了一次学术论坛，让不同领域的研究者和医生可以共同参加。由于这一平台让人们可以汇聚想法、有进一步的理解，进而不断深化研究，新的知识成果于是便产生了。

当我还是一个孩子时，我通过观察世界、阅读书籍来学习。我渴求的知识是隐藏的，大部分还是秘密的、无法获取的。你不得不深入挖掘，才能找到自己想要的东西，然而你想获取的内容常常被紧锁着，不能触碰到。从杰克·凯鲁亚克到汉克·威廉姆斯，再到五声音阶，这是一个漫长的过程。现在，我们瞬间就可以获取所有这些信息。有些人觉得还是出现互联网之前的老办法更好，但我并不同意。

145

A VEHICLE FOR LARGE-SCALE EDUCATION ABOUT THE HUMAN MIND

人类大规模心智教育的载体

马扎林·贝纳基（Mahzarin R. Banaji）

哈佛大学心理学系社会伦理学名誉教授。

我第一次接触互联网这个信息高速公路是通过1982年时收到的一封情书。20世纪70年代中期，我男友在卡内基·梅隆大学学习了人工智能后，在东海岸的IBM实验室工作。当时我正在中西部读研究生。他缠着我在一个叫BITNET的网站上注册了一个账号。我完全不知道这有什么意义，所以拖延很久后才照做。结果，我不需要给美国电话电报公司付一分钱就能和他聊天了，我想，这就是互联网的好处。我把它推荐给了所有辛苦维系异地恋的情侣们。

现在已经过了大概30年了，我仍然不认为互联网对我的思维方式有一丝一毫的改变。但是，互联网确实改变了我的思考内容，比如我所了解的知识和我所做的事。它在这些方面引发了巨大的变革，在此我仅举一个最有代表性的例子。

在20世纪90年代中期，我开始了一项研究，即探寻一种使思维自动化、不假思索化、潜意识化运行的方式。有时，我们会觉得一些有关社会群体（按种族、性别、阶级、年龄等划分）的思想和情感让人难以接受，但它们仍然进入了我们的思维。我和我的学生研究的就是这些思想和情感是如何进入我们思维的。我们发现，就人类而言，这种情况并不单纯是思维迟钝导致的，而是它本就是思维的一种本性。我对自己进行测验后发现，我自己的思维包含着我尚未意识到的思想和情感，而这些思想和情感并不是我想要保存或为之骄傲的。然而，即使我可能会否认它们，它们仍然是我的一部分。

在 1998 年，我与合作人托尼·格林沃德（Tony Greenwald）觉得，是时候开发一套网络测试了，我们称之为“内隐联想测验”（Implicit Association Test，简称 IAT）。当时，我们没有模板去借鉴，也没有行为科学家做的实验来作为背景支撑。但是，我们有一个优秀的团队：耶鲁大学充满天赋和毅力的研究生布莱恩·诺塞克（Brain Nosek）、富有远见的 IT 总监督员菲尔·朗（Phil Long），以及一个严格而高效的内部评估委员会，他们负责解决出现在网络上的种种伦理问题。

1998 年 9 月 29 日，我们的项目上市了，前提是我们同意：把内隐联想测验发布到网上的主要诉求是教育而非研究。我们相信，我们开发的方法可以给学生提供自我反思和学习的机会。如果运行顺利，我们可以吸引成千上万名志愿者，以探究他们头脑中的内容从何而来，并以怎样的形态在头脑中储存，以及如果他们不认可这些内容会想要怎么处理它们。

在最开始的几天，一家大型新闻网站登载了我们网站的链接，情况相当可喜。上百人浏览了我们的网站，参与完成了内隐联想测验样本采集，并将他们的回复寄给我们。我们与参与者就技术问题进行了互动，更多时候还就他们对该项目的体验进行了交流。在此基础上所得的信息迫使我们书写新的文本、修改我们的表述方式。在第一个月末，我们目瞪口呆地收到了 4 万份完整的内隐联想测验回复。我们当初如果停留在传统平台做研究的话，大概穷尽半生也难以搜集到那一个月内所得的信息。

我们建立网站的最初目的在于教学，但它最终改变了研究计划本身。我们在前一天提出了包含另一假设的研究问题，由于涌入的数据量太大了，要到第二天才能回答完。研究的本质使得我们的合作机会激增，参与调查的人群多样性增强，同时我们可以以极高的速度学习和知晓大量的信息。

互联网改变了我们所知事物的质量，增加了我们评价所知事物的自信。它改变了我们对持续进行公共科学对话的价值的看法。它也改变了我们与项目参与者的关系，我们可以与他们进行真正的讨论，有时在第一次接触的几个月后还能相互联系。互联网还改变了我们与媒体的关系，在就研究进行交流前，媒体从业者们本身也成了我们的研究对象。最令人惊讶的是，我们发现，网站的大部分浏览者愿意接受他们可能并不了解自己这一观点。如果没有互联网，我们可能会认为能够认识到这一点的只有精英阶层，现在，我们有了更准确的了解。

当然，除了互联网以外，我们的科学研究还需要其他形式的方法来收集数据。当然，运用互联网这一载体来理解人类思维还有重大的限制。但是我们起码可以说，互联网使我们得以完成了社会认知方面的第一个大规模研究。今天，我们在 implicit.harvard.edu 和它的原网站上拥有约 1 100 万条内隐联想测验数据。话题包括这一站点最著名的内容（有关年龄、种族、性别、肤色、宗教的直觉态度，有关外来性、数学或科学、事业与家庭话题的刻板印象），也包括对于近三次总统竞选的政治态度，以及有关健康、精神健康、消费者行为、政治、医疗实践、商业实践、法律事务和教育制度的多种问题。任何可以访问互联网，想要花几分钟对抗内隐联想测验的人都是这个项目的潜在参与者。世界各地的老师和教授、公司和非营利组织都在为了自己的教育目的而运用我们的网站。

我们每周会生成 2 万份完整的内隐联想测验报告，这些报告来源于 33 个国家、22 种语言的下属网站。我们不打广告，人们也总会通过某种方式找到我们的网站，并停下来看看。我们认为，他们之所以会停下来看看，是因为——他们想要更好地了解自己。

146

SANDBARS AND PORTAGES

沙洲与大路

蒂姆·奥莱利（Tim O'Reilly）

技术图书出版商，奥莱利出版公司（O'Reilly Media）创始人兼首席执行官。

从多年前开始，我作为一名科技作家，开始了科技领域的事业。我的第一份工作是写计算机说明书。正是那天，我看到了我的第一台计算机。当时我唯一可以依靠的是在大学学习希腊及拉丁文经典著作时所训练的技能：跟随文字面包屑一样的痕迹探究其背后的意义。

我对自己所要记录的技术并不熟悉，只能辨认几个核心点，并找出它们的联系，也就是说“这些内容是自成一体的”。我会一遍一遍地阅读工程师所写的说明，直到能够做到像看地图一样一目了然。之后再将概念按正确的顺序整理出来，但我仍尚未完全理解这些概念。只有当我随着这张“地图”到达目的地时，我才能真正理解这些概念。

多年来，我不断磨炼这种技能。当我开始我的出版事业时，我发挥了在当编辑的经历中练习的技巧，即找出事情的规律：这里少了一些内容；这两件事其实说明的是同一件事，只不过是从不同角度来说明的；这些步骤的顺序错了；要证明 X 成立，你首先要理解 Y。我曾经聘用的编辑之一葆拉·弗格森（Paula Ferguson）曾写道：“所有的编辑工作都是寻找规律。”你研究一份文件，研究这份文件在表达什么，然后对文件加以修改，让“地图”与真正的“地形”相符。

在我刚开始试着理解我所投身的事业的前几年，我贪婪地进行了大量的阅读，正是因为我并未对我读的所有内容都加以理解，我才能愈发熟练地找出规律。我学习的方式并不像学校里教授的那样，依照课程表和教学大纲来进行，而是像探索世界的孩子那样，一点一滴地从日常生活中形成自己的世界观。

当你以这种方式学习时，你会画出自己的“地图”。1993 年，我的同事戴尔·多尔蒂（Dale Dougherty）创造出了全球网络导航器（GNN），也就是第一家商业门户网站。他以“导航”来命名这一网站，这个名字出自一本 19 世纪的手记，记录着密西西比河不断变化的沙洲。我自己的公司在科技领域也属于创造“地图”的角色。我们判断潮流，记录潮流，然后告诉大家“沙洲”在哪儿、“捷径”在哪儿，诉说旅途中的浪漫和目的地的光辉。我们以讲故事的方式来介绍我们学习到的知识，鼓励他人跟随我们来到西方。这样，我们不仅成为制造“地图”的人，也将成为制造“迷因”的人。在开源运动、Web 2.0、制造者运动（The Maker Movement）、政府成为传播平台等系列变革中，我们都起到了传播媒介的作用。

过去，世界上存在一种经典法则，即一种所有受过教育的群体都共享知识的体系。现在，我们需要掌握侦察的技能：我们需要学习、追踪线索、在微弱的线索中寻求解释、在错综复杂的环境中找到出路的能力。我们需要良好的方向感以在曲折之路上前行，我们需要“包容之眼”来容纳我们所看到的一切，而非仅仅注意我们所寻求的事物。

信息之河匆匆流过。Usenet、电子邮件、万维网、RSS、Twitter——每一代都以更快的速度将我们带得更远。

但是方法并没有改变，你可以像测绘山脉和丛林一样测绘一条河流。你只须记住，下次你路过的时候，沙洲或许已经移向别处。

147
NO ONE IS IMMUNE TO THE STORMS THAT SHAKE THE WORLD
没人能躲过这场震撼世界的风暴

Raqs 媒体小组

一群艺术家、媒体从业者、编辑、文化创意促进者。

我们的媒体小组有了 3 个人，大约于 20 年前开始一起交流思想。当时我们谁都还没有碰过电脑，也没有连接过互联网。

在那种通信不畅的黑暗日子里，我们在 20 世纪 90 年代早期的德里市，通过传递书籍、在笔记本上写字来“进入”别人的神经系统。连接即意味着对话，大量的对话。我们依靠着彼此的记忆成为彼此的数据库和服务器。通过分享梦想、假设和好奇心的方式来想象我们能够增加、放大和主导的事物。

在最简单的层面，互联网拓展了我们已然容量巨大、纵横交错的神经系统，让我们得以进一步感知这处于变化与混沌中的世界。它改造了我们的集体能力，以寻求我们想象力与好奇心的支持。我们曾经梦寐以求的图书馆、档案室现在就实实在在地就在指尖之上。互联网带来了令人愉悦、丰富且无边界的公共空间，同时也带来了电子化讨论中激烈的、去人格化的争论。人们在电子世界极为慷慨而无私，在点对点的网络上分享着无数信息，这使互联网上产生出了令人惊讶的成果。同时，互联网也预示和警告了空虚的博客活动导致的严重自恋情结。互联网还改变了世界呈现在我们面前，以及我们呈现在世界面前的方式。

互联网将自我表达活动的影响范围拓展到了整个世界。这让我们很难想象如今还存在完全本土化的语境和群体。互联网将全球化的概念从所有享有特权的地区离心开来，没有任何地方可以优于其他地方成为世界中心。曾经，我们仅仅因为地理政治分布的原因而感到自己处于当代世界知识领域的边缘，不断证明自身重要性是极为徒劳的。互联网从方方面面改变了这一事实。一个人的观点的意义、价值以及重要性，都不再受制于某人在静态的、不平等的地图上的物理位置了。

虽然，这并不意味着我们作为艺术家、知识分子和文化创意产业的从业者不再考虑和关心我们对真实物理地点的归属感，但这确实意味着我们理解了这样的新规则：我们在这个世界上所处的物理位置决定了我们有着不同的信息传播和接收能力，受这一因素的决定，我们选择创造的一切事物都将化为或强或弱的信号。我们注意到，这些信号不只会传播给我们所知或知道我们的人，还会通过无限的中转站和信息通路传播给全世界。

这改变了我们工作中对公众的理解。我们不能再把公众看作按照熟悉、可预测的规则排列的群体了。现在，我们的工作，以及任何将自身置于全球数字环境中的工作所面对的公众都是同心的、相互重叠的。人们向互联网这一流动体中投入石子会引起波澜，这些圈子也就沿着波澜随之形成。在网络时代，艺术家不得不从另外的角度来思考他们的作品。因为艺术作品相互影响的方式不同了，范围也不同了。我们常常在网上与陌生人亲切地交流，有时我们甚至都没有意识到这就是一种实际的对谈。

这一过程反过来亦成立：我们也在时时刻刻听取陌生人的声音。世界上任何地方发生的事情都会因网络传播而不再遥远。正如网上的每个人都是我们信息潜在的接收者和传递者，我们也同样是他人消息的接收、传播者。这相当于几十亿人的神经系统持续相连，但这也带来了一定的后果。

无人能免于当今这场震动世界的风暴。在我们的生活中，调制解调器里发生的事情和街坊邻里发生的事情一样都近在眼前。这让我们可以时刻以关键而实质性的方式去了解遥远的地方正在发生的事情，但也让我们与身边发生但没有被传播到互联网上的事情脱节。

对于主动或被动脱离互联网，或者被强制脱离互联网的人们来说，这种情况更是如此。这种物理距离的缩短（有时是放大）作用和时间的压缩作用，迫使我们以更加微妙的方式来看待注意力的问题。注意力不再是我们的感官去感知事物的简单功能了。对于每一个引起我们注意的事物，我们现在都要问:“它需要克服什么阻碍才能迈过思考的门槛呢？”同时，我们还要认识到，阻碍注意力的事物不再只是距离了。

互联网还改变了我们对时间长度的认知。有时，当我们做一件极为耗时的工作，例如制造某件物品时，不断流逝的网络时间的内在阴影也同时存在于我们的意识中。在这样的对比下，我们可以看到制造物品（以及处理它们混乱的物理属性）时难以避免的时间上的拖延，会让我们重新重视真实世界的节奏。在这种方式下，互联网与真实世界普遍同步、共存的事实最终提醒了我们，我们对时间的经验是分层次的。现在我们不止关注一个时区的时间，我们还正以不同的速度向多个方向同时奔跑着。

在互联网的推动下，不同的时间记录可以同时进行，进而创造出一份持续记录着我们的在线生活和死后碑文的档案。一条信息被发送后，就立刻被记录下来。每天，记录我们工作的个人内部档案和记录我们言论的公共档案（网上论坛和 Facebook 记录）都会产生新的内容，这意味着没有什么言论是可以说过就忘的，一个都不会有。我们都有义务对我们在电子邮件中写的内容，或者发布在论坛上的言论负责。我们还不清楚长此以往会带来什么后果。网络会自动生产编年大事纪和历史，粉饰所有宣言的命运。没有什么能用“遗忘”来掩盖，即使是那些看起来不重要的事情。反之，不论一种言论刚出现的时候看起来有多么重要，其重要性都会日渐消逝，逐渐成为一串普通的数据，正如一座不断增高的山脉里的一枚石子一样。

任何保持着自己网络活动记录的人都会注意到这样的事实：他（她）改变了自己“可见性”的规则。过去，我们将不可见性作为生活和活动的默认模式。如今，可见性才是默认模式，而人们需要刻意努力才能将自己某方面的活动从可见性中隐藏起来。这改变了我们看待私人记忆及其公开呈现之间关系的方式。这已经不是隐私是否减少、私密空间是否被侵蚀的问题了，而是隐私权、亲密关系、公共宣传、入世、出世等话题现在都产生了重大变革的问题。

最终，互联网改变了我们看待信息的方式。在现有的不断扩大的人类已知领域中，我们对世界上存在的事物尚有未知之处，但这再也不会令我们害怕而羞于发言。如果我们有什么不知道的事情，总会有其他人知道，而互联网上则有多种办法帮助我们找到这件事的源头。未知的事物不再是无从知晓的了，因为一切都可以从网上获取，从而被知晓，即使不是深刻理解也能知其皮毛。知识传播者不再拥有秘密武器。我们一直都是自学者，接触并探索未知领域会使与知识相关的工作变得极为有趣和愉悦。有时，点击一次鼠标，就能获得惊喜。

148

DOWSING THROUGH DATA

通过数据寻找

洁妮·贾丁（Xeni Jardin）

科技文化记者，Boing Boing 网站合伙人、出品人、联合主编，Boing Boing 视频网站执行制片人、主持人。

我常常到通信设施较差的地方去旅行：全球各地的小村庄，边缘化社区以及偏远地区的贫瘠之处。即使上网费用高昂，卫星电话或数据漫游费都非常昂贵，我也无法抑制自己上网搜索、发 Twitter、发邮件的欲望，它们都是后天形成的本能。

现在，一旦我的大脑停留于某个想法中无法自拔，拿出手机或奔向笔记本电脑就成了一种自发的冲动。上网的本能已然形成，我甚至不记得没有互联网时自己每日的生活是怎样的了。

我在家里享受的稳定连接意味着我不必进入一个问题的死胡同。在网上，既没有未知的答案，也不存在愚蠢的问题。不论是对于我所熟知的想法，还是对于那些尚未成型的想法，只要放到网上，仅仅几秒钟就能获得“互联网”的回应。

互联网集体思维对我来说是一种慰藉。当我在一些偏远地区发着与玉米粉薄饼、火山或者巫毒教国王有关的 Twitter 消息时，互联网为我带来的慰藉感最为强烈。这主要是因为当我身处遥远的地方时，只有互联网是我熟悉的事物。不过，当我回到熟悉的环境，理所当然地享受畅通的网络时，这种慰藉也是我生活中重要的一部分。

我口袋里的智能手机比整个图书馆更能告诉我灵活的答案——不论图书馆有多么宏伟，储藏了多少知识，纸质书的图书馆都不能跟随我到世界各地。

可以随身携带的知识比需要花更长时间、走更远距离、做更多操作才能获取的知识价值更高。Twitter 上的一个问题、维基百科上的一个词条、谷歌上的一条文本串，都是个人思维内部展开与思维演变活动的延伸，尽管现在称其为“个人思维”或许不再合适。曾经属于我个人的思维过程现在成了“我们”的，在思考过程中以及产生完善的结果之前，它对大家来说都是开放的。

这就是互联网对我思维方式的改变。我过去认为，思维活动是一个跌跌撞撞、起起伏伏的过程，经过这一过程的磨炼才能得到可靠而完整的成果，好比一路跋涉走向终点里程碑的过程。但是，如果终点本身是数字化的，那么我们最终的成果应如何避免波动起伏、逐步更新，正如带来成果的思维过程那样？

我现在常常进行短暂的、爆发性的思考，编辑 140 字以内的话语，或者在博客上写下寥寥几笔。我更多地把自己的想法分享出来、放在网上，因为网友的需要和他们的回应对我来说是一种慰藉。我被宠坏了，总是感到网上有现成的答案、必然会有回应，所以常常沉浸于这种奢侈的幻想之中。即使我得到的回应是反对的、批判性的，我也能得到慰藉。因为这表明，“你不是孤身一人”。

我不赞同信息过剩的说法。我不相信谷歌让我们变笨了，也不认为让网速变慢、回归传真是精神健康的必要前提。但是，不具有预见性的数据是无用的。比起算术，我宁愿相信本能，相信探寻数据世界之中蕴含的艺术。过去，智慧是用记忆力、储存容量、处理、回忆的速度来衡量的，而现在，我们有了工具来完成这些工作。我们创造出了机器，使其成为我们共享的思维延伸体。那么，我们现在应如何定义智慧呢？我还没有答案，但是我可以在网上提问。

149

BLEAT fOR YOURSELF

抱怨你自己

拉里·桑格（Larry Sanger）

维基百科联合创始人和大众百科（Citizendium）创始人。

对人类来说，实现海量信息即时获取是一个划时代的发展。但是，这导致的信息过载是否深刻地改变了我们的思维方式呢？是否改变了人类自我的本性？是否像有些人说的那样，从根本上改变了个体与社会的关系？这些都是重要的哲学问题，但都模糊而充满诡辩，我希望可以澄清它们。

这种论调称，互联网正在改变我们的思维方式。但是，互联网具体是怎样改变我们的思维方式的呢？"新思维"的一个核心特点是"摊得太薄"。这是什么意思？

从功能上说，"摊得太薄"的意思是，我们有太多的网站可以访问，收到了太多的消息，互联网上（或其他媒体上）正"发生着"太多的事情，我们不得不接收这些信息。面对这种猛烈的趋势，我们中有很多人缺少有效的策略来组织自己的时间。这让我们常常分心，无法集中注意力，从而进行繁重脑力活动的能力下降了。有些人承认，自己难以长时间地集中注意力读完整本书。我们感到身体失去了束缚，无助地随着迅速移动的数字大潮漂流。

是这样吗？显然，我们中有些人是这样的。

一些怀疑着"我们将何去何从"或"我们的思维"如何被改变的评论者，确实被信息过载所改变了，而这种改变显然不符合我们的意志。他们认为过去的自由意志不过是强大的新趋势冲击的靶子，唯一的问题在于，这种新趋势会将我们带向何处。我不赞同这种假设。当我看到尼克·卡尔（Nick Carr）在《大西洋月刊》上发表的文章《谷歌让我们变笨了吗》时，我立即想到："是让你变笨了吧。"卡尔等人所持的观点认为，人类已经放弃了对知识的掌控。但是，就我看来，对于卡尔哀痛的这些问题来说，人们放弃知识掌控只是原因而不是结果。毕竟，自由的实现需要注意力、需要专注，而意志最重要的部分恰恰是注意力本身。卡尔无意中承认了，我们中大多数人的道德缺失和陋习是什么。过去，我们把这种陋习叫作"缺乏节制"（在更古老、更广泛的意义上，"缺乏节制"是"适度"、自制力和自我控制的反义词）。并且，正如对待其他陋习一样，我们将其归咎于其他事物而不责怪自身。

面对网络数字媒体的种种诱惑和我们的强烈需求，我们真的除了在时间上"缺乏节制"外没有任何选择了吗？新媒体并没有那么强大。我们仍然保持着自由意志，而自由意志正可以表现为集中注意力、深思熟虑、三思而后行。如果我们想要花时间读书，我们仍然有这个自由。只有哲学上的论证才能认为，信息过载剥夺了我们的主观能动性；这一观点从根本上来说是哲学性的，不是经验性的。

有人可能会聪明地回答，在 Facebook 和维基百科时代，我们仍然会思考，不过是进行集体性的思考。换句话说，举个例子，我们在 Digg、del.icio.us 和 Slash-dot 网站上对商品进行投票评价，如果我们以信任者的身份参与的话，我们可能会感到自己有义务对票数最多的商品进行特别关注。同样，我们试着在维基百科上达到"一致观点"时，如果我们同样以信任者的身份参与的话，我们会认可最终版本的可信度。这样，我们的时间会被社交网站所引导，投入到集体性思考中，我们会依程度的不同归顺于"集体意志"，即类似于卢梭的"共同意志"。随着我们给电脑联上网，我们会不同程度地成为互联网的一个组成部分。相对于我自己的个人自由主义观点，综上是我对集体决定论观点的概括。

但是，我们显然有不参加这种网络活动的自由。我们可以自由地选择消费这些网络活动的成果，同时保持自己的判断——参与其中并不需要成为诚挚的信任者。所以，我很难把"我们太悲哀了，我们正在变笨，像待宰的羔羊一样被集体管束了”这种论调当真。如果你觉得自己在成为待宰的羔羊，那就自己抱怨去吧。

我觉得参与讨论 Edge 问题的作者们并不会因难以集中注意力、失去自主性而感到困扰。唐·塔普斯考特（Don Tapscott）曾说，即时获取信息的技术意味着我们无须再记忆任何东西了，只须求助于谷歌和维基百科这些集体思维形成的公共大脑就行了。克莱·舍基似乎相信，我们将来不是通过阅读落满灰尘的旧书，而是通过在线论坛来适应新文化的。但是，如果我们只听从这两人中任何一人的建议的话，我们肯定会变成一群无知之人。事实上，或许社交网站正在把太多的小孩变成无知之人，就像马克·鲍尔莱因（Mark Bauerlein）在《最愚蠢的一代》（*The Dumbest Generation*）里中肯地提到的那样。（正式声明，我开始为自己的儿子进行家庭授课了。）

这些问题比互联网更加古老。它们反映的是教育哲学中进步主义与传统主义之间的争议：教育孩子的目的是让他们适应社会，还是训练他们的批判性思维，教授他们知识？在互联网产生之前的好几十年，教育进步论者一直坚称：在我们急剧变化的世界上，只知道事实并不重要，因为知识很快就会过时；相反，与他人能够合作、一起解决问题的能力才是最重要的。社交网站看上去是通过知识和判断力共同发挥作用，进而强化了这种意识形态。但是，进步论者认为学习事实和训练个人辨别力相当重要，这一观点在人们的质疑声中日益式微，过去 10 年发生的事实也并没有让他们的观点经受住时间的检验。

总而言之，我们讨论了两个基本问题。对于愈发具有强迫性的集体思维，我们除了放弃自我，还有别的选择吗？是的。那我们应该放弃抗争，还是应该努力地发展自己的思维，小心地引导自己的注意力？我想答案很明显。

湛庐，与思想有关……

如何阅读商业图书

商业图书与其他类型的图书，由于阅读目的和方式的不同，因此有其特定的阅读原则和阅读方法，先从一本书开始尝试，再熟练应用。

阅读原则1 二八原则

对商业图书来说，80% 的精华价值可能仅占 20% 的页码。要根据自己的阅读能力，进行阅读时间的分配。

阅读原则2 集中优势精力原则

在一个特定的时间段内，集中突破 20% 的精华内容。也可以在一个时间段内，集中攻克一个主题的阅读。

阅读原则3 递进原则

高效率的阅读并不一定要按照页码顺序展开，可以挑选自己感兴趣的部分阅读，再从兴趣点扩展到其他部分。阅读商业图书切忌贪多，从一个小主题开始，先培养自己的阅读能力，了解文字风格、观点阐述以及案例描述的方法，目的在于对方法的掌握，这才是最重要的。

阅读原则4 好为人师原则

在朋友圈中主导、控制话题，引导话题向自己设计的方向去发展，可以让读书收获更加扎实、实用、有效。

阅读方法与阅读习惯的养成

（1）回想。阅读商业图书常常不会一口气读完，第二次拿起书时，至少用 15 分钟回想上次阅读的内容，不要翻看，实在想不起来再翻看。严格训练自己，一定要回想，坚持 50 次，会逐渐养成习惯。

（2）做笔记。不要试图让笔记具有很强的逻辑性和系统性，不需要有深刻的见解和思想，只要是文字，就是对大脑的锻炼。在空白处多写多画，随笔、符号、涂色、书签、便签、折页，甚至拆书都可以。

（3）读后感和 PPT。坚持写读后感可以大幅度提高阅读能力，做 PPT 可以提高逻辑分析能力。从写读后感开始，写上 5 篇以后，再尝试做 PPT。连续做上 5 个 PPT，再重复写三次读后感。如此坚持，阅读能力将会大幅度提高。

（4）思想的超越。要养成上述阅读习惯，通常需要 6 个月的严格训练，至少完成 4 本书的阅读。你会慢慢发现，自己的思想开始跳脱出来，开始有了超越作者的感觉。比拟作者、超越作者、试图凌驾于作者之上思考问题，是阅读能力提高的必然结果。

扫码关注湛庐文化，
回复“阅读”
这5种方法，让读过的书变成你的影子

[特别感谢：营销及销售行为专家 孙路弘 智慧支持！]

未来，属于终身学习者

我这辈子遇到的聪明人（来自各行各业的聪明人）没有不每天阅读的——没有，一个都没有。巴菲特读书之多，我读书之多，可能会让你感到吃惊。孩子们都笑话我。他们觉得我是一本长了两条腿的书。

——查理·芒格

互联网改变了信息连接的方式；指数型技术在迅速颠覆着现有的商业世界；人工智能已经开始抢占人类的工作岗位……

未来，到底需要什么样的人才？

改变命运唯一的策略是你要变成终身学习者。未来世界将不再需要单一的技能型人才，而是需要具备完善的知识结构、极强逻辑思考力和高感知力的复合型人才。优秀的人往往通过阅读建立足够强大的抽象思维能力，获得异于众人的思考和整合能力。未来，将属于终身学习者！而阅读必定和终身学习形影不离。

很多人读书，追求的是干货，寻求的是立刻行之有效的解决方案。其实这是一种留在舒适区的阅读方法。在这个充满不确定性的年代，答案不会简单地出现在书里，因为生活根本就没有标准确切的答案，你也不能期望过去的经验能解决未来的问题。

湛庐阅读APP：与最聪明的人共同进化

有人常常把成本支出的焦点放在书价上，把读完一本书当做阅读的终结。其实不然。

时间是读者付出的最大阅读成本
怎么读是读者面临的最大阅读障碍
“读书破万卷”不仅仅在“万”，更重要的是在“破”！

现在，我们构建了全新的“湛庐阅读”APP。它将成为你“破万卷”的新居所。在这里：

- 不用考虑读什么，你可以便捷找到纸书、有声书和各种声音产品；
- 你可以学会怎么读，你将发现集泛读、通读、精读于一体的阅读解决方案；
- 你会与作者、译者、专家、推荐人和阅读教练相遇，他们是优质思想的发源地；
- 你会与优秀的读者和终身学习者为伍，他们对阅读和学习有着持久的热情和源源不绝的内驱力。

从单一到复合，从知道到精通，从理解到创造，湛庐希望建立一个“与最聪明的人共同进化”的社区，成为人类先进思想交汇的聚集地，共同迎接未来。

与此同时，我们希望能够重新定义你的学习场景，让你随时随地收获有内容、有价值的思想，通过阅读实现终身学习。这是我们的使命和价值。

湛庐阅读APP玩转指南

湛庐阅读APP结构图：

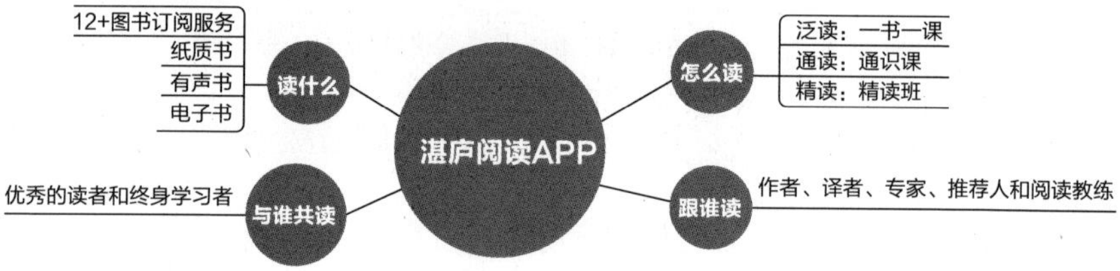

三步玩转湛庐阅读APP：

读一读 ▼

湛庐纸书一站买，
全年好书打包订

听一听 ▼

泛读、通读、精读，
选取适合你的阅读方式

扫一扫 ▼

买书、听书、讲书、
拆书服务，一键获取

APP获取方式：

安卓用户前往各大应用市场、苹果用户前往APP Store
直接下载“湛庐阅读”APP，与最聪明的人共同进化！

使用APP扫一扫功能，遇见书里书外更大的世界！

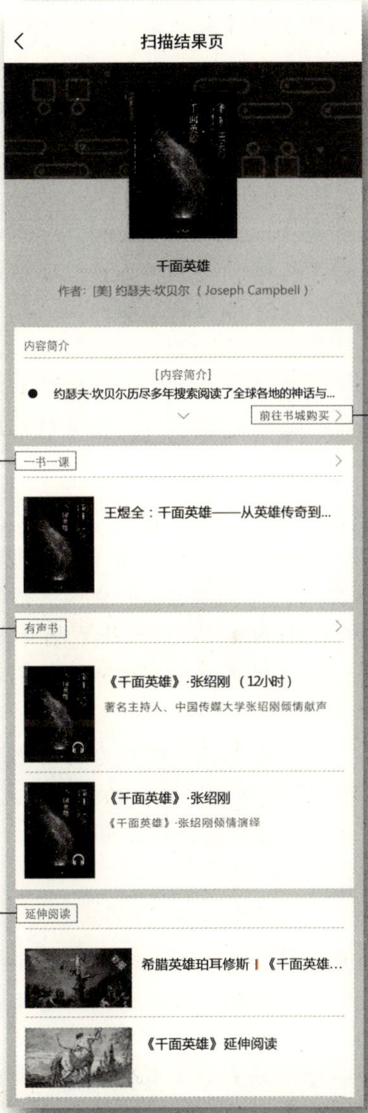

快速了解本书内容，
湛庐千册图书一键购买！

大咖优质课、
献声朗读全本一键了解，
为你读书、讲书、拆书！

你想知道的彩蛋
和本书更多知识、资讯，
尽在延伸阅读！

湛庐文化 Cheers Publishing
a mindstyle business 与思想有关

延伸阅读

《认知盈余》

◎ 腾讯掌门人马化腾首度亲笔作序，央视热播纪录片《互联网时代》推荐作品，洞察互联网给人类所带来的行为举止以及文化的变迁。

◎ 看“互联网革命最伟大的思考者”克莱·舍基讲述自由时间如何成就“有闲”世界。

使用“湛庐阅读”APP，
“扫一扫”获取本书更多精彩内容
ISBN 978-7-300-14812-0

《语言本能》

◎ 当代最伟大思想家、世界顶级语言学家和认知心理学家扛鼎之作，史蒂芬·平克“语言与人性”四部曲，探索人类语言进化的奥秘。

◎ 语言学领域革命性著作，凝聚语言学、认知神经学和进化心理学等多项研究成果，语言风趣诙谐，故事引人入胜，结论富有洞见。

使用“湛庐阅读”APP，
“扫一扫”获取本书更多精彩内容
ISBN 978-7-213-06655-9

《创造力》

◎“心流之父”“积极心理学大师”历时30年潜心研究的经典之作，纵览91位卓越创新者的传奇人生、揭开14位诺奖得主的创新秘诀，为心理学等各个领域带来了革命性影响。

◎ 一个人看起来很有个人“创造力”并不能成为决定他是否有创造力的条件。本书总结了创造力产生的运作方式，提出了令每个人的生活变得丰富而充盈的实用建议。

使用“湛庐阅读”APP，
“扫一扫”获取本书更多精彩内容
ISBN 978-7-213-06412-8

《社交天性》

◎ 让《影响力》作者西奥迪尼都赞叹不已的新兴学科开拓者，马修·利伯曼倾力之作！首次揭露大脑天生爱社交的神经奥秘。

◎ 为什么有的人天生善于社交，而有的人总是充满障碍？全书论述峰回路转、曲径通幽之美堪比丹·布朗的小说！从此改变你看待世界与他人的方式！

使用“湛庐阅读”APP，
“扫一扫”获取本书更多精彩内容
ISBN 978-7-213-07286-4

图书在版编目（CIP）数据

人类思维如何与互联网共同进化 /（美）布罗克曼编著；付晓光译 .— 杭州：浙江人民出版社，2017.3

ISBN 978-7-213-07921-4

Ⅰ . ①人…　Ⅱ . ①布…　②付…　Ⅲ . ①发展心理学 – 研究　②互联网络 – 发展 – 研究　Ⅳ . ① B844　② TP393.4-1

中国版本图书馆 CIP 数据核字（2017）第 037116 号

浙江省版权局
著作权合同登记章
图字：11-2016-209 号

上架指导：科技趋势 / 思想前沿

人类思维如何与互联网共同进化

［美］约翰 · 布罗克曼　编著
付晓光　译

出版发行：浙江人民出版社（杭州体育场路 347 号　邮编　310006）
市场部电话：（0571）85061682　85176516
集团网址：浙江出版联合集团　http://www.zjcb.com
责任编辑：朱丽芳　陈　源
责任校对：朱　妍　张志疆
印　　刷：北京富达印务有限公司
开　　本：720 毫米 ×965 毫米　1/16　　印　　张：26.75
字　　数：387 千字　　插　　页：1
版　　次：2017 年 3 月第 1 版　　印　　次：2017 年 10 月第 2 次印刷
书　　号：ISBN 978-7-213-07921-4
定　　价：79.90 元
